七周七语言（卷2）

Seven More Languages in Seven Weeks

Languages That Are Shaping the Future

[美] Bruce A. Tate Fred Daoud Ian Dees Jack Moffitt 著

7ML翻译组 译

人民邮电出版社

北 京

图书在版编目（CIP）数据

七周七语言. 卷2 /（美）泰特（Bruce A. Tate）等
著；7ML翻译组译. -- 北京：人民邮电出版社，
2016.12
ISBN 978-7-115-42735-9

Ⅰ. ①七… Ⅱ. ①泰… ②7… Ⅲ. ①程序语言－程序
设计 Ⅳ. ①TP312

中国版本图书馆CIP数据核字(2016)第227171号

版 权 声 明

◆ 著　　　[美]Bruce A. Tate　Fred Daoud　Ian Dees　Jack Moffitt
　　译　　　7ML 翻译组
　　责任编辑　陈冀康
　　责任印制　焦志炜
◆ 人民邮电出版社出版发行　　北京市丰台区成寿寺路 11 号
　　邮编　100164　电子邮件　315@ptpress.com.cn
　　网址　http://www.ptpress.com.cn
　　北京艺辉印刷有限公司印刷
◆ 开本：800×1000　1/16
　　印张：18.25
　　字数：388 千字　　　　　　2016 年 12 月第 1 版
　　印数：1 – 2 500 册　　　　2016 年 12 月北京第 1 次印刷
　　　　著作权合同登记号　图字：01-2014-8395 号

定价：59.00 元
读者服务热线：(010)81055410　印装质量热线：(010)81055316
反盗版热线：(010)81055315

内容提要

本书带领读者认识和学习了 7 种编程语言，旨在帮助读者探索更为强大的编程工具。

本书延续了同系列的畅销书《七周七语言》《七周七数据库》和《七周七 Web 开发框架》的体例和风格。全书共 8 章，前 7 章介绍了 Lua、Factor、Elm、Elixir、Julia、miniKanren 和 Idris 共计 7 种编程语言，最后一章总结回顾了所有的知识点。书中对每一种编程语言的介绍，都为编程开发带来了独特而强大的思路。除此之外，书中还提供了一系列代码示例和在线资源以供参考。

本书适合有一定基础的开发人员阅读，能够帮助读者拓宽思路，激发更多的灵感。

译者简介

7ML 翻译组是一个临时性的小组，他们"来自五湖四海，为了一个共同的革命目标，走到一起来了"。7ML 是本书英文书名"7 More Languages in…"的简写。

崔鹏飞，程序员，任职于 ThoughtWorks，最爱删代码，光头迎风照三里。他负责本书第 1 章的翻译。

窦衍森，ThoughtWorks 高级咨询师，曾供职于汤森路透等多家外企。一直从事.NET，Web 相关技术开发，是新技术的追随者。他负责本书文前部分和第 2 章的翻译。

杨云，ThoughtWorks 公司资深咨询师，《深入理解 Scala》译者，Haskell 函数式编程 QQ 群（72874436）群主。他拥有 19 年软件开发经验，是函数式编程深度粉丝，致力于研究函数式编程在工业中的使用和工程实践。他负责本书第 3 章的翻译。

许晓斌，阿里巴巴技术专家，目前在 AliExpress 从事研发效率改进和微服务实施及推广工作。他是《Maven 实战》的作者，《Cucumber：行为驱动开发》的合译者。他负责本书第 4 章和第 8 章的翻译。

李小波，ThoughtWorks 咨询师，热爱编码，用过 Java Web、Android、AngularJS、Ruby on Rails。追求简洁与高效的工作方式，热爱传播知识。组织过敏捷之旅、Scrum Gathering、Global Day of CodeRetreat 等活动。创办了"软件匠艺社区"（http://codingstyle.cn），个人博客是 http://seabornlee.cn。他负责本书第 5 章的翻译。

肖鉴明，全栈工程师，任职于微软亚太研发集团（Windows & Device Group）；热爱各种新（旧）技术、微软系与非微软系技术都有所涉猎；业余爱好魔方、摄影和 Lego。他负责本书第 6 章的翻译。

鄢倩，ThoughtWorks 高级软件工程师，函数式编程狂热爱好者，Clojurian，业余喜读书，囊括文史哲。他负责本书第 7 章的翻译。

对本书的好评

我厌倦了学习新的编程语言，曾经以为增设七个玄之又玄的语言不会太有用。但是我错了，我很喜欢这本书。这些语言是那么有趣，介绍也令人信服，我现在希望体验一下它们。

- Brian Sletten，总裁，Bosatsu 咨询公司

语言不只是新的语法，还有它们思考问题的新方法。例如，它们考虑用户界面、科学计算、分布式系统或安全保障的最佳方式是什么？当你深入学习这本书的每一门语言时，会得到新的抽象和原则，这将有助于你使用任何语言写程序。赶紧来吧！

- Evan Czaplicki Elm，Prezi 的创造者

如果你认为读一本有关编程语言的书并不会改变你对编程的思考，你可以去阅读 Idris 那一章——当然，除非你不想让自己的 C++（或 C# 或 Java）的代码更加清晰，并且不想把成百上千行的代码缩减为两行。

- Ted Neward，作者、讲师、导师，Neward and Associates 有限责任公司

就像一个艺术家选择不同的绘画颜料会限制了他们可以实现效果一样，你选择的语言也会限制你所能编写的程序。学习一门新的语言，你可以设想新的解决方案，并以新的方式表达它们。阅读这本书可以添加七个特别有趣的语言到你的技能列表中。

- Paul Butcher，《七周七并发模型》作者

本书以很好的节奏来介绍了一组有趣的语言，这些语言对大部分人来说都是新的。本书不仅节奏适中，而且提供了足够有用的细节，这些细节也不至于多到影响读者天生的好奇心。这绝对是一本好书，我推荐给所有想开拓自己的编程视野的人。

- Matthew Wild，Prosody IM XMPP 服务器作者

本书不仅向我们介绍了一组更广泛的语言，而且就如何思考语言的使用和设计提出挑战。软件开发是一项艰巨的事业，而学习新的语言永远是至关重要的。这就是为什么"七周七 X"系列对任何一名认真的程序员都是最宝贵的读物。

- Daniel Hinojosa，开发者、演讲者、教练、《Testing in Scala》作者

序

早在 2010 年，我深感不安，编写并发性软件日益增长的困难困扰着我。我手头的工具都不顺手，它们没有提供一个参考模型，来帮助我认清面临的问题。

我觉得现在是改变的时候了。

然而，从数以百计的编程语言中，怎么才能找到一个适合我的标准的呢？怎么才能把这个巨大的集合过滤成一个较小的、可以更详细地探究的集合？后来我发现，有人做了刚好符合我的需求的事情：Bruce Tate 刚写了一本《七周七语言》，探讨了 Ruby、Io、Prolog、Erlang、Scala、Clojure 和 Haskell。

我熟悉《七周七语言》中的很多语言，但这本书不仅仅是介绍编程语言结构，它还介绍了语言中的哲学思想、社区和思考模型。对我来说，这本书是讲述一个关于并发的故事，当我读书的时候，不可变、线程、并发 Futures、并发 Actors、软件事务内存，还有很多很多概念，都一一浮现在我脑海里。

当我读完这本书，我清楚地知道哪些语言和范式是我接下来想要探索的。我买了一堆 Erlang、Clojure 和 Haskell 的图书，并且开始编写代码了。

几个月后，仍然没有找到适合我所有标准的语言：我想要 Erlang 的鲁棒性和虚拟机分配，但我也想要 Clojure 的元编程和多态，它的语法让我很舒服。这时候，我决定在 Erlang 的虚拟机上创建 Elixir 语言。现在，四年过去了，Elixir 成了这本新的《七周七语言》所介绍的语言之一。

有趣的是，第一本《七周七语言》实际上不是像我理解的一样是一个关于并发的故事。《七周七语言》和任何其他优秀的著作一样，给读者留下空间，让他们将自自己的经历纳入为故事的一部分，让每个读者都有不同的收获，并在其特定的情况下继续选择其他的语言来进行探索。

这使得这本新的《七周七语言》图书更是雄心勃勃。书中的许多语言是相对比较新的，还在开发中，由此也带来了一系列可以学习的新的理念和经验。这也为读者开辟了一个挑选下一门语言的途径，不仅可以掌握它们而且能够参与语言开发的部分工作。

　　《七周七语言》对我的编程生涯产生了深刻的影响，我相信阅读这本书也会对你产生同样的效果。

　　请记住：阅读这本新《七周七语言》仅仅是旅程的开始。

José Valim

Elixir 的发明者

前　言

Bruce Tate

2012 年，在伦敦一个温暖的房间里，当时我很紧张。我一直在世界各地巡回做同样的讲座，每次都人满为患。当然，我相信观众会对我以往的那些笑话发出笑声，甚至每次在需要时也会鼓掌。但这次，有一个问题：我的"七语言"图书中的 4 种语言的发明人就坐在我面前的观众席中。我很担心，在这样一个场景下，我是否有足够的自信来谈论这些美丽的语言。最终，虽然我卡壳了一两次，但是整个演讲还是很好的。Erlang 的发明人 Joe Armstrong，现在已经是我亲密的朋友了，他甚至在演讲中称赞了我。然后，他还邀请我在 6 个月之后去斯德哥尔摩给 Erlang 用户社区做一次演讲。

最令我感动的是一个听众的提问。她问："你真的能在七周内学会七种语言吗？"我们都知道答案。跟学习语言一样，要想真正学到一门编程语言需要几个月甚至几年的熏陶。但是，为什么我们要尝试一下呢？

每一种新的语言都会向你展示一个词汇表，而不仅仅是一两个单词。这个新的词汇表包含了你用来描述世界的各种想法。尽管精确的语法几乎肯定不会从沙箱转换到生产环境的解决方案，但你会看到很多习惯是会这样转换的。当使用 Elixir 的宏时，你将学会在模板中表达代码，这种元编程可以从根本上让任何程序员得到提高。当使用 Factor 时，你将学习很自然地用一种强大和有趣的方式去组合函数，而在以前这似乎不是那么的自然。当用过 miniKanren 几周后，你会发现用单独的步骤来表达程序似乎没有使用简单的规则那么有效。

想想一个画家，在尝试了雕塑后，就学会了表达景深。或一个年轻的业务主管，在上了一节数学或者编程课后，就学会了新的电子表格技术。思想是我们交易时使用的"货币"，每次你掌握的习惯都会增加你的价值。

"七周七 X"系列的每本书都在试图讲一个故事，通过明智的选择，教给你最需要知道的习惯。作为作者，我们的工作就是找到一套合适的、你最想看到的并且最重要的习惯。要做到这一点，我们需要深刻理解行业的趋势。

概述

从硬件角度来看，我们认为，多核编程、质量及复杂性正在推动向函数式语言的方向发展。尽管移动技术仍然落后于其他编程技术，移动设备正在爆炸式发展。

正如我们之前讲的，我们认为软件的复杂性正在推进函数式编程。横切关注点和代码质量非常有利于拥有元编程功能的语言。更好的类型模型，就像 Haskell 那样，正在强势复出，这样可以在达到生产环境之前由编译器来捕捉更多的错误。

在此背景下，是时间来开始学习新的七种语言了。你会发现这本书和你读的第一本《七周七语言》之间至少有三个很大的差异。首先，作者已经从 1 个人变成 4 个人了。然后，作者团队允许每种语言更深入，所以整体的篇幅更长，并可以更迅速地开始上手每一种语言。最后，这些语言大多数都是新的，而不像在第一本《七周七语言》中一样，从 4 个不同的十年里找到那些代表性的语言。

本书的团队和语言

我们通常会在其他地方介绍作者团队，但因为这些语言专家实际上是你的学习向导，我想在这里介绍他们以及他们要讲解的语言。

Bruce Tate（Elixir 和 Elm）

我是 Bruce Tate，来自德克萨斯州奥斯汀市，是一个山地车手、皮艇手和两个孩子的父亲。我是 icanmakeitbetter.com 的 CTO。我管理一个 Ruby 程序员的小团队，但很快就会转成 Elixir 的开发。你可能知道，我是"七周七 X"系列的第一本书——《七周七语言》的作者。

Elixir

我选择 Elixir，因为它是 Erlang 虚拟机上的纯函数式语言，具有丰富的 Ruby 风格的语法和 Lisp 风格的宏。我很看重语法，认为它也许比什么都重要。要向说英语的人表达想法，需要一个丰富而强大的语法。

Elm

我选择 Elm，因为它是彻底背离当今在浏览器中以回调为中心的开发风格的代表语言。简化浏览器中的代码，这实际上是最活跃的语言运动之一。Elm 致力于响应式编程，使用数据流和函数来响应变化。使用映射到函数之上的信号来表示用户交互，就可以移除回调从而简化 JavaScript 程序的复杂性。

Fred Daoud（Factor）

Fred 是一名来自加拿大蒙特利尔的、充满激情的软件开发人员。他喜欢学习新的语言、框架和编程技术，从 OO 到 FP 和响应式模型，他都很感兴趣。Fred 是《七周七 Web 框架》的合著者。

Factor

Fred 选择 Factor，因为这种串联的、基于栈的编程模型从根本上改变了程序员的思维方式。这不只是一个智力练习，Factor 带有一个功能齐全的类库、UI 框架和 Web 框架。构建一个 Factor 的程序将改变你使用原生语言的方式。

Ian Dees（Lua 和 Idris）

白天，Ian Dees 在波特兰地区的测试设备制造商编写代码并测试程序。到了晚上，他喝着意式咖啡编写编程图书，其中包括《Cucumber Recipes》。他的 tweets @undees。

Lua

Ian 选择 Lua，因为它是一种快速、灵活的语言，非常适合作为脚本添加到现有的项目中。当使用 Lua 构建一个产品系统后，Ian 爱上了这门可嵌入的原型语言。

Idris

当 Ian 看到把在 Agda 和 Idirs 语言中的依赖类型应用到 C++和 Java 中的一个演示时，他就被 Idris 的潜力所吸引了。从那时起，他一直想要更详细地探讨这些概念。

Jack Moffit（Julia 和 miniKanren）

作为 Mozilla 基金会的开发人员和管理者，Jack 经常接触新的语言和技术。他已经针对各种主题写作长达五年时间了，包括最近合著的《七周七 Web 开发框架》。

miniKanren

miniKanren 不是一门真正独立的语言，它是用于逻辑编程的领域特定语言。它结合了像 Clojure 这样带有宏的函数式编程语言，其结果是产生了一种新的、引人注目的编程模型。通常情况下，逻辑程序员发现很难让自己的逻辑程序和外面的世界相结合，而嵌入一个通用语言编写的逻辑 DSL 就可以解决这个问题。你会发现，这样的组合开辟了一个全新的编程范式，这就是为什么 Jack 选择 miniKanren。

Julia

Jack 选择 Julia，因为它很有趣，并且和他一直在使用的 Clojure 和 Erlang 完全不一样。

Julia 的关注点是计算统计和多维度数学。它天生就是为并发和分布式而设计的。R 是目前占主导地位的技术计算语言，但有时性能是 R 致命的弱点。Julia 的早期用户已经做出了这样的评论：基于 Julia 的语言特性，它的性能有实质性的改进。

本书的目标读者

就像本系列中的其他书籍一样，新的《七周七语言》与一般的技术图书略有不同。我们将尽量涵盖更广泛的内容，而且我们要给你一点学习的压力，我们想你会喜欢最终结果的。不过，这并不适合每一个人。

除非你读到这里仍然可以接受本书的内容，否则就不要购买这本书。最主要的是，要明白我们的目标是让你越来越自给自足，学习速度远远超过一般那种只一种技术的技术书籍。这是需要付出的，你将不得不做更多的工作。

本书不是安装指南或支持渠道

那些读过"七周七 X"系列图书的读者知道，我们不会把注意力集中于让你上手，我们不会尝试在七个平台上支持七种语言。我们不会这么做的。我们避免选择付费支持的语言。你可以访问这些语言的编程社区以获得帮助。在大多数情况下，他们会很愿意提供帮助。

本书不会给出每种语言丰富的安装指南，并且你可能会发现，一些练习的输出在你的系统上略有不同。如果你是一个喜欢每一个字符都一致，并且希望能够掌控整个学习过程的读者，不好意思，我们帮不了你。事实上，我们认为，自行构建和支持安装过程会帮助你更快地了解你所选择的语言。

相反，我们会向你保证：如果你努力完成自己的安装，我们将带你走得更远。我们的目标是，可以把你带到可以用每种语言解决一个常见的问题的高度。这是一个艰巨的目标，但我们认为我们已经做到了。

本书有 4 种写作风格

我从来没想过要再写一本"七语言"的书，因为第一本《七周七语言》的要求是如此之高，而且语言的列表是如此地引人注目。我从来没有想过我会找到七种语言来比肩第一本书中的 7 种语言，如果我做到了，我确信我也不想再花费一两年的努力来完成这本书了。我过去告诉自己，在"七语言"的书里，通过引入不同作者来改变风格是行不通的。

你看，即使《七周七语言》由不同的语言组成，那本书也给我们展示了一个业界当时的情况。所选的语言，从面向对象向声明函数式的方向发展，然后以纯函数式语言 Haskell

结束。这些语言的集合不是没有关系的散文，所以它们就能准确地综合到一起。当然，如果是一个作者团队，故事会更发散，整体的统一性也会被分散。

然后，Eric Redmond 和 Jim R. Wilson 写完了《七周七数据库》，这打消了我最初的念头。他们写了一本书，讲了一个数据库行业发展的故事，他们讲得很好。两个作者可以更容易地跟上瞬息万变的版本。

关键是，他们主要以第一人称复数来写。学习语言和学习使用数据库引擎是有一些不同的。

每个探索都是一次非常个人的体验。我相信，如果我们可以让你走进每一章的作者的内心，如果你可以更深入地分享他们的经验，那么，你自己的学习经验也将会更加丰富且更加强大。出于这个原因，每个作者都会以第一人称来写他们自己所选择的语言。当你看到文中采用"我"和"我的"，而不是"我们"和"我们的"的时候，你就知道个中缘由了。我们正在努力为你提供更加个人化的体验。我们认为你会很欣赏这种差异。

本书不会很枯燥的

有人想要简洁的。我们不会那样做。

你会发现，我们把每种语言比作成一个电影角色。我们这样做是因为：根据我们的经验，我们要帮助读者从一种语言过渡到下一种语言。我们发现，这些比喻能比一节乏味的历史课能更好地达到我们的目的。我们知道，这种风格可能会让一些读者不适应。但没关系。我们认为，这种写作方式能够大多数读者的沉浸其中并打开学习通道。对于剩下的读者，我们相信我们的故事很有说服力，因此大多数读者将能够理解我们的比喻。

如果你可以适应这些基本规则，那本书是为你量身打造的。语言的这种组合将会吸引你并使你高兴。作者的组合将带你领略单个作者所不能达到的境界。该说的都说了，该做的都做了，我们的目标是让你觉得这本书可以使你成为一个更好的程序员，提高你的编码能力，而无论你选择哪种语言。

最后

当你有机会使用一种以上的语言时，语言学习会变得更加相关。事情似乎肯定要朝那个方向发展的。成为一个语言高手会很酷。这本书会讲述静态类型、动态类型和五个不同的编程模型。在第一本《七周七语言》中，最令人欣慰的事情是在博客和播客的相关讨论很激烈。当你阅读这本书时，我们鼓励你问问题，并在别人能看到的地方谈论它们。激发群众的智慧。

在线资源

这本书中显示的应用程序和实例，都可以在 Pragmatic Programmers 的网站上找到[1]。你还可以找到社区论坛和勘误表提交表格，你可以报告文本问题，或对未来的版本提出建议。

---

[1] http://pragprog.com/book/7lang

致　谢

这里提到的人值得尊敬。他们中的许多人正在塑造大家思考编程的方式，还有一些仍在孜孜不倦、无怨无悔的工作，以使得这本书值得一读。

语言

本书中的"明星"就是七个编程语言。我们非常感谢那些语言的创造者，也感谢那些帮助新手进步的人。

Lua

我们要感谢 Roberto Ierusalimschy，是他认识到一个单一的、统一的抽象模型的重要性。Lua 的表格是多才多艺的，足以构建对象系统、自定义数据结构，甚至是视频游戏。底层干净的实现使得在任何地方运行 Lua、将其嵌入到自己的项目中、以及以新的方式拓展它，都成为一件轻而易举的事情。特别感谢 Matthew Wild 为我们带来了一个经验丰富的 Lua 开发者的看法。你在现实世界中的来之不易的经验帮助我们坚持到底。

Factor

我们要感谢 Slava Pestov 采取的串联编程模型，并让它在一个功能齐全、实用的环境中茁壮成长。发现这种编程思路真是令人极度兴奋。有一个能在其上建立真正的应用程序的平台，使得该语言更有价值。

特别感谢 John Benediktsson 审校这一章，他是在 Factor 社区最活跃、最有帮助的成员。他的知识、快速的响应，以及热心助人，真是令人鼓舞。

Elm

谢谢你，Evan Czaplicki。你已经为你的用户创建了"太虚幻境"。感谢你在旅行之中帮助我们，即便你自己要在旧金山的公寓和布达佩斯酒店之间来回穿梭。

Elixir

José Valim 已对本书产生了如此深刻的影响。你在前言中的话激励着我们，你发明的 Elixir 语言深深吸引我们。你总是以谦卑和尊重的态度跟人相处。

我们也想特别地大声感谢 Eric Meadows-Jönsson。你对 Elixir 一章的审校表现出超高的水准。是你使我们的代码保持在 Elixir 1.0 的水平。我们的读者对此表示感激，我们也对此表示感谢。我们期待你做出更伟大的事情。

Julia

Bruce 第一次听说 Julia 是在伦敦的一次会议上。他开始把该语言纳入，并且组织这本书的作者团队。有几个人提到 Julia，但我们一直担心会没有足够的思路来推动我们试图讲述的内容。哦，是我们错了。感谢 Jeff Bezanson、Stefan Karpinski、Viral Shah 和 Alan Edelman，你们的社区已经从一群孤立的、仅仅知道 Julia 的陌生人，变成了一个关心语言和各个成员的"大家庭"。这种快速改变不是偶然的。你们在整个过程中都极其有帮助性并能够快速响应。

miniKanren

还有另外一门语言得益于在伦敦举办的 CodeMesh 大会。在几年前，早在本书的思路还没有成型的时候，Bruce 就看到过 David Nole 的 Core.Logic,，并且他看到这不止"仅仅是另一个 Clojure 框架"。这是一个独特而有趣的编程模型。不停地编写面向对象程序并不能使你变得更聪明，真正的成长需要探索未知，有时是要接触根本不同的概念。感谢 David 以及你的灵感和你的支持。

还要感谢 Stuart Halloway，他是我们的好朋友，也是 Clojure 的最忠实和热情的"管家"之一。

Idris

我们想冒昧地猜测，这里许多语言都将令读者感到震惊，虽然有时这种感觉颇为不快。说实话，有时候一些语言甚至令作者团队感到震惊。感谢 Edwin Brady 走在实用和学术之间的边缘。你已经创建了一门语言，它有大胆的目标和令人惊叹的执行能力。

作者感言

虽然其中一些我们都要感谢的人，但还是有一些各个作者想要单独感谢的人。

Bruce Tate 的致谢

编写技术书籍并不像以前那样合算了，即使是编写出很成功的书籍。这些真心愿意写书的人，他周围的人常常为此做出了牺牲。Maggie、Kayla 和 Julia（是人名，不是语言名），你们经常是我督促的目标，但你们也激励着我，当我低沉时也给我以鼓励。

Terry Cole，你是我见过的最勇敢的人之一。每本书的一部分都是源自你的使命，当我拖拉之时，我可以打开其中一个孩子的照片，我就会又准备开始写了。

Fred Daoud 的致谢

在《七周七 Web 框架》出版之后，我想我很长时间不会写作了。当 Bruce 邀请我参加编写新的"七语言"时，我很荣幸，我无法拒绝。我非常感谢能有机会与这样一个伟大的作者团队一起工作，去发现一些奇妙的、挑战想象力且能带来编程快感的语言。

对我个人而言，在这里要感谢我的妻子 Nadia，她是我所认识的在宇宙中（及以外）最美丽的人。我生命中最美好的时光都是与你一起度过的，这使我避免了在计算机上花费太多时间。

Ian Dees 的致谢

致我的妻子 Lynn，以及我的女儿 Avalon 和 Robin，谢谢你们，你们是令人震惊的、有创意的人。

致我的同事、作家 Bruce、Fred 和 Jack，能成为这个写作团队的一员是一种荣誉。谢谢你们邀请我加入。你们的工作确立了很高的标准，为了达到（或试图达到）预期标准，我成为了一个更好的程序员和作家。

致我工作中的队友，感谢你们的高标准严要求，以及忍受偶尔的吵嚷："你必须要看一下 Lua/Idris 的这个新功能……"

Jack Moffitt 的致谢

我又一次以相同的方式生活了九个月。还在写完《七周七 Web 框架》之前，Bruce 就来找我要帮助写这本书。我对语言的热爱，以及以前和 Bruce、Fred 和 Pragmatic Programmers 出版社一起工作的乐趣，使得我很容易地决定开始写另外一本书。

我要感谢我的妻子 Kim、我的儿子 Jasper 和我的女儿 Beatrix 对我的支持。Kim 是我想法的"共鸣板"，她一如既往地帮助我的写作工作。我的孩子们则激励着我一直认真工作。

本书的写作团队集体致谢

所有这一系列的书需要比一般的技术书籍多一些的付出。这些书的作者一直在先于读者一步去学习很多新的概念。我们还需要审校者的出色的支持，而他们所得到的回报，也仅仅是在此表示感谢。 通常情况下，审校者阅读一两章内容达到两遍以上。我们要感谢 John Benediktsson、Jeff Bezanson、Edwin Brady、Erin Chapman、Evan Czaplicki、Alan Edelman、John Heintz、Daniel Hinojosa、Carsten Jørgensen、Stefan Karpinski、Eric Meadows-Jönsson、Ted Neward、David Nolen、Viral Shah、Brian Sletten、José Valim、Matthew

Wild 和 Simon Wood。没有你们，我们真的不可能完成这本书。

我们知道可能会漏掉一些人，所以如果你的名字没有出现在这里，请接受我们最诚挚的歉意。我们感谢你的努力。

我们也想感谢出版团队。我们知道版权页已经有你们的名字了，但我们也想在这里再次感谢你们：编辑 Jackie Carter、文字编辑 Liz Welch、索引制作 Seth Maislin，以及产品经理 Janet Furlow。整个行业都知道，Pragmatic Programmers 出版社的图书很特别，你们帮助我们一直保持这样的高品质标准。再次感谢！

最后，我们想感谢 Dave 和 Andy 的信念。你们已经建立了一个专门的工作场所，这是作者能感到尊敬和赞赏的好地方。我们写作，因为我们喜欢它；我们喜欢写作，因为你们使这里成为了一个特殊的地方。

各位，向你们致以我们的爱和尊重。

谢谢！

目 录

第 1 章

Lua

Ian Dees

2004 年，我在和一堆纠缠的像迷乱的丛林一样的硬件测试代码搏斗。我们当时使用的脚本引擎看起来像是神龛上的圣物：自带光环，功能强大，好像我们马上就能用它赚大钱一样。但是真正用起来才知道，这简直就是一个坑。

它的 plugin API 就像是山坡上滚下的巨石一样，将无可避免地碾碎我们的代码。时间紧急，我们已经没有退路了。每次系统崩溃的感觉就像胸口被人捅了一刀。

就在这时，Lua 就像《夺宝奇兵》里的印第安纳·琼斯一样，高举皮鞭冲了出来，带着一丝幽默，而又勇猛无比地解决了我们的问题。有了 Lua，一切都不一样了。

- Lua 函数的参数和返回值类型都是灵活的，我们的测试模块不再需要知晓关于脚本运行时环境的任何事情。

- Lua 有着丰富的语法和语义，我们的代码更易读易懂了。

- Lua 是以代码简洁而著称的，我们几乎解决了所有系统崩溃的问题。

这个项目又继续了好几年，Lua 一直都处于核心位置。我会一直记得这个轻巧而又易于移植的小语言是如何颇具风格地打败了它的竞争敌手。

听起来很有趣，是吗？那我们就开始吧。

第一天：开始历险

项目刚开始的时候，构建系统的配置文件写起来很麻烦。用来描述测试输入和输出的文件格式不是很具表意性。

以 CSV 文件为例，假设你需要描述一个电子游戏中的角色和车辆，你的 CSV 文件有可能会是这样的：

```
name,   treasure1, treasure2, treasure3, treasure4, treasure5
knight, -1000,     +200,      --,        --,        --
```

现在，假设你需要在游戏中加入一辆正方形的车，你需要确保这辆车的宽变化时高必须同时改变：

```
name,      width,      height
mine cart, $cube_size, $cube_size
```

问题就来了：CSV 无法表示集合或者约束条件。要想表示上述车辆，你要么得加一个很少会用到的额外的列，要么得自己实现（并且维护！）一个 CSV 的方言。现在我们来看看如果用 Lua 的话，以上配置可以写成什么样子：

```
Monster{
  name     = "knight",
  treasure = {-1000, 200}
}

local cube_size = 20

Vehicle{
  name   = "mine cart",
  width  = cube_size,
  height = cube_size
}
```

漂亮。仅此一招，CSV 无法表示集合或者约束条件这两个问题就同时都解决了。这都要归功于一个精确地实现了这两个语言特性的语言。你还可以在关卡设计中给怪兽赋予行为：

```
Monster{
  name = "cobra",
  speed = function() return 10 * damage_to_player() end
}
```

这样，我们就描述了游戏中的敌人的属性，在属性旁边还可以给它加上定制化的行为。

本周日程

第一天，我们会安装 Lua 并做一些简介。你将会学习 Lua 的基本数据类型并且写几个简单的 Lua 程序。

第二天我们将深入了解 Lua 的 table。Lua 之所以能够具有很好的表意性，关键就在于 table。Lua 的 table 就像数组和字典的结合体，其应用场景小到配置文件，大到自制对象系统。第二天我们还会涉及 Lua 强大的并发性。

第三天，我们会做总结，以符合 Lua 的设计初衷的风格来使用它：作为一种表意性很强的声明式语言和快速的、底层的 C 代码结合工作。具体来说，我们会写一个音乐播放器，它能够读取声明式的乐谱，并在你的电脑上实时播放。

先说今天的事，我们会学习一点 Lua 的基础知识。然后，我们会用 Lua 的数字、字符串、布尔、函数和条件语句来写一些简单的程序。你会觉得这些东西都很熟悉，不过 Lua 把它们表现得更平易近人。

Lua 一览

Lua 是一门基于 table 的编程语言，它的核心抽象层简单而强大，你可以用它来实现自己的范式——过程式、面向对象、事件驱动等。

Lua 的 table 很适合基于原型的面向对象编程。在这种编程风格中，类和实例不是割裂的概念。你不会先绘制蓝图（类）然后再依据蓝图构造很多个物体（实例）。

在基于原型的面向对象系统中，你先创建一个实例。这个实例看起来像你想要的那个对象。然后你再把这个实例复制很多份，对每一份做一些定制化。这样的面向对象系统和传统的基于类的面向对象系统一样强大，但是更简单。

安装 Lua

易于移植是 Lua 设计之初的目标之一。Lua 的设计者们严格坚持只使用 ANSI C 的一个适用于多种编译器和多个操作系统的子集。在我所使用的某个受限的嵌入式系统上，我只能编译成功两个脚本语言，Lua 就是其中之一，足见 Lua 的作者们在可移植性上所做努力之成功。（如果你好奇的话，另一个是 REXX[1]。）

最有趣的安装 Lua 的方式就是用源码自己编译[2]。如果你比较着急的话，也可以下载预编译好的二进制包，这种方式受支持的操作系统有十多个[3]。

交互式开发

就像很多其他的脚本语言一样，Lua 也支持交互式的 REPL（Read-Eval-Print-Loop，读

---

[1] http://en.wikipedia.org/wiki/Rexx
[2] http://lua-users.org/wiki/BuildingLua
[3] http://lua-users.org/wiki/LuaBinaries

取-求值-输出循环）。在命令行输入 lua 来启动：

```
$ lua
Lua 5.2.3 Copyright (C) 1994-2013 Lua.org, PUC-Rio
>
```

请注意我们使用的是 Lua 5.2.3，这是本书写作时的最新版本。本章的代码多数都可以在更低的 Lua 版本下运行，不过大量的测试是在 Lua 5.2 版本下进行的。

本章的多数代码示例都在 REPL 中完成。你可以把>或者>>后面的内容输入命令行。

我们在 REPL 中输入一个数值吧，比如我最喜欢的探险电影摄制的那一年：

```
> 1989
stdin:1: unexpected symbol near '1989'
```

有意思，Lua 并不会把输入的数值打印出来。这很容易解决。你可以使用 print()或显式的返回该数值，或者加上一个=：

```
> print(1989)
1989
> return 1989
1989
> =1989
1989
```

如果你想要退出 REPL，只需要输入 Ctrl- D，不过先别退出，我们还要试一些别的代码。

初窥

Lua 的语法友好，且易于接近，不需担心分号或者空格该写在哪的问题。实际上，空格对 Lua 来说不太重要。以下两个语句的输出是一样的：

```
> print "No time for love"
No time for love
> print
>> "No time for love"
No time for love
```

两个语句之间甚至都不需要换行：

```
> print "No time" print "for love"
No time
```

```
for love
```

Lua 的类型也是一样的易用。

Lua 基础

和很多其他脚本语言一样，Lua 也是动态类型的，也就是说源码中的变量不需要声明类型，而在运行时才会决定其具体类型。Lua 有一些基础类型，和你的预期应该相差不远：数字、布尔值和字符串：

```
> =3.14
3.14
> =true
true
> ="The dog's name was 'Indiana!'"
The dog's name was 'Indiana!'
```

你在想整数在哪儿？不用想了，Lua 没有整数。如果你安装的是标准的 Lua，那只有 64 位的浮点数，这和 JavaScript 一样。（有一个例外：如果你使用不支持浮点运算的嵌入式系统，也可以通过用源码编译 Lua 来启用整数。）

字符串可以写在单引号内，也可以写在双引号内。可以用反斜杠来转义特殊字符或者不可显示的字符：

```
> ='Separated\tby\t\ttabs'
Separated       by      tabs
```

可以用..来做字符串拼接：

```
> ='fortune' .. ' and ' .. 'glory'
fortune and glory
```

可以用#来取字符串的长度：

```
> =#'professor'
9
```

在 Lua 中，nil 具有自己的类型，它表示"找不到"或者"不存在"。（也可以用它从集合中删除元素，第二天就能看到。）

```
> =some_variable_that_does_not_exist
nil
```

现在你已经了解 Lua 的基础了，下面我们把它们组合进表达式里去。

表达式

Lua 里的数学表达式和其他语言中的看起来一样。就如同你所预期的一样，乘法和除法的优先级高于加法和减法，你可以用括号来组合数学操作。

```
> =6 + 5 * 4 - 3 / 2
24.5
> =6 + (5 * 4) - (3 / 2)
24.5
> =(6 + 5) * (4 - 3) / 2
5.5
```

Lua 也支持乘方（^）和取模（%）。

```
> =1899 % 100
99
> = 2 ^ 3
8
```

Lua 的布尔操作是用 and、or 和 not 这三个关键字来做的。很方便的是，Lua 的逻辑表达式是会"短路"的，也就是说只有在必需的时候 Lua 才会对布尔表达式的两部分都求值。

```
> =not ((true or false) and false)
true
> =true or spill_antidote()
true
```

（以上代码运行的时候，spill_antidote 这个函数不会被执行。）

可以用==和~=来比较任意两个值相等或者不相等。用来比较大小的<、<=、>和>=只对字符串和数字适用：

```
> ='cobras' < 'rats'
true
> =#'cobras' < #'rats'
false
> =42 < '43'
stdin:1: attempt to compare number with string
...
> =true < false
stdin:1: attempt to compare two boolean values
```

我们已经学习了一些数据类型和表达式。让我们用函数给它们带来活力吧。

函数

Lua 的函数定义看起来和其他的常见脚本语言很相似：

```
> function triple(num)
>>     return 3 * num
>> end
>>
=triple(2)
6
```

严格来说，函数的名字不是必需的。如果你输入以下的代码也是可以的：

```
> =(function(num) return 3 * num end)(2)
6
```

在 Lua 的世界里，函数是一等公民；它们和其他值一样，可以被赋值给变量，可以被当成参数传递给其他函数，也可以被保存在数据结构中。

例如，你可以写一个叫作 call_twice()的函数，它接收一个叫作 f()的参数，并且返回一个叫作 ff 的函数，ff 会调用 f 两次：

```
>
> function call_twice(f)
>>     ff = function(num)
>>           return f(f(num))
>>     end
>>     return ff
>> end
>
> function triple(n)
>>     return n * 3
>> end
>
> times_nine = call_twice(triple)
>
> =times_nine(5)
45
```

能够把函数当成数据来用是 Lua 的强大功能，也是其简洁性的重要来源。我们接下来会看到更多的例证。

灵活的参数

调用函数的时候，传入的参数太少了会怎么样呢？有些语言会抛出一个错误。其他的语言，比如 Haskell，会返回一个新的函数。而 Lua 则简单地把所有未传入的参数赋值为 nil：

```
> function print_characters(friend, foe)
>>    print('*Friend and foe*')
>>    print(friend)
>>    print(foe)
>> end
> print_characters('Marcus', 'Belloq')
*Friend and foe*
Marcus
Belloq
> print_characters('Marcus')
*Friend and foe*
Marcus
nil
```

多余的参数则会被忽略掉：

```
> print_characters('Marcus', 'Belloq', 'unused')
*Friend and foe*
Marcus
Belloq
```

你也可以写可变参数的函数，也就是说函数的参数数量可以是不固定的，只要把函数的最后一个参数标为省略号（...）即可：

```
> function print_characters(friend, ...)
>>    print('*Friend*')
>>    print(friend)
>>
>>    print('*Foes*')
>>    foes = {...}
>>    print(foes[1])
>>    print(foes[2])
>> end
>
> print_characters('Marcus', 'Belloq')
*Friend*
Marcus
*Foes*
Belloq
nil
```

尾递归

Lua 的函数有另一个很方便的特性，那就是尾递归优化。当一个递归函数对自己的调用是其所做的最后一件事时，该函数就会被尾递归优化处理：

```lua
function reverse(s, t)
    if #s < 1 then return t end
    first = string.sub(s, 1, 1)
    rest = string.sub(s, 2, -1)
    return reverse(rest, first .. t)
end

large = string.rep('hello ', 5000)
print(reverse(large, ''))
```

以上的函数会把很多其他的脚本语言噎死；比如 Google Chrome 的 JavaScript 引擎在执行以上代码时会发生栈溢出。而 Lua 则可以正确地把尾递归优化为 goto 语句，并完成计算。

```
> print_characters('Marcus', 'Belloq', 'Donovan')
*Friend*
Marcus
*Foes*
Belloq
Donovan
```

我们把参数列表赋值给 foes 这个 table，在这里我们仅是把 table 当成数组使用。关于 Lua 的 table 的这个特性我们会在第二天接触得更多。

多个函数返回值

和参数类似，函数的返回值也可以有多个，你可以选择使用所有的返回值，或者忽略其中的一部分：

```
> function weapons()
>>      return 'bullwhip', 'revolver'
>> end
>
> w1 = weapons()
> print(w1)
bullwhip
>
>w1, w2 =weapons()
> print(w1)
bullwhip
> print(w2)
```

```
revolver
>
> w1, w2, w3 = weapons()
> print(w1)
bullwhip
> print(w2)
revolver
> print(w3)
nil
```

和参数的规则一样，未使用到的返回值会被忽略，未使用到的变量会被赋值为 nil。

具名参数

Lua 不像 Python 或者 Ruby 一样在语法级别方面支持具名函数[1]。不过你可以通过把 table 当参数传递给函数来获取类似的效果：

```
> function popcorn_prices(table)
>>      print('A medium popcorn costs ' .. table.medium)
>> end
>
> popcorn_prices{small=5.00,
>>              medium=7.00,
>>              jumbo=15.00}
A medium popcorn costs 7
```

上例中，大括号中的爆米花大小和价格就是 table（在这里 Lua 允许我们不给函数调用加小括号）。函数体可以通过点号读取 table 中的某个特定的值：table.medium。

你可以通过函数构造出很多东西，甚至是一门编程语言！不过为了方便起见，我们还是先看一下控制流程。

控制流程

Lua 内建的流程控制包括 if 语句、两种 for 循环，以及 while 循环。

if 语句可以对应一个 else 分支，0 到多个 elseif 分支。和某些脚本语言不同，Lua 的 if 语句是没有返回值的；你需要把结果值存在变量中或者打印出来：

```
> film = 'Skull'
```

---

[1] https://docs.python.org/release/1.5.1p1/tut/keywordArgs.html

```
>
> if film == 'Raiders' then
>>    print('Good')
>> elseif film == 'Temple' then
>>    print('Meh')
>> elseif film == 'Crusade' then
>>    print('Great')
>> else
>>    print('Huh?')
>> end
Huh?
```

for 循环遍历一系列的数值（步进值是可选的）：

```
> for i = 1, 5 do
>>    print(i)
>> end
1
2
3
4
5
> for i = 1, 5, 2 do
>>    print(i)
>> end
1
3
5
```

你也可以使用 for 循环来遍历集合，这部分我们会在详细了解 table 时再讲。

Lua 的最后一个内建流程控制是 while 循环（以及它的近亲 repeat 循环，你会在习题中用到它）：

```
> while math.random(100) < 50 do
>>    print('Tails; flipping again')
>> end
Tails; flipping again
Tails; flipping again
```

Lua 并不会限制你仅能使用 if、for 和 while 这"三大招"。如果你把它们和高阶函数结合起来使用，就可以构造出你的程序需要的任意流程控制。这正是你在第一天的习题中需要做的事。

变量

在前面的例子中，我们已经见过变量了，但是我们只是粗略地一笔带过。现在我们来仔细谈一下变量。

比较奇怪的一点是，Lua 的变量默认是全局的：

```
> function hypotenuse(a, b)
>>    a2 = a * a
>>    b2 = b * b
>>    return math.sqrt(a2 + b2)
>> end
>>
=hypotenuse(3, 4)
5>
=a2
9 -- WHOOPS!
```

或许你会希望 a2 这个临时变量不会泄露到函数之外。值得庆幸的是，我们只需要给局部变量的声明前面加上 local 关键字就可以了：

```
> function hypotenuse(a, b)
>>    local a2 = a * a
>>    local b2 = b * b
>>    return math.sqrt(a2 + b2)
>> end
```

最开始的时候我对于 Lua 的变量默认不是 local 这一点感到很惊讶。不过后来我发现这样做是有合理的原因的。如果我们真的想防止不小心创建出全局变量，可以用 Lua 的 table 来实现这一点；第二天我们会做这件事。

离开 REPL

到目前为止，我们都是把表达式输入 REPL 中。用这种方式学习 Lua 是最好的，这样可以在输入代码的同时就把程序构造出来了。

然而，接下来我们要做一些练习题。你或许会想先用文本编辑器把代码写好，然后从命令行运行。你只需要把代码保存为.lua 后缀的文件，然后再用 lua 这个命令，也就是启动 REPL 的命令来执行就可以了：

```
lua my_program.lua
```

这样做不如使用 REPL 那么具有交互性，不过现在你要自己出去闯天下了，把代码保存到文件里使得修改错字更容易。

第一天我们学了什么

今天，你学习了 Lua 的基本语法。你看到了定义函数有多么容易，包括很高端的可以接受函数作为参数的高阶函数。你现在已经掌握了足够的 Lua 的知识，可以写一些简单的程序了，而且你马上就要这样做。

现在，你可能会觉得 Lua 是一个易于使用的脚本语言，但是也没有什么鹤立鸡群之处。这也是我刚刚接触 Lua 时的反应。

然后我发现了使得 Lua 的表意性得以展现的杀手级特性：table。第二天，我们会谈到 table 到底有什么特别的。

轮到你了

找到

- Lua wiki，它是对 Lua 内建文档的扩充，由社区维护，包含很多解释和示例。

- 在线的《Programming in Lua》第一版（新的收费版也不错，不过这一版很有帮助而且免费）。

- 最新版的 Lua 手册。

- while 循环和 repeat 循环之间的区别。

练习（简单）

- 写一个叫作 ends_in_3(num) 的函数，如果 num 的最后一位是 3 则返回 true，否则返回 false。

- 写一个叫作 is_prime(num) 的函数来检查数字是否是素数（只能被自己和 1 整除的数）。

- 写一个程序，它可以打印出前 n 个以 3 结尾的素数。

练习（中等）

- 如果 Lua 没有 for 循环怎么办呢？使用 if 和 while，写一个叫作 for_loop(a, b, f) 的函数，它调用 f() 的次数是 a 到 b 的闭区间中数字的数量。

练习（困难）

- 写一个叫作 reduce(max, init, f) 的函数，它调用 f() 的次数是 1 到 max 的闭区间中数字的数量，就像这样：

```
function add(previous, next)
    return previous + next
end
reduce(5, 0, add)  -- add the numbers from 1 to 5

-- We want reduce() to call add() 5 times with each intermediate
-- result, and return the final value of 15:
--
add( 0, 1) --> returns 1; feed this into the next call
add( 1, 2) --> returns 3
add( 3, 3) --> returns 6
add( 6, 4) --> returns 10
add(10, 5) --> returns 15
```

- 基于 reduce() 实现 factorial()（阶乘）。

第二天：深入了解 Table

今天，我们要介绍使得 Lua 别具风格的两个概念：table 和协程。和很多其他的基于原型的面向对象语言类似，Lua 用 table 定义数据，而协程则是用来定义控制流程的。二者虽然都很简单，但是非常强大，它们可以作为很多东西的基础，Lua 的对象系统或者你自己定义的领域特定语言都要依靠它们来实现。

我们先来讲 table。

当学习一门新的编程语言的时候，你总是会被一大堆的数据结构弄得头晕：数组、元组、矢量、列表、字典等。它们都有自己的 API、语法、奇诡之处，性能表现也不尽相同。

这些集合类型都很有用，但是当我最初尝试学习一门新语言的时候，我通常考虑的是一些更基本的事情：（1）如果我想通过名字访问数据，我该把数据放在哪儿？（2）如何把数据按照某种顺序存储？

Table 当作字典用

和 Python 的字典（dictionary）或者 Ruby 的哈希（hash）类似，Lua 的 table 是键值对的集合。你通过大括号来创建 table，这样的表达式在 Lua 里叫作 table 构造器（table constructor）：

```
> book = {
>>    title = "Grail Diary",
>>    author = "Henry Jones",
>>    pages = 100
>> }
```

要从 table 中读取数据，只需要写下 table 的名字，一个点号，然后是你想要读取的键：

```
> =book.title
Grail Diary
```

添加和修改数据的方式和读取数据的方式类似：

```
> book.stars = 5                    -- new item
> book.author = "Henry Jones Sr."  -- modified item
```

如果键里包含空格或者小数点该怎么办？如果键是在运行时计算出来的该怎么办？这些情况下，把键放在方括号内就好了：

```
> key = "title"
> =book[key]
Grail Diary
```

以这样的方式，你可以使用任何类型的数据作为键：布尔、函数，甚至是 table。不过多数情况下我们用的是字符串或者数字。

要从 table 中删除一个元素，只要把该元素的值设置为 nil 就可以了：

```
> book.pages = nil
```

Lua 并不自带打印 table 的函数。值得庆幸的是，你可以自己定义一个函数来打印以上示例代码里的 table。让 REPL 处于运行中，切换到文本编辑器，把以下的代码保存到 util.lua 里：

```
lua/day2/util.lua
function print_table(t)
➤   for k, v in pairs(t) do
      print(k .. ": " .. v)
    end
end
```

pairs() 是 Lua 的内建函数。说得更具体一些，它是一个迭代器（Iterator），可以很好地和 for 循环一起工作。如果你想知道构造一个迭代器的更多细节，请查看在线 Lua 书的相关章节[1]。简单来说，pairs()会返回一个新的函数，for 循环会反复地调用这个函数直到它返回 nil。

上面的 print_tables 函数无法正确地处理嵌套多层的 table，或者其他复杂一些的情况。不过目前来说，它够用了。你可以使用 dofile()函数把它加载入 REPL：

```
> dofile('util.lua')
```

或者你也可以通过使用-l 参数在 REPL 启动之初就把需要的库预加载进来：

```
$ lua -l util
```

dofile()简单又粗暴，它仅仅是把你指定的文件吞进去。它不会检查文件是否已经加载过，也不会允许你指定去哪里寻找要加载的文件。稍后我们会使用 Lua 的模块系统，它除了可以做到上面提到的两件事之外，还可以做更多的工作。

下面我们来调用 print_tables()，并把前面定义的 book table 做参数传入：

```
> print_table(book)
author: Henry Jones
title: Grail Diary
pages: 100
```

到目前为止，table 看起来就像普通的字典。但是 table 可并不是只能处理键值对。

穿着数组外衣的字典

有时，你需要以某种有序的方式存储数据。其他的语言会给你提供列表或者数组，它们的语法和 API 与字典是不同的。

在 Lua 里，不需要这好几种抽象。对 Lua 来说，数组只是键值对存储结构的一个特例，键是连续的数字。你可以用之前用到过的语法来创建数据，只是不要写键就好了：

```
> medals = {
>>     "gold",
>>     "silver",
>>     "bronze"
>> }
```

---

[1] http://www.lua.org/pil/7.1.html

你可以通过熟悉的方括号来读写数组的内容：

```
> =medals[1]
gold
> medals[4] = "lead"
```

请注意，Lua 的数组下标是从 1 开始的，数学家和正常人也是这样计数的。

现在你有可能在想，"Lua 数组性能不太好吧？"在多数语言中，字典比数组更慢；计算一个字符串的哈希值比给一个数字加一要慢得多。

值得庆幸的是，Lua 运行时给数组提供了特殊的快车道[1]。只要你连续用数字作键向字典中添加数据，Lua 就能很高效地存储和访问数据。

Lua 中的数组和字典并不是互斥的。你可以在同一个 table 中混用两种风格，Lua 自有办法把数据高效地存储起来。有些程序员遵循一个惯例，即把数组和字典用分号隔开：

```
> ice_cream_scoops = {
>>     "vanilla",
>>     "chocolate";
>>
>>     sprinkles = true
>> }
>>
=ice_cream_scoops[1]
vanilla
> =ice_cream_scoops.sprinkles
true
```

能够使用字符串或者数字作为键是很有趣的技巧。不过如果你需要自定义查找逻辑该怎么办呢？　这时，我们就需要用到 Lua 的 metatable。

metatables

到目前为止我们见过的所有 table，如果你给它一个键，Lua 就给你找到一个值。这个查找逻辑是 Lua 内建的。

有时，这种默认行为未必是你的程序所需要的。比如你想在找不到键所对应的值时不返回 nil，而是返回其他的默认值；或者你想把读写的历史记录到某一个 table，你可以通过使用一个叫作 metatable 数据结构来实现上述两种行为。

---

[1] http://www.lua.org/pil/27.1.html

metatable 这个名字听起来有些抽象，它是"元表"的意思。如果你熟悉 JavaScript 的原型或者 Python 的特殊双下划线方法名，你会发现 Lua 的方式也很熟悉。[1]目前来说，你认为 metatalbe 意味着"自定义行为"就好了。

Lua 中的每一个 table 都有一个 metatable，其中可以包含读写键值对的函数，可以包含用来遍历 table 内容的代码，也可以重载某些操作符。多数 table 的 metatable 是 nil，这就意味着 table 的很多操作用的都是 Lua 的默认实现：

```
> greek_numbers = {
>> ena  = "one",
>> dyo  = "two",
>> tria = "three"
>> }
>
>=getmetatable(greek_numbers)
nil
```

不过你可以很简单地覆盖 Lua 的默认行为。Lua 默认打印 table 的方式实在太差劲了，其战斗力就像用赶牛的鞭子去和 M1917 机枪对决一样。

比如 Lua 把 table 打印到标准输出的方式就非常地"简洁"：

```
> =greek_numbers
table: 0x7fec0ad002b0
```

如果能够不用调用额外的函数就让打印的字符串里包含键和值就好了。幸运的是，这是可以做到的。

我们只需要创建一个 metatable，在里面写一个名字叫作__tostring 的函数就好了。只要有人试图打印某个 table，Lua 就会调用这个函数。我们可以把之前写的 print_table 函数做一点修改，让它返回一个字符串而不是输出到命令行。

把下面的代码添加到 util.lua：

```
lua/day2/util.lua
function table_to_string(t)
   local result = {}

   for k, v in pairs(t) do
     result[#result + 1] = k .. ": " .. v
   end
```

---

[1] https://developer.mozilla.org/en-US/docs/Web/JavaScript/Guide/Details_of_the_Object_Model; https://docs.python.org/2.5/ref/specialnames.html

```
    return table.concat(result, "\n")
end
```

这个新版的函数把所有键值对的字符串表达形式存在一个列表里，最后把它们一次性全部拼接到一个字符串里去。如果 table 很大的话，这样做会比一个一个地拼接字符串快。

现在，在 REPL 里重新加载 util.lua：

```
> dofile('util.lua')
```

最后，我们可以把自定义的输出逻辑集成进来了：

```
> mt = {
>>    __tostring = table_to_string
>> }
>>
setmetatable(greek_numbers, mt)
>>
=greek_numbers
ena: one
tria: three
dyo: two
```

这样我们就实现了自定义 table 输出为字符串的行为。现在，如果我们调用 print()，Lua 就会去 metatable 里面寻找 __tostring，并且找到我们自定义的函数。最终打印的结果就变的可读多了。

现在我们已经搞定了简单的自定义函数，接下来试试复杂一些的。

读和写

Lua 的 table 是非常宽容的，如果你试图去读取一个不存在的键，也并不会有什么不好的事情发生，只是会得到一个 nil。假设你想创建一个更加严格的 table，读取不存在的键或者覆盖已存在的键都会导致运行时错误。

要用 Lua 做到这件事，只需要很简单的几步：

1. 把你想要的自定义的读写逻辑写到两个函数里。

2. 把这两个函数存储在一个 table 里，分别命名为 __index 和 __newindex。

3. 把上一步中创建的 table 设置为你的数据的 metatable。

我们先来看第三步，把以下的代码写入 strict.lua：

```
lua/day2/strict.lua
local mt = {
  __index = strict_read,
  __newindex = strict_write
}

treasure = {}
setmetatable(treasure, mt)
```

strict_read()会从一个 table 中读取数据，这个 table 是私有的，不会被其他代码直接访问到。把以下代码加入 strict.lua：

```
lua/day2/strict.lua
local _private = {}

function strict_read(table, key)
  if _private[key] then
    return _private[key]
  else
    error("Invalid key: " .. key)
  end
end
```

Lua 会把 table 和 key 这两个参数传入这个函数。我们需要做的是仅在 key 存在的情况下返回数据。

strict_write()函数也是类似的，它需要检查私有 table 是否已经包含这个键了。把下面这段代码写到 strict_read()后面：

```
lua/day2/strict.lua
function strict_write(table, key, value)
  if _private[key] then
    error("Duplicate key: " .. key)
  else
    _private[key] = value
  end
end
```

用 dofile()或者-l 参数把 strict.lua 加载入 REPL。然后，把宝物放入你的珍宝箱：

```
> treasure.gold = 50
>
> =treasure.gold
50
>
> =treasure.silver
```

```
strict.lua:8: Invalid key: silver
...
>
> treasure.gold = 100
strict.lua:16: Duplicate key: gold
...
```

到目前为止，我们使用 metatable 做了自定义的查找逻辑，还做了自定义的输出格式。你也可以用 metatable 去重载数学、逻辑还有比较运算符。做这些事的方法是一样的：把函数放到一个 table 里，给它们特殊的键名，比如 __add 和 __sub，然后通过调用 setmetatable() 来把自定义的行为绑定到你的数据上去。

接下来，你将会看到 metatable 有多强大：我们要自己构建一个基于 Lua 的原始类型之上的面向对象系统。

自制面向对象系统

Lua 有它自己的面向对象语法。不过我接下来要展示在 Lua 强大的抽象机制下自定义另一种面向对象风格有多容易。然后我们会观察自制的面向对象风格和 Lua 的有何区别。

面向对象编程核心的观念就是自制的对象之间互相发送消息。你接触过的 Lua 知识就已经够用了，就是普通的 table 和函数。

假设你在做一个游戏，在游戏的最后一关你想要让玩家对决一个 Boss 等级的反派。游戏引擎通过发送 take_hit() 的消息来响应对反派的攻击。

Lua 中的函数其实就是普通的数据，可以被存储起来，也可以被当成参数传递。所以，你可以把 take_hit 写成一个函数，并把它存储在反派的状态的附近：

```
dietrich = {
  name = "Dietrich",
  health = 100,

  take_hit = function(self)
    self.health = self.health - 10
  end
}
dietrich.take_hit(dietrich)
print(dietrich.health) --> 90
```

游戏中的反派应该不止一个。如果这些反派都是共用同一份 take_hit()代码，我们就需要知道该让谁掉血。这就是传入 self 参数的目的。（等一下我们会看到隐藏它的方式。）

请注意我们暂时还没有用一个叫作 Villain（反派）的类来创建实例，而是用一个 table 包含了反派的数据。如果我们想要创建一个新的反派，就需要初始化这个反派的字段值，或者从一个已存在的反派那里拷贝数据。

```
clone = {
  name = dietrich.name,
  health = dietrich.health,
  take_hit = dietrich.take_hit
}
```

如果我们在开始攻击一个反派之前给它创建了一个克隆，我们就可以发现它们确实是两个独立的对象：

```
print(clone.health) --> 100
```

老是这样手动复制字段值会很累的。我们接下来就解决这个问题。

原型

要想在每次创建反派的时候自动给字段赋值，我们需要写一个函数。为了把代码模块化，我们把和反派相关的函数都写在一个叫 Villain 的 table 里。以下是粗略写就的第一版，一会我们会发现它有些问题：

```
Villain = {
  health = 100,

  new = function(self, name)
    local obj = {
      name = name,
      health = self.health,
    }

    return obj
  end,

  take_hit = function(self)
    self.health = self.health - 10
  end
}

dietrich = Villain.new(Villain, "Dietrich")
```

我们现在有了一个能为我们创建反派的函数。我们不会希望好几百份 take_hit()函数被拷贝得到处都是，所以我们把它移到了 Villain 这个通用 table 里。不过现在，我们不能再像原来一样使用 dietrich 了：

```
Villain.take_hit(dietrich)        --> ok
dietrich.take_hit(dietrich)       --> error: attempt to call field
                                  --> 'take_hit' (a nil value)
```

dietrich 不再有 take_hit()这个成员了。take_hit()现在属于 Villain 这个对象。如果能像 JavaScript 一样有一个基于原型的系统就好了，这样在 dietrich 里找不到某个成员的时候，就会去原型里去找。在讲 metatable 的时候，我们提到了可以利用 Lua 的 metatable 来实现任何我们想要的成员查找逻辑。下面是改版后的 new 函数：

```
new = function(self, name)
  local obj = {
    name = name,
    health = self.health,
  }

➤ setmetatable(obj, self)
➤ self.__index = self

  return obj
end,
```

以上标出的新加的两行把成员查找委托给了 Villain 这个原型。你可能注意到这段代码和前面使用 metatable 的代码的不同。之前我们使用特殊命名的函数来实现自定义的行为。而在这里，我们使用了一个 table。其实这就是 Lua 语言体系里 "把这个 table 的成员作为查找时的后备" 的意思。

现在调用 dietrich 的 take_hit()函数又可以正常工作了：

```
dietrich = Villain.new(Villain, "Dietrich")
dietrich.take_hit(dietrich) --> ok
```

到目前为止，我们只是把同一个反派复制了很多次。我们要如何创建不同种类的反派呢？

继承

基于原型的面向对象系统的一个好处就是你不需要特殊的机制来实现继承。你只需要像前面已经做过的那样复制对象就好了。

比如想要创建超级大反派，他们的盔甲更厚，你只需要创建一个 SuperVillain 原型，然后开始复制它就好了：

```
SuperVillain = Villain.new(Villain)

function SuperVillain.take_hit(self)
  -- Haha, armor!
  self.health = self.health - 5
end

toht = SuperVillain.new(SuperVillain, "Toht")
toht.take_hit(toht)
print(toht.health) --> 95
```

这看起来就比较像完整的面向对象系统了。不过每次都把同一个对象传递两次还是挺烦的。

语法糖

要掌握 Lua 的面向对象系统的最后一步就是使用语法糖。如果你写的是 table:method()而不是 table.method(self)，Lua 会替你隐式地传入 self 这个参数，这样你就不需要自己显式传递了。

```
Villain = { health = 100 }

function Villain:new(name)
  -- ...same implementation as before...
end
function Villain:take_hit()
  -- ...same implementation as before...
end

SuperVillain = Villain:new()

function SuperVillain:take_hit()
  -- ...same implementation as before...
end
```

现在，我们自制的面向对象系统看起来和其他常见语言的很相似了：

```
dietrich = Villain:new("Dietrich")
dietrich:take_hit()
print(dietrich.health)    --> 90

toht = SuperVillain:new("Toht")
toht:take_hit()
print(toht.health)        --> 95
```

在第二天中，我们从一个简单灵活的数据结构开始，用它构造出了一个复杂的结构，而全部这些只需要几行代码。接下来，我们会对控制流程做同样的事情。

协程

我们之前的 Lua 代码都是以串行的方式执行的。你可能在想 Lua 是如何处理多线程的呢？

Lua 不处理多线程。

是的，你没看错。Lua 并没有内建的多线程 API。不过 Lua 内建了一套更简单、更容易理解的用于做多任务处理的基本类型：协程。

协程已经存在几十年了。和线程一样，协程让你的程序能够同时执行多个任务。与线程的不同之处在于，协程不是抢占式的。你的代码中必须显示标注出在什么时候可以安全地暂停执行当前任务，让位给其他任务运行。竟然还要烦劳程序员给标注出来，那我们为什么要用它呢？因为它在概念上更简单，而且能够免去很多并行的问题。当你读 Lua 代码的时候，你明确知道什么时候任务有可能中断，什么时候又不会中断。

协程 VS 线程

如果协程这么好的话，那为什么不是所有语言都采用它呢？因为就像所有的其他语言特性一样，协程也要涉及权衡。获取简洁性和正确性上的优势的同时，我们也会损失多核处理的能力。

一个包含有许多协程的 Lua 进程在任何一个时刻只能使用一个核。不过，在一个进程里倒是可以很容易地开启多个 Lua 解释器，并让解释器运行在不同的核上。[1]另外一个关于协程需要注意的事是它与阻塞式 I/O 操作合作不好。如果你的 Lua 程序使用了协程，你最好使用非阻塞的 select()函数以及与其相关的函数[2]。

单个任务：生成器

我们以一个简单的例子开始学习协程。我们来创建一个协程并给它分配一个任务。这个协程启动时默认处于暂停状态，所以我们开始就可以调用 resume()来恢复执行。在协程之内，在每一部分工作做完之后我们会写一些代码把结果返回。

首先，我们来定义一个会运行很久的函数，实际上就是一个死循环。

```
> function fibonacci()
>>     local m = 1
>>     local n = 1
>>
>>     while true do
```

---

[1] http://www.inf.puc-rio.br/~roberto/docs/ry08-05.pdf
[2] http://www.lua.org/pil/9.4.html

```
>>        coroutine.yield(m)
>>        m, n = n, m + n
>>     end
>> end
```

这个函数永远不会返回；它每计算出一个新的裴波那切数字就把该数字返回给调用者。yield 和返回有什么区别呢？返回之后，我们还可以回到程序中断的位置继续执行。

译者注：yield 的概念存在于很多编程语言中。在某些语言中会以关键字的形式出现，比如 C#和 Python。而在 Lua 中则是以库中函数的形式出现的，其作用通常是用于生成可迭代数据类型中的一个元素。yield 的字面含义为生产或产出，但在编程的语境中并无确切的中文翻译，因而下文中一概保留原文。

要开始运行协程，我们需要先用 coroutine.create()函数创建出一个协程，然后调用 coroutine.resume()：

```
> generator = coroutine.create(fibonacci)
> succeeded, value = coroutine.resume(generator)
> =value
1
```

在调用 resume 的时候，就会开始执行 fabonacci()，直到遇到第一个 yield()调用就会跳回到调用者处执行，也就是 resume()后面那一句。resume()会返回一个状态码，以及 yield()被调用时使用的参数。每次调用 resume()时，会回到上次 yield()被调用之后的地方继续执行。

```
> succeeded, value = coroutine.resume(generator)
> =value
1>
> succeeded, value = coroutine.resume(generator)
> =value
2
```

这种方式很适用于耗时较长的计算或者网络操作，你可以把任务分解为较小的子任务来执行，以维持程序的响应性。

多任务

协程虽然简单但功能强大，它足以实现类似线程的行为。操作系统的进程调度器通常都要几千行代码，不过接下来你可以用几十行代码写出一个。[1]

---

[1] http://code.openhub.net/project?pid=bQ7OKaOjyIw&prevcid=1&did=kernel%2Fsched

我们需要定义几个可以并行执行的顶层函数：

```lua
function punch()
  for i = 1, 5 do
    print('punch ' .. i)
➤   scheduler.wait(1.0)
  end
end

function block()
  for i = 1, 3 do
    print('block ' .. i)
➤   scheduler.wait(2.0)
  end
end
```

然后这样来调度它们：

```lua
scheduler.schedule(0.0, coroutine.create(punch))
scheduler.schedule(0.0, coroutine.create(block))

scheduler.run()
```

以上用到的看起来像线程风格的 API 并不存在，我们必须要自己把它写出来。我们先来列一个单子，里面包含我们未来需要做的事情，按照要做的时间先后排序。

看看我们调用调度器的代码，这是 Lua 的模块系统，就像 Lua 中的其他系统一样，它也是构造在 table 的基础上的。我们要用这套系统来定义我们的 API。

把下面的代码写到 scheduler.lua 里：

```lua
lua/day2/scheduler.lua
local pending = {}

local function schedule(time, action)
➤   pending[#pending + 1] = {
    time = time,
    action = action
  }

  sort_by_time(pending)
end
```

我们想让某件事情在未来发生的话，就把它丢到 pending 数组里，这个数组以时间戳（程序启动到现在所经历过的秒数）排序。

顺便说一下，#pending 前置的#是长度操作符。你在第一天使用它获取过字符串的长度。在这里我们可以发现，它也能用在数组上。高亮的那一行是 Lua 用来给数组增加元素的惯用方法。

需要注意的另一件事是：为了避免命名冲突，我们把这个文件里的 schedule 以及其他函数都写成了 local 的。稍后，我们会把想让调用者看到的函数公布出去。

接下来的 sort_by_time()函数利用 Lua 内建的 table.sort()函数来给数组排序，它接收一个可选的用于比较数组内两个元素的函数的参数。把以下这段代码写到 scheduler.lua 的最上面：

lua/day2/scheduler.lua
```lua
local function sort_by_time(array)
  table.sort(array, function(e1, e2)
                return e1.time < e2.time
              end)
end
```

协程应该是轻量级的。它们应该在开始运行之后就做它该做的事，做完马上就返回或者 yield。所以 wait()函数不应该真的等待，而应该向调度器 yield：

```lua
local function wait(seconds)
  coroutine.yield(seconds)
end
```

叫作 run()的主函数会在没有任务时等待，而在有任务时执行任务。如果执行的任务调用 wait()，任务执行所需要消耗的秒数就会被 yield 给我们。我们会用这个秒数来决定在未来的什么时候继续执行该任务：

```lua
local function run()
  while #pending > 0 do
    while os.clock() < pending[1].time do end -- busy-wait

    local item = remove_first(pending)
    local _, seconds = coroutine.resume(item.action)

    if seconds then
      later = os.clock() + seconds
      schedule(later, item.action)
    end
  end
end
```

当任务执行完时，协程不会 yield 任何东西回来。这时调用 resume()函数将会返回 nil，我们也不会再给该任务分配执行时间了。剩下的最后一个需要实现的函数就是

remove_first()了，它将会删除并返回数组里的第一个元素：

```lua
local function remove_first(array)
  result = array[1]
  array[1] = array[#array]
  array[#array] = nil
  return result
end
```

现在我们把这个 API 包装在一个 Lua 模块里面吧。其实就是一个很普通的 Lua table，其中包含着我们想向外界调用者暴露的函数。把下面的代码写到 scheduler.lua 的最下面：

```lua
return {
  schedule = schedule,
  run = run,
  wait = wait
}
```

现在可以执行了！创建一个叫作 punch.lua 的新文件，并把以下代码写入该文件的顶部：

```lua
lua/day2/punch.lua
scheduler = require 'scheduler'
```

我们使用 require()函数而不是 dofile()函数来加载模块。这两个函数类似，不过 require()为你做的更多：

- 检查模块是否已经加载过。

- 搜索多个程序库的加载路径（是可以配置的）。

- 给局部变量提供安全的命名空间。

然后，把我们在开始时写的 punch()和 block()这两个函数，以及 schedule()和 run()函数加载进来。当你执行 lua punch.lua 时，你应该看到有五次出拳的动作，而格挡的频率大概是出拳的一半。看起来我们更擅长攻击而不是防守。

Lua 的发明者 Roberto Ierusalimschy 访谈

我们：你为什么写了 Lua？

Roberto：在 1993 年的时候，我在 Tecgraf 做咨询工作。Tecgraf 是我的大学（PUC-Rio）和 Pestrobras（巴西石油公司）之间的合作组织。有两个项目都有类似的终端用户配置的问题。

Tecgraf 开发了一些小型语言来局部解决这些问题，但是很快他们就意识到需要更强大的语言，比如说需要支持数学表达式、变量、条件表达式，甚至还需要一定程度的抽象能力（函数）。

不过，他们又不想把整个项目和这个新的语言耦合在一起。当时，唯一能满足他们需要的语言是 Tcl，不过 Tcl 的语法对于我们的非专业程序员用户（地理学家和机械工程师）来说太过于费解了。所以，我们一开始就把 Lua 定位为给程序提供配置的语言。

我们：你最喜欢 Lua 的哪一点？

Roberto：Lua 的目标清晰，野心不大。Lua 并不想帮所有人做所有事。如果你的问题不适合用 Lua 来解决，我会是第一个建议你去使用其他语言的人。语言设计充满了权衡，不同的语言用不同的方式来处理这些权衡，而这对于不同的应用场景和不同的用户来说或许意味着好事，也可能是坏事。一个好的程序员应该知道用不同的工具解决不同的问题。

我们：Lua 最适合解决哪种问题呢？

Roberto：我认为 Lua 最适合于做它创生之初就要做的事，它是真正的脚本。现在，多数人都把"脚本语言"和动态语言混为一谈。但是脚本语言有着更加具体的含义，那就是要把软件中用不同语言编写的部分协调和粘合起来。（想一想游戏的脚本或者电影的脚本就知道我说脚本时是什么意思了。）Lua 一直都是以这种理念发展的。

我们：如果可以重来，你会修改 Lua 的什么特性呢？

Roberto：这个问题不好回答啊。在 5.1 版（2006 年）中实现的新的 vararg 的机制我就不太喜欢。我经常会想老的机制更好，但是我认为我们已经回不去了。我想要用 PEGs 来实现模式匹配函数，不过从发展路线图来看，不太可能有机会实现一个新的了。

我们：你所见过的 Lua 的应用场景中最让你吃惊的是什么？

Roberto：或许是游戏。现在游戏是 Lua 的主要狭缝市场，不过一开始并不是这样的。我们开始几年根本就没有想过游戏的事。《冥界狂想曲》出现的时候我们都吃了一惊。看到 Lua 被内嵌入那么多的设备也很让人吃惊，比如键盘、打印机、路由器、相机，以及诸如此类的设备。

第二天我们学了什么

多么充实的一天啊！你可以给自己一些鼓励了。你实现了一个面向对象的系统以及一个类似于线程的并行 API。而且你的代码还写得紧凑、模块化、易读。

让这一切得以实现的是 Lua 的易于组合的基本数据结构：table 和协程。我们看到了 table 能够作为数组用，也可以当成字典用；我们还看到了 Lua 给我们提供了切入点来扩展 table 的行为。

之后，我们就开始讲协程了，这是 Lua 并行的方式。尽管协程暴露的 API 并不多，我们还是可以使用它们来构造复杂、强大的多任务系统。

明天，我们会介绍 Lua 如何与 C++代码交互，并让它生成一些音乐。还记得我们今天写的调度器吗？我们会用它来管理组成音乐的不同声部。

轮到你了

找到

- 一个叫作 LuaRocks 的包管理工具并在你的系统上安装 Lua 模块。

- 开源的 LOOP 库，它实现了一个比我们写得精密得多的调度器。

- Lua 的 metatable 能够识别的所有函数（除了__tostring、__index 和__newindex 之外）。

- Lua 用来保存所有全局变量的 table 的名字。

练习（简单）

- 写一个签名为 concatenate(a1, a2)的函数，它接收两个数组作为参数并且返回一个新的数组，其中先包含着 a1 的所有元素，随后包含着 a2 的所有元素。

- 我们之前在读和写部分实现的 strict table 不提供从 table 中删除元素的能力。如果我们试着用普通的方法从中删除元素，如 treasure.gold = nil，我们会遇到一个重复的键的错误。修改 strict_write 方法来允许删除某些键（通过把其对应值赋值为 nil）。

练习（中等）

- 把在上面找到的全局 metadata 做一些修改，使得当你用加号拼接两个数组（比如 a1 + a2）时，Lua 会执行你写的 concatenate()。

- 使用 Lua 内建的 OO 语法，写一个叫作 Queue 的先进先出（FIFO）的类，这个类可以这样使用：

```
-q = Queue.new() returns a new object.
-q:add(item) adds item past the last one currently in the queue.
-q:remove() removes and returns the first item in the queue, or nil if the queue is empty.
```

练习（困难）

- 使用协程写一个容错的 retry(count, body)函数，它像如下这样工作：

1．调用 body()函数。

2．如果 body()yield 回一个字符串，即为出错，重新启动 body()。

3．重试的次数不要超过 count 指定的次数；如果超过了 count 的次数，打印一个出错消息并且返回。

4．如果 body()成功返回，并没有 yield 任何字符串，即为成功。

用法示例：

```
retry(
  5,

  function()
    if math.random() > 0.2 then
      coroutine.yield('Something bad happened')
    end

    print('Succeeded')
  end
)
```

绝大多数情况下，内部的函数会失败；retry()函数应该一直尝试直到它能够成功或者尝试满 5 次为止。

提示：你或许会需要创建不止一个协程。

第三天：真实世界中的 Lua

你已经开始了历险的旅程，小心谨慎地步入了 Lua 之门。你已经见识过了 Lua 数据结构和并行方面的简洁与强大。现在，你要应用学到的知识来构建一个真实的项目了。

今天，我们要用 Lua 来播放音乐。Lua 并没有内建的声效库，不过其他语言实现的倒有不少。我们今天要用到 Lua 的一个很强大的功能——Lua 的 C 语言接口，我们会用这种方式来控制一个开源的声效库。

有一些伟大的冒险家已经走过这条路了。他们利用 Lua 的表意性来描述程序的逻辑，用 C 语言来做性能要求高的部分，并且用到了这一章即将讲到的技巧来把 Lua 和 C 黏结在一起。《Adobe lightroom》[1]，《魔兽世界》[2]和《愤怒的小鸟》[3]都用到了 Lua，它们或者用 Lua 做内部功能，或者用 Lua 做面向终端用户的扩展语言。

制作音乐

用电脑做音乐有很多种方式。今天我们用一个 C++库制作 MIDI（Musical Instrument Digital Interface，乐器数字接口）[4]。一开始，我们会写一些 C++代码来展示 Lua 与其他语言的结合能力。然后我们很快就会回到 Lua 的世界里，把所有东西都包装到具有表意性的 API 里。

> **良友相伴**
>
> 在用软件制作 MIDI 音乐这条路上有很多良友相伴。Topher Cyll 在《Practical Ruby Projects》[Cyl07]这本书里使用到了类似的技巧。Giles Bowkett 在 Topher 的基础上用 Ruby 和 CoffeeScript 写了一些算法来写歌[5]。
>
> 我们的目标没有那么大，只需要能够用最简洁的 Lua API 播放已经存在的音乐就好了。

为历险做准备

在开始今天的历险之前，你需要一些装备。你需要安装以下的程序，并确保它们都可以执行：适用于你的操作系统的 C++编译器、用于构建 C++的 CMake 工具[6]、Lua 的 C 头文件和库（应该是与你的 Lua 一起安装的）、RtMidi 声效库[7]、一个 MIDI 合成器软件，这样你才能听到音乐

不同的操作系统的安装方式不尽相同。下面是针对 Windows、Mac 和 Linux 的安装步骤。如果你遇到困难，可以在论坛里给我们留言[8]。

Windows

- 安装 Visual Studio Express 2013[9]。

---

[1] http://www.adobe.com/devnet/photoshoplightroom.html
[2] http://www.wowwiki.com/Lua
[3] http://stackoverflow.com/a/4430719
[4] http://www.midi.org
[5] http://singrobots.com
[6] http://www.cmake.org
[7] http://music.mcgill.ca/~gary/rtmidi
[8] http://forums.pragprog.com
[9] http://www.visualstudio.com/en-us/products/visual-studio-express-vs.aspx

- 下载 RtMidi 的源代码，用 Visual Studio 打开其中的.sln 文件，把库构建出来。

- 下载并安装 Windows 版本的 CMake。

- 安装 VirtualMIDISynth 播放器[1]。

Mac

- 确保你安装了 C++编译器，比如 Xcode 命令行工具[2]。

- 安装 Homebrew 包管理器[3]。

- 添加 C sound 项目的源代码：brew tap kunstmusik/csound。

- 安装 Lua、CMake，还有 RtMidi：brew install lua cmake rtmidi。

- 下载并安装 SimpleSynth MIDI 播放器[4]。

Linux

下面的安装步骤是针对 Ubuntu Linux 的，如果你使用其他 Linux 系统则需要做相应的调整。

- 使用 Synaptic 包管理工具，添加 universe repository 以便获取更多的包[5]。

- 安装各种编译器，以及 Lua、CMake 和 RtMidi：sudo apt-get install build-essential lua5.2 lua5.2-dev cmake rtmidi。

- 安装并且配置好一个 Linux 可用的 MIDI 合成器[6]。Linux 对 MIDI 的支持不太完备，不过还是可以用一个叫作 ZynAddSubFX 的合成器再加上一个叫作 padsp 的帮助程序来做[7,8]：sudo apt-get install zynaddsubfx pulseaudio-utils。

创建项目

我们的目的是要创建一个叫作 play 的命令行程序，它可以播放我们指定给它的任何歌曲。我们即将发明一种用 Lua 来写的乐谱。整个系统包括 3 个部分：

---

[1] http://coolsoft.altervista.org/virtualmidisynth
[2] https://developer.apple.com/downloads/index.action
[3] http://brew.sh
[4] http://notahat.com/simplesynth
[5] https://help.ubuntu.com/community/Repositories/Ubuntu
[6] http://tedfelix.com/linux/linux-midi.html
[7] http://zynaddsubfx.sourceforge.net
[8] https://wiki.ubuntu.com/PulseAudio

1. 一个 C++ 程序，它会开启一个 Lua 解释器并执行一段由音乐家（就是你！）提供的脚本。

2. 一个 Lua 函数，它可以给 MIDI 设备发送消息；用 C++ 来写的，但是可以从 Lua 中调用。

3. 一个 Lua 库，它提供的语法让谱曲变得更容易。

小小解释器

我们从 Lua 的解释器开始。在你项目的目录下创建一个叫作 play.cpp 的文件，写入以下代码：

```
lua/day3/a/play.cpp
extern "C"
{
#include "lua.h"
#include "lauxlib.h"
#include "lualib.h"
}
```

这段代码可以把 Lua 的运行时和辅助库引入到 C++ 中。extern "C" 为编译器和链接器指明引入的是 C 代码，而不是 C++。

现在，添加一个 main() 函数，这是命令行的 C 程序的入口点：

```
lua/day3/a/play.cpp
int main(int argc, const char* argv[])
{
  lua_State* L = luaL_newstate();
  luaL_openlibs(L);

  luaL_dostring(L, "print('Hello world!')");

  lua_close(L);
  return 0;
}
```

我们用 luaL_newstate() 函数创建一个 Lua 解释器。默认的解释器的设计原则秉承轻量级的原则，所以要引入 Lua 的标准库需要调用另一个函数——luaL_openlibs()。

一旦解释器被加载之后，我们就可以通过调用 luaL_dostring() 给它发送一些 Lua 代码。在我们完工之后，传入的代码会是一段用 Lua 写成的歌曲。现在，我们只是向命令行打印一些文字。

构建项目

现在我们可以构建项目了。这需要两个步骤：（1）用 CMake 创建一个工程文件；（2）使用 make 或者是 Visual Studio 编译 C 程序。

只需要给 CMake 提供一些对你项目的描述就可以了。把下面的内容写入一个叫作 CMakeLists.txt 的文件里：

```
lua/day3/a/CMakeLists.txt
cmake_minimum_required (VERSION 2.8)
project (play)
add_executable (play play.cpp)
target_link_libraries (play lua)
```

如果你的 Lua 头文件不在系统默认位置，那你或许需要添加一行 include_directories()，比如这样：

```
lua/day3/a/CMakeLists.txt
include_directories(/usr/local/include)
```

现在，在你的项目目录下执行以下命令来告诉 CMake 去创建工程文件：

```
$ cmake .
```

在 Mac 和 Linux 下，这条命令会创建一个 Makefile，你可以通过 make 命令来用它构建项目。在 Windows 系统中，CMake 会创建一个.sln 文件，你可以用 Visual Studio 加载该文件并构建。现在就去做这一步吧。

项目构建好之后，在你的项目目录下会出现一个叫作 play 或者 play.exe 的文件。如果你使用 Windows 系统，这样来执行你的程序：

```
C:\day3> play.exe
Hello world!
```

在 Mac 和 Linux 系统中，执行以下命令：

```
$ ./play
Hello world!
```

你看到命令行的输出了吧？太好了！现在，我们来创作音乐吧。

添加声效

首先我们需要引入 RtMidi 库。把以下的代码添加到 C++代码顶部的 extern "C"代码块的右括号后面：

```
lua/day3/b/play.cpp
#include "RtMidi.h"
static RtMidiOut midi;
```

RtMidiOut 对象就是我们和 MIDI 生成器交互的接口。我们在这里仅仅是把它放在一个全局变量里。这种数据通常会放到 Lua 的注册表里，不过对于我们当前的目的来说那就有些小题大做了[1]。

现在，我们把 main()函数与 MIDI 合成器连接起来：

```
lua/day3/b/play.cpp
   int main(int argc, const char* argv[])
   {
➤    if (argc < 1) { return -1; }
➤
➤    unsigned int ports = midi.getPortCount();
➤    if (ports < 1) { return -1; }
➤    midi.openPort(0);

     lua_State* L = luaL_newstate();
     luaL_openlibs(L);

➤    lua_pushcfunction(L, midi_send);
➤    lua_setglobal(L, "midi_send");
➤
➤    luaL_dofile(L, argv[1]);

     lua_close(L);
     return 0;
   }
```

以上代码中高亮（译者注：加箭头的）行是新增的。首先，我们用 RtMidi 的 API 去寻找正在运行着的合成器（如果找不到就退出程序）。接着，我们启动 Lua 的解释器。然后，我们注册一个用来播放乐谱的 C++函数。最后，我们执行 Lua 代码并退出解释器。

我们是如何把 C 和 C++代码与 Lua 连接起来的？Lua 使用一个简单的栈模型与 C 代码交互。我们把函数的存储地址入栈，然后调用 Lua 内置的 lua_setglobal()函数把函数赋值给一个 Lua 的变量。

你或许注意到我们把 luaL_dostring()换成了 luaL_doFile()。这行代码可以从文件中加载 Lua 代码（我们从命令行获取用户输入的文件名；比如 play song.lua）。这样，我们就不需要在每次 Lua 代码有改变的时候都去重新编译 C++代码了。

---

[1] http://www.lua.org/pil/27.3.1.html

让这里有声音吧

现在就要有音乐了！要播放一个音符，我们需要给 MIDI 合成器发送两个 MIDI 消息：一个 Note On 消息和一个 Note Off 消息。MIDI 标准给每一个消息编了号，并且规定每个消息接受两个参数：音符和速率[1]。

这就意味着 midi_send()这个 Lua 函数要接受三个参数：消息编号，以及两个数字型参数。当执行以下 Lua 代码时：

```
midi_send(144, 60, 96)
```

144、60 和 96 这三个数字会被入栈，然后开始执行 C++函数。我们需要根据这些参数在栈内的位置来获取它们。在 Lua 里栈顶的序号是-1，对应最后入栈的那个数字，也就是 96。

由于 Lua 是动态类型的，入栈的值有可能是任何类型的：数字、字符串、table、函数等。不过由于我们是完全能够控制.lua 脚本中的代码的，所以我们不会把任何除了数字之外的值压入栈中，这样在 C++代码里就可以只处理数字值了。把下面的代码加入 C++文件中，放在 main()函数上面：

```cpp
lua/day3/b/play.cpp
int midi_send(lua_State* L)
{
    double status = lua_tonumber(L, -3);
    double data1 = lua_tonumber(L, -2);
    double data2 = lua_tonumber(L, -1);

    // ...rest of C++ function here...

    return 0;
}
```

如果 C++函数需要把数据传递给 Lua 的话，我们可以把数据入栈并返回一个正数。在上面的代码中，我们返回了 0 来代表没有入栈任何数据。

更新工程文件

接下来要做的就是把刚才入栈的数字转换成 RtMidi 能够读取的格式，并把它们传递给合成器。把下面的代码写入你的 midi_send()函数的返回语句前面：

```
lua/day3/b/play.cpp
```

---

[1] http://www.midi.org/techspecs/midimessages.php

```
std::vector<unsigned char> message(3);
message[0] = static_cast<unsigned char>(status);
message[1] = static_cast<unsigned char>(data1);
message[2] = static_cast<unsigned char>(data2);
midi.sendMessage(&message);
```

现在我们的工程文件需要链接 Lua 和 RtMidi。把 CMakeLists.txt 文件中 target_link_libraries()改成下面这样：

lua/day3/b/CMakeLists.txt
```
target_link_libraries (play lua RtMidi)
```

重新构建项目。趁它正在运行，我们来写一个简短的 Lua 测试程序来播放一个音符：中央 C，时长 1 秒钟。把以下的代码写入 one_note_song.lua：

lua/day3/b/one_note_song.lua
```
NOTE_DOWN   = 0x90
NOTE_UP     = 0x80
VELOCITY    = 0x7f

function play(note)
  midi_send(NOTE_DOWN, note, VELOCITY)
  while os.clock() < 1 do end
  midi_send(NOTE_UP, note, VELOCITY)
end

play(60)
```

试一下吧！先把 MIDI 合成器启动，然后执行你的程序：

```
./play one_note_song.lua
```

你应该可以听到中央 C 播放一秒钟。

从音符到歌曲

一曲只有一个音符的歌对于 Tenacious D 乐队[1]来说或许还好。不过我们还是把目标定得高一些吧。

首先，写歌的时候如果能够不用 MIDI 音符编号会容易得多，如果能用接近音乐记谱法的方式来写就好了。我们来找一些大家都耳熟能详的乐谱吧，比如《生日快乐歌》或者

---

[1] http://en.wikipedia.org/wiki/Tenacious_D

是《大家早上好》（它诞生于《生日快乐歌》有版权声明之前四十多年[1]）

这本书不是《七周七乐谱》，所以如何翻译乐谱的部分我们就一笔带过，直接进入歌曲中音符的部分。如果你想学习乐谱，可以参考 ReadSheet 这个音乐项目[2]。

这首歌的前几个音符是 D、E、D、G 和升 F，它们的长度大部分是一样的（四分之一音节），只有升 F 例外（二分之一音节，是其他音符的二倍长）。这首歌是用中音 C 演奏的，中音 C 在科学记谱法中是 4 号[3]。

我们可以在 Lua 里用几种不同的方式表示这些音符。现在，我们先简单地用字符串来表示（比如 Fs 代表升 F），后面跟着音度（比如 4），最后是音长（比如 h 代表半音符）。

把下面的歌曲写入 good_morning_to_all.lua：[4]

lua/day3/b/good_morning_to_all.lua
```lua
notes = {
  'D4q',
  'E4q',
  'D4q',
  'G4q',
  'Fs4h'
}
```

我们需要能够把这些字符串转换到 MIDI 的音符编号和长度。我们播放其他歌曲时也需要同样的代码，所以把以下代码写入一个新文件：

lua/day3/b/notation.lua
```lua
local function parse_note(s)
  local letter, octave, value =
    string.match(s, "([A-Gs]+)(%d+)(%a+)")

  if not (letter and octave and value) then
    return nil
  end

  return {
    note = note(letter, octave),
    duration = duration(value)
  }
end
```

首先，我们使用 Lua 的 string.match()函数来确保输入的字符串符合我们期望的格式。如果输入合法，我们就调用其他的 helper 函数来计算 MIDI 音符和用秒表示的长度。最后，我们返回一个包含着音符和长度的 table。

第一个 helper 函数 note()只是做简单的加法和乘法运算。把下面的代码写到 notation.lua 文件的最上端：

lua/day3/b/notation.lua

```lua
local function note(letter, octave)
  local notes = {
     C = 0, Cs = 1, D = 2, Ds = 3, E = 4,
     F = 5, Fs = 6, G = 7, Gs = 8, A = 9,
     As = 10, B = 11
  }

  local notes_per_octave = 12

  return (octave + 1) * notes_per_octave + notes[letter]
end
```

要想翻译用秒表示的音长（比如把 q 翻译为四分之一音节），我们需要知道歌曲的节拍。我们默认选用每分钟一百拍的节奏，如果需要的话，歌曲可以选择覆盖这个值。把以下的代码写到 note()函数的后面：

lua/day3/b/notation.lua

```lua
local tempo = 100

local function duration(value)
  local quarter = 60 / tempo
  local durations = {
    h = 2.0,
    q = 1.0,
    ed = 0.75,
    e = 0.5,
    s = 0.25,
  }

  return durations[value] * quarter
end
```

代码中的 table 中有一个名为 ed 的元素，这是附点八分音符，它是一般八分音符的 1.5 倍长。我们稍后会在另一首歌里用到它。

要遍历 table 并播放那些音符很简单。回到 good_morning_to_all.lua，把下面的函数写入其中：

```
lua/day3/b/good_morning_to_all.lua
scheduler = require 'scheduler'
notation = require 'notation'
function play_song()
  for i = 1, #notes do
    local symbol = notation.parse_note(notes[i])
➤   notation.play(symbol.note, symbol.duration)
  end
end
```

现在我们需要同时用到音符编号和长度，那就得修改 play() 函数了。我们需要发送 Note On 消息，等待一段时间，然后发送 Note Off 消息。

我们怎么才能在等待的时候不阻塞程序的运行呢？等一下，我们在第二天不是遇到过类似的问题吗？去把我们写的调度器的代码复制到当前项目里。然后，把下面的代码写入 notation.lua：

```
lua/day3/b/notation.lua
local scheduler = require 'scheduler'

local NOTE_DOWN = 0x90
local NOTE_UP = 0x80
local VELOCITY = 0x7f

local function play(note, duration)
  midi_send(NOTE_DOWN, note, VELOCITY)
  scheduler.wait(duration)
  midi_send(NOTE_UP, note, VELOCITY)
end
```

我们要写的是一个 Lua 模块，那我们就需要在文件结尾处把公开函数导出：

```
lua/day3/b/notation.lua
return {
  parse_note = parse_note,
  play = play
}
```

做个小结，notation.lua 现在包含以下函数。

1. 私有的 helper 函数，note() 和 duration()。

2. 公开的 parse_note() 函数。

3. 公开的 play() 函数，以及几个局部变量。

4. 描述该 Lua 模块的返回语句。

要使用调度器的话，得给歌曲的代码加一个步骤。我们必须要在 good_morning_to_all.lua 的结尾处启动事件循环：

```
lua/day3/b/good_morning_to_all.lua
scheduler.schedule(0.0, coroutine.create(play_song))
scheduler.run()
```

准备好听听你的音乐了吗？

```
./play good_morning_to_all.lua
```

现在我们已经能够编写简单的歌曲了，下面我们来做些难度稍高的吧。

多声道

我们自制的 Lua 音乐程序看起来还挺不错的。不过有几件事在接下来给更长的歌曲编码的时候会变得很麻烦：

- 我们没有支持多声道的 API。

- 所有的音符都需要用引号括起来。

我们真正想要做到的是能像下面这样写歌：

```
song.part{
  D3q, A2q, B2q, Fs2q
}

song.part{
  D5q, Cs5q, B4q, A4q
}

song.go()
```

我们希望以上的歌曲定义在播放时可以让两个 part 同时发声。多亏了我们的调度器，我们可以处理同时播放的问题。把下面的代码写到 notation.lua 里，就放在最后的返回语句之前：

```
lua/day3/b/notation.lua
local function part(t)
  local function play_part()
    for i = 1, #t do
      play(t[i].note, t[i].duration)
```

```
    end
  end

  scheduler.schedule(0.0, coroutine.create(play_part))
end
```

这个函数接受一个音符数组，叫作 t，该函数内定义一个叫作 play_part() 的函数，它可以依序播放参数数组内的音符，最后我们把它安排进调度器里，只要顶层歌曲调用 run() 函数就可以播放了。

那接下来就只剩下如何解决音符必须要放到括号里的问题了。如果想不写括号的话，音符就必须得是全局变量。Lua 把全局变量放在一个叫作_G 的 table 里。我们需要做的就是运用第 2 天学到的 metatable 技巧来修改 table 查找的方式：

```
lua/day3/b/notation.lua
local mt = {
  __index = function(t, s)
    local result = parse_note(s)
➤   return result or rawget(t, s)
  end
}

setmetatable(_G, mt)
```

上面定义的函数在每次全局变量查找时都会被调用，而不仅是查找音符变量时才用到。如果我们在代码里写错变量的名字，那也会导致这个函数被调用。在查找不到音符的时候就去查找_G 中的值。我们对 rawget() 函数的调用绕过了自定义的查找代码，这样就不会因为一个不存在的变量名而导致无限循环了。

现在剩下的就是几个工具函数了。我们需要让音乐家可以设置节奏，还需要给 scheduler.run() 提供一个包装，这样歌曲就无须显式加载 scheduler 模块了：

```
lua/day3/b/notation.lua
local function set_tempo(bpm)
  tempo = bpm
end

local function go()
  scheduler.run()
end
```

不要忘记修改模块的返回语句来让其中包含新写的公开函数：

```
lua/day3/b/notation.lua
```

```
return {
  parse_note = parse_note,
  play = play,
  part = part,
  set_tempo = set_tempo,
  go = go
}
```

现在我们就做好了写更复杂的歌曲的准备了。

Canon in D

你可以在 Petrucci 项目[1]中找到很多公开的乐谱。我选用了 Pachelbel 的 Canon in D[2]。

这是其中的一小部分：

```
lua/day3/b/canon.lua
song = require 'notation'

song.set_tempo(50)

song.part{
  D3s,          Fs3s,         A3s,          D4s,
  A2s,          Cs3s,         E3s,          A3s,
  B2s,          D3s,          Fs3s,         B3s,
  Fs2s,         A2s,          Cs3s,         Fs3s,
  G2s,          B2s,          D3s,          G3s,
  D2s,          Fs2s,         A2s,          D3s,
  G2s,          B2s,          D3s,          G3s,
  A2s,          Cs3s,         E3s,          A3s,
}

song.part{
  Fs4ed,                  Fs5s,
  Fs5s, G5s, Fs5s, E5s,
  D5ed,                   D5s,
  D5s, E5s, D5s,  Cs5s,
  B4q,
  D5q,
  D5s, C5s, B4s,   C5s,
  A4q
}

song.go()
```

1　http://imslp.org/wiki/Main_Page
2　http://imslp.org/wiki/File:WIMA.7c2a-PachelbelCanon.pdf

如果你把以上代码写入 canon.lua 并运行./play canon.lua，你就会听到我最爱的乐曲之一，而且还是多个部分同时播放呢！

第三天我们学了什么

在探险 Lua 征途的最后一步中，我们学习了 Lua 干净的 C API。通过把参数与返回值入栈和出栈，我们可以在 Lua 和 C 这两个世界之间交换数据。

我们把第三天的新知识和第二天学到的 metatable、协程技巧结合起来，用 C++和 Lua 写了一个简单的 MIDI 播放器。这正是 Lua 的用途：包装底层库、提供易用的接口。而这也正是我解决第一天提到的难题的方式。

轮到你了

找到

- luaL_dofile()函数是如何抛出异常的。

- 如何用 C 代码从栈中读取 Lua 抛出的错误。

- busted 单元测试框架。

练习（简单）

- 找到你最喜欢的探险电影的主题曲，把它翻译为 Lua，并用你自己写的播放器把它播放出来。

- 现在，在每一曲乐谱最上方我们都要写 require 'notation'，最后还要写 song.go()。修改 play.cpp，让它能替你做这两件事，这样乐谱就只需要包含音符和节奏了。

练习（中等）

- 我们一直都使用同一种音量播放所有音符。设计一种记谱法来标识音量，并且修改播放器的代码来支持这种新的记谱法。

- 如果 Lua 脚本中出错的话，整个 C++程序会毫无提示就退出。修改 play.cpp，让它可以把 Lua 的错误报告出来。

练习（困难）

- 现在 play.cpp 的实现会开启一个全局的 MIDI 输出端口。修改代码，允许用户向

midi_send()传入一个端口号，这样你就可以控制多个设备了。

Lua 小结

很多程序员只看到 Lua 简洁语法的表面现象就会猜测它仅仅是另一门普通的脚本语言。我开始也是这么想的。不过我希望现在你在更深入地了解了 Lua 的 table 和协程之后，能够欣赏它的简洁之美。

优势

我们来回忆一下 Lua 的目标：成为一个易用的、易于移植的、有能力把多种软件组件编织在一起的语言。这些都是一门好的配置语言该具有的特性，这就是 Lua 的闪光点。

Lua 的源码易读，运行快速，且可以跨多种平台。Lua 的一个新实现——LuaJIT，更进一步地发展了这些优势，其性能更高并且有更友好的 C 接口[1]。

最后，把 Lua 引入项目很简单。只需要几个头文件和库，你就可以启动一个 Lua 解释器，你的程序从此就脚本化了。你甚至可以把内嵌的 Lua 解释器置入沙箱，比如你可以限值它访问网络和文件系统的能力。如果你要运行第三方编写的脚本，这一点极其重要[2]。

劣势

Lua 的好处是你可以自己构建所有东西。但是对应的坏处就是很多时候你不得不自己构建很多东西。Lua 对于对象框架、控制流程的态度很是暧昧，这就意味着这些东西没有一个官方认可的、开箱即用的默认实现。

Lua 比它的某些竞争对手更快，但是它在某些方面也会陷入性能问题。要把字符串处理做得高效很需要费些脑筋[3]。要想利用多核系统的性能，程序员也要颇费思量。

最后，Lua 有几个和 Pascal 很像的奇奇怪怪的特性，会惹得有些人不喜欢。比如从 1 开始的数组和 do/end 为标识的代码块会让不熟悉的人感到吃惊。

---

[1]　http://luajit.org/luajit.html
[2]　http://www.luafaq.org/#T1.32
[3]　http://lua-users.org/lists/lua-l/2005-10/msg00137.html

最后的思考

Lua 的基于原型的对象系统证明了并不是一定要有类才能构建好的对象系统。如果你对其他的基于原型的对象系统感兴趣的话，可以去了解一下 Self、Io，当然还有 JavaScript[1]。

我永远都忘不了 Lua 让我学到的关键一课：代码就是数据。函数和其他的数据一样，你可以随时创建一个新的函数，可以存储函数，还可以把函数当成参数传递。这一课让我成为了一个更好的程序员，无论我使用的是哪种语言。

恭喜你完成了探索 Lua 的历程。我希望你这一路走得愉快，祝你在下一章学习 Factor 时也有好运。

---

[1] http://selflanguage.org; http://iolanguage.org; https://developer.mozilla.org/en-US/docs/Web/JavaScript

第 2 章

Factor

Fred Daoud

我最喜欢的其中一个编程技术就是函数组合。从输入开始，经过一些列函数处理，其中上游函数的输出作为下游函数的输入，把最后一个函数的输出作为最终结果。每个函数都很小且功能集中。你通过创建和链接一段段代码来解决问题。

函数组合是 Factor 的基础。请注意，Factor 不像其他你尝试过的语言，它的范例可能会改变你的思想。它看起来有点异端，就像著名的宫城先生对空手道小子的训练管理体制【译者注：作者的比喻来自一部电影——《The Karate Kid》（1984），本文中有很多比喻都来自这部电影】。读者朋友，你只是做一些像油漆栅栏一样简单的事情，给自己的大脑一点时间来适应【译者注：在电影中，宫城先生通过让空手道小子油漆栅栏来学习空手道基本功】，我保证这是值得的。

下面我们快速看一下 Factor。在 JavaScript 中你可能会这样写：

```
var x = f(42);
var y = g(x);
return h(y);
```

或者：

```
return h(g(f(42)))
```

在 Factor 中，你只需这样：

```
42 f g h
```

没有变量名字，没有括号、点号或者其他标点符号来表示函数组合。它是隐含的，一个函数调用（在 Factor 中称为命令）的结果直接对下一个命令可用。这个是由 Factor 通过使用栈自动处理的，栈是一个包含值的容器。命令从栈中取值，把结果推到栈里，然后由下一个命令操作。

并且请注意，命令 f g h 是按照我们从左到右阅读的循序被调用的。

在 JavaScript 版本里，f 是一个函数，带上括号的 f(42)表示应用 f 到 42 上，这使得 JavaScript 成了应用式语言。更多其他的语言，像 Java、Ruby、Python、Clojure、Scala、Haskell 和 Erlang，都是应用式语言。

Factor 是一门串联语言，因为你是简单的一个接一个的连接函数（或者命令），而不是应用。函数组合是默认处理表达式，例如 f g h 的方法。还有其他串联语言包括 Forth、Joy、PostScript、Cat、Om、Retro 和 Kitten。如果你熟悉 Forth 或者 Joy，你会在 Factor 中看到很多的相似之处。

你可以这样写：

```
text strip capitalize wrapWordsAsList
```

而不是：

```
wrapWordsAsList(capitalize(strip(text))))
```

你可以看到 Factor 有对程序员来说非常漂亮的表达式。让我们接下来进行更深入的讨论。

第一天：栈，栈

在接来下的三天里，我们将会学习关于 Factor 更多的内容以及是什么使得它的编程模型是如此统一。第一天，我们会在 Factor 的交互环境中体验代码。我们会对 Factor 的工作方式有直观的感受，并会使用栈来交流输入和输出值。

在第二天，我们将会学习如何突破交互沙箱的界限，用源文件来组织 Factor 代码。我们将写一个单独的程序，并且写单元测试。第三天，我们会通过更深入的探索串联式编程风格来结束我们的 Factor 冒险。我们将使用函数流水线来解决两个相同的问题，这是一个 Factor 大放异彩的领域。我们还会讲述去哪里寻找更多的文档和例子，以此来结束我们的旅程。

让我们从安装并运行 Factor 开始。

安装 Factor

最简单的安装 Factor 的方法就是从 Factor 的官网上下载二进制文件（http://factorcode.

org/），然后按照指示在自己的操作系统里启动 Factor 界面（http://concatenative.org/wiki/view/Factor/Running%20Factor）。

使用监听器

大部分的现代编程语言都会有一个交互终端，这样你可以在命令行里输入代码段并且看到结果。Factor 也有一个交互终端，而且有一个更丰富的图形化版本，它就是 Factor UI，称为监听器，是一个交互图形环境，在这里你不仅可以试验 Factor 代码，还可以在你输入时触发自动补全，浏览文档，在你最喜欢的代码编辑器里跳转到源代码，以及其他功能。

图 2-1 所示为 Factor 监听器的一个窗口。在截图里，你能看到监听器是如何显示栈的状态和如何清空栈。你能通过输入一个单词的前几个字母，按一下 Tab 键，触发自动补全，它会弹出一个可能的补全的列表。

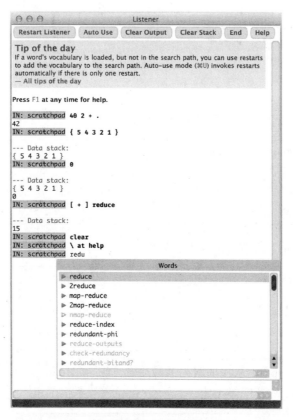

图 2-1　Factor 监听器

在监听器中，你可以输入 Factor 代码并看到结果。在你写的每一行代码之后，监听器显示当前栈的值。你可以使用 Ctrl+P 和 Ctrl+N 在前一行和下一行代码间导航。

开始入栈

现在，读者先生，吸入，呼出【译者：同样来自电影《The Karate Kid》，宫城先生教功夫小子基本功】。是时间对 Factor 说 Hello 了。在监听器里输入如下代码。IN:scratchpad 提示符显示你当前在 scratchpad 词表。现在不要担心词表，我们一会儿会讨论它。

```
IN: scratchpad "Hello, world" print
Hello, world
```

正如你所期望的，它输出了"Hello, world"。也许不是那么明显，但是，print 不是传给"Hello, world"的消息。事实是"Hello, world"被压入栈，print 命令从栈里取了一个值，并且打印它。你可以在监视器里看到这是如何一步一步发生的。

输入 clear 命令清空栈，然后输入"Hello, world"并且回车：

```
IN: scratchpad clear
IN: scratchpad "Hello, world"

--- Data stack:
"Hello, world"
```

现在，栈里有"Hello, world"。你甚至可以压另一个字符串入栈：

```
IN: scratchpad "Hello, Factor"

--- Data stack:
"Hello, world"
"Hello, Factor"
```

现在栈里有两个值。试着输入 print 命令：

```
IN: scratchpad print
Hello, Factor

--- Data stack:
"Hello, world"
```

正如你所看到的，print 从栈里取出了最后一个值，"Hello, world"被打印了出来。留下了前一个值"Hello, world"在栈里。下一步，试着输入 length：

```
IN: scratchpad length

--- Data stack:
12
```

　　length 命令从栈里取出"Hello, world"，然后把字符串的长度压入栈里。Factor 的每个命令都从栈里取出零个或者多个值，并把零个或者多个值压入栈里。下一个命令会使用这个结果，以此继续。当运行一个 Factor 程序时，所有组合在一起的命令的最终效果应该是一致的，每个命令都能从栈里取到它期望的数目的值，然后压入跟它申明的数目相同的个数的值。当栈里含有的值的个数超过了一个命令所需要的，多余的值只是简单地留在栈里。

　　在我们继续之前的另一个小道信息是：Factor 的注释是以！开始，跟着一个空格，这样它会丢弃所有输入直到这行结束：

```
! This is a comment
"Hello, world" print !this prints "Hello, world"
```

　　下面让我们来讨论一些简单的数学。

Factor 数学

　　+、-、*、/命令从栈里取出两个值并且把结果放回去。.（点）命令从栈里取出一个值并且使用好看的格式打印出来。在监听器里以一个.（点）号结束一行，是一个很简易地查看结果的方法，它不会增加栈里的值。试一下：

```
IN: scratchpad 40 2 + .
42
IN: scratchpad 40 2 - .
38
IN: scratchpad 20 9 * 5.0 / 32 + .
68.0
```

　　你可以看到，数学在 Factor 中使用后缀法。下面，你可以看到计算 20 + (5 * 4) 和 (20 + 5) * 4 的不同：

```
IN: scratchpad 5 4 * 20 + .
40
IN: scratchpad 20 5 + 4 * .
100
```

　　命令会以它们出现的循序被调用，所以正确安排表达式的循序很重要。你不用担心运算符会被模棱两可地处理。

数据类型

　　Factor 使用标准的数据类型，如 strings、numbers、Booleans 和 sequences。让我们一起

来看一下。

Booleans（布尔）

Factor 用 t 和 f 来表示 Boolean 变量。在监视器里，让我们使用=和>做一些 Boolean 测试：

```
IN: scratchpad 4 2 = .
f
IN: scratchpad 4 2 > .
t
IN: scratchpad "same" "same" = .
t
IN: scratchpad "same" length "diff" length = .
t
```

在 Boolean 上下文中，除了 f 外的任何其他值都被认为是 true，包括零、空字符串和空序列。

Sequences（序列）

目前为止，我们已经使用过单值了。Factor 也支持一系列值的数据结构，例如 Lists 和 Maps。你可以使用{和}作为分隔符，每个值中间加一个空格来创建一组值，如{4 3 2 1}。不要忘了 {之后和}之前的空格。就跟在 Lisp 中一样，这里没有使用逗号分隔，所以不会再有因为忽略了最后一个逗号而报错了。

Maps 是键-值对，所以你需要这样定义它们：一个序列包含一些序列，每个被包含的序列有两个值，分别是键和值。例如：

```
{ { "one" 1 } { "two" 2 } { "three" 3 } { "four" 4 } }
```

要从 map 中查一个值，需要 map 本身和键，再加一个命令 of，或者在 at 后加上键和 map 本身：

```
IN: scratchpad { { "one" 1 } { "two" 2 } { "three" 3 } } "one" of .
1
IN: scratchpad "two" { { "one" 1 } { "two" 2 } { "three" 3 } } at .
2
```

事情变得有趣了。让我们看一下引用文本。

Quotations（引用）

一个命令能被放在栈上，从而能被其他命令使用。在其他语言里常常被称为匿名函数，被当做值的命令叫作引用。引用的字面表示法是使用方括号作为分隔符的：

```
[ 42 + ]
```

这定义了一个引用，当执行的时候，它会把栈最上面的值加上 42。然后你用 call 来执行这个引用。试一下：

```
IN: scratchpad 20

--- Data stack:
20

IN: scratchpad [ 42 + ]

--- Data stack:
20
[ 42 + ]

IN: scratchpad call

--- Data stack:
62
```

当和条件一起使用后，引用会变得更有趣。

Conditionals（条件）

回忆一下先前的七周七语言中的 Io，Factor 中的条件把引用作为参数。if 命令取一个值和两个引用，如果值是除了 f 以外的任何东西，就调用第一个引用；否则，第二个引用被调用。

> **不要忘了空格！！！**
>
> Factor 比其他语言使用更少的标点符号，但是空格很重要。每一行 Factor 中的 token 被一个或者多个空格分隔——这可能需要时间适应，因为你需要在其他语言不需要的地方添加空格。
>
> 例如，{和}表示序列的开始和结尾。不要忘了前后的空格！如果你写成了{1 2 3 4}，在{之后和}之前没有空格，Factor 认为{1 和 4}不是合法的 tokens。类似的，当你写引用时，你需要在[之后，和]之前加一个空格。
>
> 换句话说，不使用空格同样很重要。math.ranges 词汇表里有一个[1,b]命令，它创建一个范围，从 1 到栈上的值。[1,b]就是命令的名字；[]不是特定的语法，1 也不是一个值，b 也不是一个值。你不能写成 10 [5,b]，并且期望一个从 5 到 10 的范围。实际上，你应该写成 5 10 [a,b]，因为[a,b]是从栈里取出两个值生成范围的命令。

条件代码：

```
IN: scratchpad 10 0 >[ "pos" ] [ "neg" ] if .
```

```
"pos"
IN:scratchpad -5 0 > ["pos"] ["neg"] if .
"neg"
IN: scratchpad "cool" [ "yes" ] [ "no" ] if .
"yes"
```

从我们目前所看到的，一个命令的参数被放在了命令之前，因为它们会被放在栈上被命令所消费。回顾之前的代码，我们能看到这种形式是如何来适用可敬的 if。看看这种格式的代码：

```
if<condition><true branch><false branch>
```

写这段文字还是需要动点脑子的：

```
<condition><true branch><false branch> if
```

如果你需要的仅仅是根据条件取其中的一个值，使用？更准确一些，它接受值而不是引用：

```
IN: scratchpad 10 0 > "pos" "neg" ? .
"pos"

IN: scratchpad -5 0 > "pos" "neg" ? .
"neg"
```

和 if 类似的两个是 when 和 unless。它们有条件但是没有 else 语句：

```
IN: scratchpad 10 0 >[ "pos" . ] when
"pos"
IN: scratchpad -5 0 >[ "neg" . ] unless
"neg"
```

让我们继续前进，来重排栈上的值。

栈重排（Stack Shuffling）

有时候栈上的值不是你需要的样子。它们可能是反序的，或者你想要一个值在你用过之后仍然留在栈里。重排命令重新排序，复制或者消除栈上的值。重拍命令包括 dup、drop、nip、swap、over、rot 和 pick，以及其他一些最好用例子来说明的命令。观察调用了栈重排命令后栈上发生了什么。同时注意，监视器是反序打印了数据栈。你在输出底部看到的值实际上是在栈顶。这看起来有点惊喜，但是它意味着可以方便地使将要被操作的对象离监视器的输入域更近了：

```
IN: scratchpad 1 dup !duplicates a value
--- Data stack:
1
1
IN: scratchpad clear

IN: scratchpad 1 2 drop !drops the top value
--- Data stack:
1
IN: scratchpad clear

IN: scratchpad 1 2 nip !drops the second value
--- Data stack:
2
IN: scratchpad clear

IN: scratchpad 1 2 swap !swaps two values
--- Data stack:
2
1
IN: scratchpad clear

IN: scratchpad 1 2 over !duplicates the second value over to the top
--- Data stack:
1
2
1
IN: scratchpad clear

IN: scratchpad 1 2 3 rot !rotates three values
--- Data stack:
2
3
1
```

打蜡，搓开。有时候宫城先生的车需要打蜡，有时候功夫小子需要搓开来学习如何打蜡。和 Factor 栈是相同的事情。你有时需要重排栈。但是，大多数情况下，你将会用更高级命令——组合器（Combinators）—— 一个更优雅的解决过多栈重排问题的方案。

带有组合器的高阶命令

早些时候，我们使用了引用来把一些代码片段放入栈里。组合器有类似的功能，它们使用引用来操作栈里的值。在加拿大魁北克省，那里有 5%的食品和服务税（GST）和 9.975%的省内销售税（PST）。（不要问为什么。）我们想要为一个基本价格计算 GST 和 PST。首先，我们想把基本价格乘以 0.05，但是为了使基本价格继续留在栈里，我们需要使用 dup命令。否则，我们没有可用的基本价格来乘以 0.09 975 以便计算 PST。

```
IN: scratchpad 44.50 dup 0.05 *

--- Data stack:
44.5
2.225
```

栈里现在有基本价格和 GST。我们需要交换这两个值，这样我们才能把基本价格乘以 0.09975 来计算 PST：

```
IN: scratchpad swap 0.09975 *

--- Data stack:
2.225
4.438875
```

我们已经计算了 GST 和 PST，但是我们需要做栈重排来拿到期望的结果。用一行代码来计算基本价格是 44.50 的税是：

```
IN: scratchpad 44.50 dup 0.05 * swap 0.09975 *

--- Data stack:
2.225
4.438875
```

你能想象当你试图想跟踪什么在栈里时，栈重排是如何很快速地失控并且伤害了你。

幸运的是，Factor 有几个组合器，它能减少或者消除栈重排，并且使你的代码更清晰。在前一个例子中，我们真正想做的是在一个值上应用两个操作并且取得这两个结果。命令 bi 就是为这个设计的。它取一个值和两个引用，并且把每个引用都应用到这个值上。我们计算税的代码就变成了：

```
IN: scratchpad 44.50 [ 0.05 * ] [ 0.09975 * ] bi

--- Data stack:
2.225
4.438875
```

这样好多了。Factor 有几个命令来应用引用到值上。bi 是应用两个引用到一个值上，bi@应用一个引用到两个值上。我们能用它给两个基本价格计算 GST：

```
IN: scratchpad 44.50 22.50 [ 0.05 * ] bi@

--- Data stack:
2.225
```

```
1.125
```

另一个 bi 的变种是 bi*，它取两个值和两个引用，第一个引用应用到第一个值，第二个引用应用到第二个值：

```
IN: scratchpad 44.50 22.50 [ 0.05 * ] [ 0.09975 * ] bi*

--- Data stack:
2.225
2.244375
```

Factor 有几个组合器可以把引用应用到值上：

- dip 应用一个引用到栈里的第二个值，保持第一个值不变。

- keep 应用一个引用到一个值，并且把值放回栈顶。

- tri、tri@ 和 tri* 跟 bi 是对应的，使用三个值、三个引用。

组合器是 Factor 得基础。它值得去 Factor 的文档查看。[1]

好了，这是很好的第一天，我们把时间花在了驯服 Factor 栈上。让我们简要总结一下和做几个练习。

第一天我们学到了什么

我们用第一天来探索 Factor 迷人的编程风格。我们讨论了 Factor 如何用栈来保留值以便从一个命令传递到另一个。我们学习了数据类型、数学操作符、序列和引用。最终，我们谈到了条件、栈重排命令和所有重要的组合器，它们给了 Factor 多种灵巧的操作栈的方法。

轮到你了

使用监听器来做今天的练习。找到 Factor 的一些重要参考点后，启动监视器，做一些练习来熟悉在函数名字前放置参数，使用栈和通过把多个命令串在一起来构建它们。是时间来做编码训练了，读者君。

找到

- Factor GitHub 仓库，在那里你能看到源代码。

---

[1] http://docs.factorcode. org/content/article-combinators.html

- Factor 的邮件列表。

- Factor 的参考手册，在那里你能浏览和 Factor 相关的一切文档。

- 如何从监视器里打开一个命令的文档。使用这个来找到关于 sq 的文档。

- 如何运行命令行版本的监视器。

练习（简单）

- 仅仅使用 * 和 +，你如何计算 3^2+4^2？

- 在监视器里输入 USE: math.functions【译者注：注意冒号后空格】。现在使用 sq、sqrt 来计算 $\sqrt{3^2+4^2}$ 。

- 如果你在栈里有数字 12，如何写一行代码使得最后栈里是 112。

- 在监视器里输入 USE: ascii。把你的名字放到栈里，并且写一行代码，它能在你的名字前加上 "Hello,"，并且把整个字符串变成大写。使用 append 关键词来连接两个字符串，使用>upper 来转成大写。你为了得到想要的结果做任何的栈重排了吗？

练习（中等）

- reduce 命令接受一个序列、一个初始值和一个引用，并且返回结果。它的结果是这样计算的：首先，应用引用到初始值和序列的第一个元素，然后再应用引用到前一个计算的结果和序列的下一个元素，以此类推。使用 reduce 写一行代码返回 1、4、17、9、11 的相加和。先自己尝试下，如果你真的卡住了，仔细回看你刚才看过的几页、在某个地方有个隐藏的提示。

- 现在以相同的规则计算 1 到 100 的和。不要手动写数字的序列。实际上，你可以在监视器里输入 USE: math.ranges，并且使用[1,b]命令来产生序列。

- map 命令取一个序列和一个引用，对序列中的每个值应用这个引用，以此返回一组新的结果。使用 map 和你到现在学到的命令，写一行代码返回数字 1 到 10 的平方。

练习（困难）

- 写一行代码，给定一个 1 到 99 间的数字，返回数字中的两位。例如，输入 42 <你的代码>，你将在栈里得到 4 和 2。使用命令/1、mod 和 bi 来完成这个任务。

- 使用任意的数字来重复前一个任务。我们来使用不同的策略，试想一下：首先把数字转换成字符串，然后迭代每一个字符，再把每个字符转换回字符串，最后转成数字。在监视器里输入 USE: math.parser，使用 number>string, string>number, 1string, 和 each。

第二天：更进一步

今天，我们将把探索从监听器转移到源文件。我们将学习如何定义命令，把它们组织成被称为命令表的模块，以单独的程序运行它们并且用单元测试来测试。

定义命令

我们已经使用过在库里定义的命令了。让我们来试一下如何定义我们自己的命令。命令定义从一个冒号开始，然后是一个空格，再加上命令的名字。然后是对栈的影响，接着是命令的代码，最后是一个空格和冒号。例如：

```
: add-42 ( x -- y ) 42 + ;
```

上面定义了一个命令（译者注：命令名是 add-42），它把栈上的数字加了 42。(x -- y) 是对栈的影响：命令从栈取得值的个数和放回栈的个数，分别在栈的左边和右边。你可以通过在监听器里输入一个命令来查看它的栈影响，你可以看到它的声明出现在窗口的底部。试着输入 +，你应该可以看到以下内容：

```
IN: math MATH: + ( x y -- z )
```

加号的栈影响是：它从栈里取出两个值并且放回一个值。命令可以不从栈里取值或者不放回任何东西。例如，你可以试着看一下 print 和 read1 的栈影响。

当你看一个命令的栈影响时，注意符号 x 和 y 不是变量名字；它们不会用在命令的代码中。实际上，它们仅仅是用来指示值的数量。虽然这些名字是任意的，但是这里有一些关于栈影响的命名习惯，例如 str、obj、seq、elt 等，这样更能见名知意。

这里有一个命令，它取一系列数字，并且返回它们的和：

```
: sum ( seq -- n ) 0 [ + ] reduce ;
```

我会再重复一遍：不要忘了空格！你需要在冒号后面、在括号周围、在双横杠两端和在分号之前加空格。当你从其他编程语言转到 Factor 时，你很容易犯这个错误，漏掉这些空格。

返回多个值

我们已经看到从栈里取多个值的命令了，如果要返回多个值怎么办呢？在大多数语言中，如果不把多个返回值放到一个集合里，你是不可能做到的。调用者必须从集合解包来得到多个值。在 Factor 中不是这样的：

```
IN: scratchpad : first-two ( seq -- a b ) [ first ] [ second ] bi ;
IN: scratchpad { 34 32 64 19 } first-two

--- Data stack:
34
32
```

通过简单地在命令的栈影响中 --的右边声明多个名字，我们就可以定义一个返回多个单独值的命令。

获取帮助

在继续向前学习命令表之前，我会提到另一个关于 Factor 命令的非常有用的信息。在监听器内，你可以快速地得到关于一个命令的文档。首先输入一个斜杠，接着是一个空格，然后是命令，最后是 help：

```
IN: scratchpad \ at help
```

它会打开 at 命令的帮助浏览器，如图 2-2 所示。

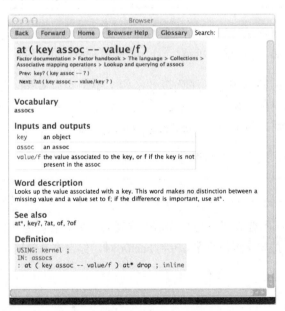

图 2-2　The Factor help browser

其他你可以在监视中获取帮助的命令是 about 和 apropos。例如：

- "sequences" about：sequences 的文档。

- "json" apropos：显示包含 json 的命令表，命令和文章。

在线帮助是一个发现 Factor 库里命令的巨大资源。现在，可以定义我们自己的命令，看看如何把它们组织进命令表里。

使用命令表

命令可以组织成命令表（Vocabularies）。命令表类似于包、模块或者命名空间。当你在监听器里输入一个命令，例如 print，如下内容会显示在窗口的底部：

```
IN: io : print ( str -- )
```

IN 之后的单词就是命令定义的地方，所以 print 属于 io 命令库。

为了方便，监视器自动加载了一些命令库。通过输入 interactive-vocabs get [print] each 命令，你会得到 50 个左右的在监视器里初始加载的词汇一个列表。

如果你输入一个命令，它属于一个监视器默认不会加载的命令表，将得到一个错误信息。例如：

```
IN: scratchpad 4.2 present
No word named "present" found in current vocabulary search path
```

你可以使用 USE 加载一个词汇表，例如：

```
IN: scratchpad USE: present
IN: scratchpad 4.2 present

--- Data stack:
"4.2"
```

加载了 present 命令表之后，我们就可以使用 present 命令了。要加载多个命令表，或者对每个命令表重复使用 USE，或者使用 USING:后面加一组需要加载的词汇表，最后以分号结尾：

```
USE: io
USE: math.functions

USING: io math.functions ;
```

这两种加载命令表的方式是相同的。

在一个命令表里，你可以在 SYMBOL:后定义一个符号，然后你可以用 set 来暂存一个值，使用 get 来取出这个值。例如：

```
IN: scratchpad SYMBOL: tax-rate
IN: scratchpad 0.05 tax-rate set
IN: scratchpad tax-rate get

--- Data stack:
0.05
```

你也可以在符号后使用 on、off 和 toggle 来保存一个布尔值：

```
IN: scratchpad SYMBOL: flag
IN: scratchpad flag on
IN: scratchpad flag get .
t
IN: scratchpad flag off
IN: scratchpad flag get .
f
IN: scratchpad flag toggle
IN: scratchpad flag get .
t
```

对于一个整形值，使用 inc 和 dec：

```
IN: scratchpad SYMBOL: counter
IN: scratchpad counter inc
IN: scratchpad counter get .
1
IN: scratchpad counter dec
IN: scratchpad counter get .
0
```

符号是一个非常方便地存储值并且在命令表之间共享它们的方式。

让我们继续前进，在一个源文件中创建命令表，然后在单独的程序中使用它们。

运行独立的程序

我们将会创建一个简单的命令，并且在一个独立的程序中使用它。从一个命名为 factor 的空文件夹开始，创建一个叫 examples 的子文件夹。在 examples 内，创建两个子文件夹：greeter 和 hello。最终，在这两个文件夹里分别创建 greeter.factor 和 hello.factor，所以你得到如下结构：

```
factor
`-- examples
```

```
|-- greeter
|    `-- greeter.factor
`-- hello
     `-- hello.factor
```

我们从创建一个 greeter 的命令表开始。添加如下内容到 greeter.factor 中。

factor/examples/greeter/greeter.factor
```
IN: examples.greeter

: greeting ( name -- greeting ) "Hello, " swap append ;
```

IN:声明这个为 examples.greeter 命令表。注意 factor 文件夹下的文件路径，是 examples/greeter。这需要与命令表的名字匹配。

下一步，我们定义一个 greeting 命令，它取一个名字，返回一个问候。让我们在另一个命令表里使用它，examples.hello，它将作为一个独立程序运行。创建如下 hello.factor 文件：

factor/examples/hello/hello.factor
```
USE: examples.greeter
IN: examples.hello

: hello-world ( -- ) "world" greeting print ;

MAIN: hello-world
```

我们声明了需要使用 examples.greeeter 命令表，并且定义了 examples.hello 命令。然后，我们创建了一个命令，它使用 greeting 命令打印一个问候。最终，我们使用了 MAIN:来指示当这个文件作为单独程序运行时该调用哪个命令。注意，被 MAIN:调用的命令，它的栈影响必须是(--)。现在，在命令行里输入 factor factor/examples/hello/hello.factor 来运行程序：

```
$ factor factor/examples/hello/hello.factor
factor/examples/hello/hello.factor

7: USE: examples.greeter


Vocabulary does not exist
name "examples.greeter"
(U) Quotation: [ c-to-factor -> ]
...(为了简洁省掉其他的输出)...
```

> **小心 factor 工具集冲突**
>
> 如果你是用 Linux 或者 Unix-based 的系统，会发现 factor 不是按照你的期望进行工作，这可能是由于跟系统打印素数因子的内建工具冲突[1]。为了解决这个冲突，设置 PATH 环境变量，使 Factor 语言的 factor 可执行文件在内建 factor 工具集的前面。

Factor 没有找到 examples.greeter 命令表。我们需要指定根目录，让 Factor 去搜索命令表。你可以通过在 home 目录创建一个.factor-roots 文件并指定包含有 Factor 源文件的根目录的全路径，一行一个路径。例如，这是我的.factor-roots 文件：

```
/home/freddy/svn/prag/7lang/Book/code/factor
```

你也可以有另一个选择。你可以使用一个命名为 FACTOR_ROOTS 的环境变量，设置一组用:（冒号，Linux 或者 Mac）分隔的路径；如果你使用 Windows，请用;（分号）。设置完你的 Factor 的根配置之后，再试着运行 factor factor/examples/hello/hello.factor：

factor/exmamples/hello/hello.factor

```
7: USE: examples.greeter


/home/freddy/svn/prag/7lang/Book/code/factor/examples/greeter/greeter.factor

6: : greeting ( name -- greeting ) "Hello, " swap append ;


No word named "swap" found in current vocabulary search path
(U) Quotation: [ c-to-factor -> ]
...(为了简洁省掉其他的输出)...
```

什么？在监视器中可以好好使用的 swap，但是在这里它就挂了。这是因为单独运行的代码没有自动加载监视器加载的那些命令表。我们需要加载 kernel 命令库来使用 swap，我们同时也需要 sequences 来使用 append。下面是 greeter.factor 的完整文件：

factor/examples/greeter/greeter.factor

```
➤USING: kernel sequences ;
IN: examples.greeter

: greeting ( name -- greeting ) "Hello, " swap append ;
```

类似的，我们需要加载 io 命令表在 hello.factor 中使用 print：

factor/examples/hello/hello.factor

---

[1] http://linux.die.net/man/1/factor

```
➤ USE: io
  USE: examples.greeter
  IN: examples.hello

  : hello-world ( -- ) "world" greeting print ;

  MAIN: hello-world
```

不要着急，慢慢来。在独立程序中，我们需要显式地加载所有我们想用的命令表。现在，运行 factor hello.factor 打印出了我们想要的结果 "Hello, world"。

写单元测试

在监视器里探索代码是一件不错的事情。但是，当关闭监视器，你的代码就消失了。所以，我们学习了如何在源代码文件中编写和运行 Factor 代码。还需要手动来验证代码是不是输出了正确的结果。让我们来学习如何用单元测试使这个过程自动化。

单元测试不仅能确认你的代码是可工作的，也是体验一门语言非常棒的途径。当你正在学习新的语言时，通过运行你的测试来验证结果是你所期望的。你同能在源文件中保存所有的代码，并且能在任何时间来运行所有的测试来保证一切都还工作。现在，我们已经知道了如何运行单独的程序，让我们来写一些单元测试。

Factor 的库包含一个 tools.test 命令表，其中有一个 unit-test 命令。要运行一个测试，你调用 unit-test，从栈上取两个值，一组值代表你期望结果的值和一个包含你要测代码的引用。如果运行这个代码在栈上产生的值跟期望的一组值匹配，则测试通过。例如，下面是一个 greeting 命令的简单的单元测试：

factor/examples/greeter/greeter-tests.factor
```
USING: examples.greeter tools.test ;
IN: examples.greeter.tests

{ "Hello, Test" } [ "Test" greeting ] unit-test
```

试着从命令行中运行这些代码，就像一个单独的程序一样：

$ factor factor/examples/greeter/greeter-tests.factor
```
Unit Test: { { "Hello, Test" } [ "Test" greeting ] }
```

当运行单元测试的时候，如果实际结果和期望输出不匹配，错误信息就会显示。当运行以下这个测试：

factor/examples/test/failing-unit-test.factor

```
USING: examples.greeter tools.test ;
IN: examples.failing-unit-test

{ "Hello World" } [ "world" greeting ] unit-test
```

我们得到:

```
$ factor factor/examples/test/failing-unit-test.factor
Unit Test: { { "Hello World" } [ "world"  greeting ] }
=== Expected:
"Hello World"
=== Got:
"Hello, world"
(U) Quotation: [ c-to-factor -> ]
...(为了简洁省掉其他的输出)...
```

输出信息显示了失败的单元测试的期望结果和实际结果。记住，每一个测试包含一组我们期望可以在栈上的值，然后是一个我们要测试的代码的引用，最后以 unit-test 为结尾。接下来，让我们看如何写跟我们创建的命令表相匹配的单元测试，和如何使用一个命令运行一组测试。

运行一组测试

回想一下，我们是如何在 examples/greeter/greeter.factor 文件中定义一个 examples.greeter 命令表的。为了给我们的命令表写对应的测试，我们使用了 examples/greeter/greeter-test.factor 文件。遵循这个约定使我们运行定义在 examples.*命令表中的所有单元测试变得容易，如下所示。

```
factor/examples/test-suite/test-suite.factor
USING: tools.test io io.streams.null kernel namespaces sequences ;

❶ USE: examples.greeter

IN: examples.test-suite

: test-all-examples ( -- )
❷    [ "examples" test ] with-null-writer
❸    test-failures get empty?
❹    [ "All tests passed." print ] [ :test-failures ] if ;

MAIN: test-all-examples
```

让我们分开来讲:

❶ 使用 USING:导入我们需要的命令表后，使用 USE:导入我们正在测试的命令表 examples.greeter。我们可以在 USING:那行包含 examples.greeter，但是单独地导入使得我们

的目的更明显，可以更清晰地加入更多的 exmaples.*命令表去测试，一个一行。

❷ 通过简单地调用 "examples"test 运行所有的测试，包含在加载的以 examples 开始的命令表中的测试。但是，输出显示所有单元测试的代码，不管是通过还是失败，这使得一眼看到测试结果有些困难。通过使用 with-null-writer，我们抑制了这些输出。

❸ 运行完测试之后，test-failures 符号包含一组失败。我们使用 get 来获取这组失败，并且使用 empty?来验证是不是包含值。

❹ 依赖于是不是有失败，我们或者打印 "all test passed" 信息，或者调用 :test-failures 命令，这个命令打印出测试的失败信息。

现在我们运行所有的测试：

```
$ factor factor/examples/test-suite/test-suite.factor
All tests passed.
```

当我们创造另一个命令表时，我们可以简单在 test-suite.factor 中加一行 USE:来包含所有的单元测试。太棒了。这是今天非常好一个结束点。现在，让我们听听对 Factor 的创建者斯拉瓦.佩斯托夫的采访，在他的历程中有一些有趣的想法。

Factor 的创建者 Slava Pestov 的采访

* 我们：你为什么写了 Factor？

* Slava：Factor 最初是针对我和一个朋友在大学里创建的一个 2D 游戏的脚本语言，那时是 2003 年。我们没能使这个游戏本身走得很远，但是它使得这门语言的基础慢慢成熟，并且也有了一些东西。我想写的脚本是由一组字符串组成的，而不是代码。我在那时还没有意识到，但是我想要一些东西有相同的语法。那时有几个 Java 可以用的脚本语言，例如 Groovy 和一个 Common Lisp 的实现（ABCL），它有更酷的语法。可是我还是决定写我自己的语言，因为我要一些真正简单的东西，也因为这会很有意思。一时兴起，我选择了后缀式的语言。那时我听说过 Forth，但是不太了解。然后我碰过 Joy，是 Manfred von Thun 创建的语言。在 Joy 中他通过使用接受代码块为参数的高阶函数代替了 Forth 的控制结构，并合并了 Forth 和 Lisp 的一些元素。Joy 中的代码块仅仅是一系列文本。它非常优雅，我曾经努力使用几百行 Java 代码实现类似的东西。跟 Forth 相比，早期 Factor 更像 Joy。特别当十六进制语法被修复了，不再用"解析单词"。直到我开始 Factor 的原生实现时，我才花了些时间来学习 Forth。这时我突然顿悟，意识到大部分的解析器可以不用了，语言中的语法元素像[and]可以变成原生命令（函数）。最终我整理了代码，并且从游戏引擎中分离出来，在邮件组里发布了 Factor。

* 我们：你为什么决定让 Factor 脱离 JVM？

- Slava：我想要实验一个基于镜像的运行时和用 Factor 实现的自我托管的解析器，这个用 JVM 不太可能实现。同时，有一次从学习的经历方面考虑，我想学习实现一个最小的虚拟机，而不是依赖于其他的。当我用 Java 实现时，随着时间的推移，我已经想出可以使用 Factor 定义代替原始的东西，来确保可以使用更底层的、原生的东西，并且使用这种方法来使设计更简单。在开始使用 C 来实现之前，我曾经真的想限制使用 C 的范围。我写了一个简单的 C 解析器来读取一个包含堆栈信息的镜像文件。同时，我使用 Factor 写了一个 Factor 解析器，它可以读取源代码并且以这种镜像文件的格式来输出。我用 Java 实现来运行这个解析器，使用它生成镜像文件来测试 C 的实现。我花了一些时间来使 C 的实现能运行这个解析器。同时，我也在学习 C 语言，在第一次做一个东西的时候，即使一个简单的复制垃圾回收器也是非常别扭的。一旦 C 的实现已经可以启动它自己的时候，我开始停止在 Java 的工作。最开始的 C 虚拟机的版本大约有 7 000 行 C 代码，其他的都是用 Factor 来实现的。能够使用如此少的代码实现如此多的功能是一件非常令人满足的事情。很快就出现了编译成原生 x86 的代码。用 C 来实现一个 JIT 实际上是非常简单的事情。你通过使用正确的保护位分配内存，写一些机器代码，并且把它转换成一个函数指针。优化才是最难的部分……

- 我们：你最喜欢 Factor 的哪部分？

- Slava：我喜欢工作在一个交互的开发环境中。从一开始，Factor 的目标就是可以体验快速测试改动，所以我很小心地架构系统，这样任何源代码的改动都可以不用重启就能反映在运行的系统中。Smalltalk 和 Lisp 在这方面给了我很大的启发。串联语法会让人非常着迷。一旦你学会了用这个方式思考，就不用花费脑力来回翻译了，很难想象，在一门实用的语言中，一些重构变成了一系列复制、粘贴操作。我恳请每个程序员读读 Joy 有关的论文，即便你没有兴趣使用一门串联语言，仅仅以读小说的方式学习连接器，也会发现它抽象了很多常见的循环和迭代模式。通常使用 Factor 时，当你第一次写一些代码，它看起来非常混乱，然后你认为它非常难，就将它丢进了角落。或许有了一些新的抽象，或许你也会用它重写以前的一两个库，感觉有很多的工作，但是最终你会有种感觉：这就是一些工具，而不是一些代码。宏观来看，串联语言还是没有标记的领域。通过鼓励贡献者提交代码到主仓库，通过演示新的习惯和抽象的开发，Factor 真的推进了串联语言的使用。最后，开发 Factor 最好的部分就是学习语言设计、编译器、操作系统，以及和其他超级聪明的贡献者的合作所带来的快乐。

第二天我们学到了什么

今天是把我们的 Factor 的代码提高一个层次的时候了，从监听器的试验田到更持久化的源代码文件。我们看到了独立的程序如何运行代码。我们使用了其他时间来学习如何写单元测试和从命令行运行一个完整的测试组。

轮到你了

你总是可以使用监视器来体验 Factor 代码，但是今天练习的最终目标是在源文件中写代码。

找到

· 把文件夹加入到命令表根的第三种方法。记住我们已经讨论过的前两种方法是.factor-roots 文件和 FACTOR_ROOTS 环境变量。

· 一个工具，Factor 提供的可以部署一个真正独立运行的程序。这意味着这个可执行文件可以在没有安装 Factor 的目标机器上运行。

练习（简单）

· 创建一个 examples.strings 命令表，并且写一个名字为 palindrome?的命令，它从栈里取一个字符串，根据是否是回文返回 t 或者 f。（回文就是一个正向和反向是一样的字符串，例如 racecar。）

· 在合适的地方给 examples.string 命令表添加测试。写两个单元测试，一个期望 t，一个期望 f。

· 把 examples.strings 加入到测试组中，这样当运行 test-suite.factor 时，所有的测试都会被包含。

练习（中等）

· 创建一个 examples.sequences 命令表，并且写一个 find-first 命令，它需要一组元素和一个预测条件，并且返回第一个符合条件的元素。写一个对应的单元测试来确认它的行为。如果所有的元素都不满足条件会发生什么？

· 在一个 examples.numberguess 命令表中，写一个独立的程序，它从 1 到 100 随机选择一个数字，让用户来猜，然后对应地输出"高了"、"低了"或者"对了"。

练习（困难）

· 增强 test-suite.factor 程序，这样它可以打印出运行了多少测试；如果有失败的，知道多少失败了。

· 把 test-suite.factor 变成一个命令行工具,它可以让用户从终端输入测试哪些命令表,然后运行这些测试并且输出结果。

第三天：乘风破浪，搏击长空

在 Factor 的第三天，也是最后一天，我们将专注于被称为元组的数据结构，并用它们来创建一个灵活的购物车结账程序。我们将看到更多 Factor 的好处——串联风格的函数组合，无论是对结账的例子，还是对经典的"FizzBuzz"竞猜游戏进行的修订。我们将在收官之章中包含几个可以学习的地方，来继续你的 Factor 探索。

元组

Factor 有一个对象系统，对象的类是元组，用来在指定的插槽存储值。要定义一个类，使用 TUPLE:后跟类的名称和插槽的名称：

factor/examples/tuples/tuples.factor
```
USE: kernel

IN: examples.tuples

➤   TUPLE: cart-item name price quantity ;
```

这定义了一个 cart-item 类，包含名称、价格、数量。该 cart-item 命令代表了类，类的实例可以通过传递类的命令给 new 来创建：

factor/examples/tuples/tuples-tests.factor
```
cart-item new
```

这创建了一个只有空插槽的 cart-item 实例。当我们使用 TUPLE:声明来创建一个元组时，Factor 自动帮我们生成了一些命令，我们可以使用这些命令从插槽里读取值和往插槽里写入值。这些命令被命名为 slotname >>、>> slot name 和 change-slotname，对应于元组的每一个插槽名称。例如，我们可以按照如下方式读取和写入价格插槽：

- price>>从价格槽中读取值。

- >>price 给价格槽设置一个值。

- change-price 使用引用来改变价格槽的值。

所有这三个命令都操作在 cart-item 的实例上。下面首先试一下前两个命令：

factor/examples/tuples/tuples-tests.factor

```
cart-item new 4.95 >>price
cart-item new 4.95 >>price price>>
```

第一行创建了一个 cart-item 的实例，把它的价格设置为 4.95，并把 cart-item 实例留在了堆栈上。在第二行中，我们有相同的代码，然后在实例上调用了 price>>。这将把 4.95 放到堆栈中。change-price 命令在设定基于先前值的新值时是有用的。如果没有 change-price，给 cart-item 的价格打折 50% 是非常无聊的：

factor/examples/tuples/tuples-tests.factor
```
   cart-item new 25.00 >>price
➤  dup price>> 0.5 * >>price
```

我们不得不复制一份 cart-item，取出价格，再乘以 0.5，并将结果返回到 cart-item 实例。

使用 change-price 命令使这变得更容易。一个引用包含了改变价格的代码：

factor/examples/tuples/tuples-tests.factor
```
   cart-item new 25.00 >>price
➤  [ 0.5 * ] change-price
```

不错！这个更简单，并且清楚地表达了我们的意图。还有更方便的，Factor 还有几个构造元组实例的帮手。

元组构造器

为了通过和 TUPLE:声明中相同的顺序来指定插槽的值，以此来创建类的实例，我们使用，额，令人窒息地称为 boa 的构造器。boa 命令表示 By Order of Argument（按照参数顺序），并且像这样使用：

factor/examples/tuples/tuples-tests.factor
```
"Seven Languages Book" 25.00 1 cart-item boa
```

这创建了一个完全的 cart-item 实例。

虽然 boa 需要所有插槽的值都在栈上，但你仍然可以定义一个命令来传一些值给 boa，并且让调用者指定剩余的值。这是一种可以定义带有一些默认插槽值的构造器的很方便的方式。

factor/examples/tuples/tuples.factor
```
: <dollar-cart-item>( name -- cart-item ) 1.00 1 cart-item boa ;
```

我们定义了一个<dollar-cart-item>命令，它取一个 name，使用 price 1.00、quantity 1 来创建一个 cart-item 实例。使用这些默认值来创建一个 cart-item：

---
factor/examples/tuples/tuples-tests.factor
```
"Paint brush" <dollar-cart-item>
```

注意命令中的<>不是特别的语法，它们只是约定俗成的构造器命令。

另一个创建元组的语法是 T{}。你指示元组类，后面是插槽的键-值对。例如：

---
factor/examples/tuples/tuples.factor
```
: <one-cart-item>( -- cart-item ) T{ cart-item { quantity 1 } } ;
```

调用<one-cart-item>返回一个 quantity 是 1，其他插槽为空的 cart-item。使用 T{}的另一个方式是在元组类后指定 f（false），来指示我们不使用键-值对，而是按顺序指定插槽值：

---
factor/examples/tuples/tuples-tests.factor
```
T{ cart-item f "orange" 0.59 }
```

这给我们一个 name 是 orange、price 是 0.59 的 cart-item，它的 quantity 是空。不同于 boa，这种方式使用 T{}语法时不需要给所有插槽指定值。现在我们可以定义和实例化元组了，让我们使用它们创建为购物车结账的命令。

为购物车结账

我们将从一个表示结账的元组开始：

---
factor/examples/checkout/checkout.factor
```
TUPLE: checkout item-count base-price taxes shipping total-price ;
```

我们包含了商品数目、基本价格、税、运费和结账的总价格。

我们的第一个任务是定义一个命令包含一系列的 cart-item，并且返回一个包含商品数目和基本价格的 checkout。我们将从一些处理购物车来计算商品数目和基本价格的命令开始：

---
factor/examples/checkout/checkout.factor
```
❶ : sum ( seq -- n ) 0 [ + ] reduce ;
❷ : cart-item-count ( cart -- count ) [ quantity>> ] map sum ;
❸ : cart-item-price ( cart-item -- price ) [ price>> ] [ quantity>> ] bi * ;
❹ : cart-base-price ( cart -- price ) [ cart-item-price ] map sum ;
```
---

❶ sum 命令返回一组值的和。你可能还记得第一天的"0 [+] reduce"练习。

❷ 为了计算购物车的商品数目，我们可以简单地对每一个 cart-item 做 map quantity>> 来抽取一系列 quantities，然后调用 sum 来取得商品数目。

❸ 购物车里的一个商品的价格是单价乘以数量。我们使用 bi，它在一个单值上使用两个引用，用来从 cart-item 上抽取单价和数量以便使它们相乘。

❹ 在每一个 cart-item 上映射 cart-item-price，我们抽取了价格序列，并求和来计算购物车的基本价格。

下一步，我们从 cart 创建一个 checkout 实例：

factor/examples/checkout/checkout.factor
```
❶ :<base-checkout> ( item-count base-price -- checkout )
    f f f checkout boa ;

❷ :<checkout> ( cart -- checkout )
    [ cart-item-count ] [ cart-base-price ] bi <base-checkout> ;
```

❶ 我们使用 item-count 和 base-price 定义一个命令来创建一个基本的结算实例。我们使用 boa，所以我们需要指定其他插槽的值：taxes、shipping、total-price。我们使用 f 来填充这些插槽表示空值。

❷ 使用我们到目前为止定义的命令，可以优雅地定义一个命令来接受一个 cart 和返回一个有商品数目和基本价格的 checkout。我们使用 bi 来调用 cart-item-count 和 cart-base-price，并且把两个值传递给<base-checkout>。

现在，我们已经基本能计算税、运费和总价了。

把命令组装成流水管道

函数组合真的是 Factor 的亮点。让我们组装一组命令在基本的 checkout 实例上计算额外的价格和总价。

我们使用先前用过的加拿大魁北克省的税率的例子：GST 是 5%，并且 PST 是 9.997 5%。

factor/examples/checkout/checkout.factor
```
CONSTANT: gst-rate 0.05
CONSTANT: pst-rate 0.09975

: gst-pst ( price -- taxes ) [ gst-rate * ] [ pst-rate * ] bi + ;
```

```
: taxes ( checkout taxes-calc -- taxes )
    [ dup base-price>> ] dip
  call>>taxes ; inline
```

我们已经写了一个 gst-pst 命令，用它们各自的利率定义的常量在 gst 和 pst 加和的基础价格上计算总税收。然后，我们有一个 taxes 命令在 checkout 实例上计算例税。taxes 命令的发动器就是它接受税额计算作为参数。

无论你怎么称呼它：一个高阶命令、策略模式的一个实例，不管哪种方式，它都是非常酷的。

堆栈的另一个明显的好处是，当你把命令链接在一起的时候，一个命令可以使用其他命令的返回值，即使在它们之间还有其他的命令。在两者之间的命令并不需要随身携带的这些值使其到下一个命令可用。

首先，taxes 命令提取 checkout 实例的 base-price，并使用 dup 制作副本，因此我们仍然在栈上有 checkout 来获取值。该代码是在一个引用中，并与 dip 一起调用，所以即便我们有 tax-calc 在栈顶部，它仍然可以作用在 checkout 上。

一旦这样做了，我们就只剩 checkout、base-price 和 taxes-calc。我们使用 call 调用 taxes-calc，它采用基本价格来计算税款。然后，我们调用>>taxes 将结果存储回 checkout。

最后，请注意这个命令的定义分号后有 inline。当 Factor 编译调用它们时，Factor 优化编译器会复制 inline 的命令，但我们真正需要知道的是：命令，如果使用引用作为参数，例如 taxes，也就是说组合器，必须在分号后有 inline。

好吧。现在我们已经定义如何计算的税款，让我们对运输做相同的事情。该代码会看起来很熟悉：

factor/examples/checkout/checkout.factor
```
CONSTANT: base-shipping 1.49
CONSTANT: per-item-shipping 1.00

: per-item ( checkout -- shipping ) per-item-shipping * base-shipping + ;

: shipping ( checkout shipping-calc -- shipping )
    [ dup item-count>> ] dip
    call>>shipping ; inline
```

类似于我们如何计算税款，我们决定运费是由基础收费和按件收费组成。我们现在有需要计算 checkout 实例总价的一切了：

```
factor/examples/checkout/checkout.factor
: total ( checkout -- total-price ) dup
    [ base-price>> ] [ taxes>> ] [ shipping>> ] tri + + >>total-price ;
```

（译者注：total 命令是一行。）

我们简单调用三个命令来获取基本价格、税费和运费，把它们加起来，并且存储到 checkout 实例的 total-price 插槽中。

请注意，组装命令到管道是多么容易。隐含的函数组合、自动使用栈意味着我们的代码读起来很精美，很少有噪音，因为我们不需要任何标点符号来组装命令或者从一个命令传输到下一个命令的变量名。

我们也使 taxes 和 shipping 足够灵活以便它们能接受计算作为参数，并可以方便地使用不同的价格策略。下面有个在税费上使用 gst-pst、在运费上使用 per-item 的例子：

```
factor/examples/checkout/checkout.factor
: sample-checkout ( checkout -- checkout )
    [ gst-pst ] taxes [ per-item ] shipping total ;
```

非常好。我们已经把命令组合成了一个管道，并且用代码清楚地表达出了我们的目的：税费使用 gst-pst，运费使用 per-item，最终来计算总和。

让我们写一个单元测试来确保它能工作：

```
factor/examples/checkout/checkout-tests.factor
: <sample-cart>( -- cart )
"7lang2" 24.99 2 <cart-item> "noderw" 10.99 1 <cart-item> 2array ;

{ T{ checkout f 3 60.97 9.13 4.49 74.59 } }
[ <sample-cart><checkout> sample-checkout ]
unit-test
```

当我们运行测试时，我们得到：

```
$ factor factor/examples/checkout/checkout-tests.factor

=== Expected:
T{ checkout f 3 60.97 9.130000000000001 4.49 74.59 }
=== Got:
T{ checkout f 3 60.97 9.130257500000001 4.49 74.59025750000001...
[Traceback]
```

嗯。测试没有通过，这是因为浮点舍入的问题。我们可以看到值很接近，但需要调整舍入以使值匹配并让测试通过。那将是你在一天结束前的一个挑战。

重新回顾 FizzBuzz 游戏

宫城先生要求丹尼尔去给车打蜡，擦地板，漆房子。丹尼尔疑惑这些跟学习空手道有什么关系。

当他做完后，丹尼尔学到了比他意识到的还多的东西。

当我第一次碰到 FizzBuzz 游戏时，可不是在工作面试中[1]。它常常用来演示解决问题的不同的途径。FizzBuzz 的目标就是简单地从 1 到 100，打印出数字，除非是下列情况：

- 如果数字是 3 的倍数，打印 Fizz。

- 如果数字是 5 的倍数，打印 Buzz。

- 如果数字是 15 的倍数，打印 FizzBuzz。

我的第一反应就是其他的方式都被简单的 if else 消灭了。它或许仅仅是解决 FizzBuzz 这种情况，但是这不是重点。重点是学到强大的解决方案来把大的、复杂的问题划分成小的、可管理的一小片。FizzBuzz 就是用来演示这个目标的：

传统的 Javascript 方案

```
factor/examples/fizzbuzz/fizzbuzz.js
var fizzbuzz = function(t) {
 var results = [];

  for (var i = 1; i <= t; i++) {
   if (i % 15 == 0) {
     results.push("FizzBuzz");
   }
   else if (i % 3 == 0)
     { results.push("Fizz");
   }
   else if (i % 5 == 0) {
     results.push("Buzz");
   }
   else {
       results.push(String(i));
   }
```

---

[1] http://imranontech.com/2007/01/24/using-fizzbuzz-to-find-developers-who-grok-coding/

```
    }
    return results;
};

console.log(fizzbuzz(100)); // prints ["1", "2", "Fizz", "4", "Buzz", ...]
```

唯一需要小心的细节就是首先检查 15 的倍数。如果我们按照顺序检查 3、5 和 15 的倍数，15 倍数的分支将永远不会到达，因为这些数字也是 3 和 5 的倍数。

在 Factor 中，我们可以像早期写伪代码一样写东西。对于宫城先生，没有什么是一成不变的，所以代码写起来有点不同了：

```
factor/examples/fizzbuzz/fizzbuzz.factor
dup 15 mod 0 =
[ drop "FizzBuzz" ]
[
  ! ...
]
if
```

这是最外边的 if 分支，用来检查 15 的倍数。我们需要先 dup 值一下，这样其他的分支可以继续使用，因为当调用 15 mod 时，这个值已经被消费了。如果值是 15 的倍数，我们丢掉它返回 "FizzBuzz"。否则，内嵌的相似的用来判断 3 和 5 倍数的分支将会被调用，最后一个 else 调用 present 来把值自己当作字符串返回。

把这些放到一起，我们有了如下程序：

```
factor/examples/fizzbuzz/fizzbuzz.factor
USING: kernel io combinators.short-circuit math math.functions math.ranges
  present sequences ;

IN: examples.fizzbuzz

: fizzbuzz-traditional ( n -- seq )
❶   [1,b] [
      dup 15 mod 0 =
      [ drop "FizzBuzz" ]
      [
❷     dup 3 mod 0=
      [ drop "Fizz" ]
      [
❸       dup 5 mod 0 =
        [ drop "Buzz" ]
❹       [ present ]
        if
      ]
```

```
        if
      ]
    if
❺ ] map ;
```

❶❺ [1,b]产生一组数，map 对每一个元素执行代码。

❷❸就像我们检查 15 的倍数一样，这些分支检查 3 和 5 的倍数，返回 "Fizz" 或者 "Buzz"。

❹如果值不是一个倍数，我们使用 present 来把值当作字符串返回。

让我们来些一个单元测试来验证它是工作的：

---
factor/examples/fizzbuzz/fizzbuzz-tests.factor

```
USING: examples.fizzbuzz tools.test ;

IN: examples.fizzbuzz.tests

CONSTANT: fizzbuzz-30 {
{ "1" "2" "Fizz" "4" "Buzz" "Fizz" "7" "8" "Fizz" "Buzz" "11" "Fizz" "13" "14"
"FizzBuzz" "16" "17" "Fizz" "19" "Buzz" "Fizz" "22" "23" "Fizz" "Buzz" "26"
"Fizz" "28" "29" "FizzBuzz" }
}

fizzbuzz-30 [ 30 fizzbuzz-traditional ] unit-test
```

试着把 examples.fizzbuzz 加进 test-suite.factor 程序，并且运行它来确认这些代码可以按照期望工作。

这些足够简单，但是代码包含在混乱的 if/else 块中。通过把这个问题打散成单独的命令，并且把这些命令组合成一个管道，我们可以做得更好。

函数式管道解决方案

让我们先看一下代码，然后再一步一步看：

---
factor/examples/fizzbuzz/fizzbuzz.factor

```
❶ : mult? ( x/str n -- ? ) over number? [ mod 0 = ] [ 2drop f ] if ;

❷ : when-mult ( x/str n str -- x/str ) pick [ mult? ] 2dip ? ;

❸ : fizz ( x/str -- x/str ) 3 "Fizz" when-mult ;
   : buzz ( x/str -- x/str ) 5 "Buzz" when-mult ;
   : fizzbuzz ( x/str -- x/str ) 15 "FizzBuzz" when-mult ;

❹ : fizzbuzz-pipeline ( x -- str ) fizzbuzz fizz buzz present ;
```

❺ `: fizzbuzz-with-pipeline ( n -- seq ) [1,b] [ fizzbuzz-pipeline ] ` **map** ` ;`

❶mult?命令监测 x 是否为 n 的倍数，首先检查 x 是否是数字。这是因为当我们把 FizzBuzz 各部分串在一起，并且其中一个返回字符串时，x 就可能是字符串了。我们使用 x/str 来指示 x 是不是字符串。如果 x 不是数字，我们就丢掉两个值，返回 false。

❷如果 x/str 是 n 的倍数，when-mult 返回 str，否则返回 x/str。调用 pick 后，我们有 x/str n str x/str 在栈上。使用 2dip，我们在 x/str n 上调用[mult?]。从这里开始，我们有了 t/f str x/str，t/f 表示值是不是倍数。最终，我们使用? 根据 t/f 的值来返回 str 或者 x/str。

❸前面是有点颠簸，但是从这里开始它就是一条坦途了。我们可以巧妙地表达 fizz、buzz 和 fizzbuzz 的意图，通过寻找倍数，并且当值是倍数时，返回字符串。

❹该管道是更显优雅的。它仅仅是我们正在寻找什么的一个组合，按优先级：fizzbuzz，fizz，buzz。当没有任何的倍数相匹配同时，最后 present 返回字符串的值。

❺顶层命令取一个值 n，并返回从 1 到 n 的 FizzBuzz 序列，使用[1, b]来创建范围并使用 map 来映射范围的 fizzbuzz-pipeline 管道，然后返回结果。

我们使用组成管道的一组命令解决了 FizzBuzz 游戏问题，列队整齐且神圣得无需外来语法。这是 Factor 之美。

如果你想更深地陷入 Factor，让我们以接下来要做的事情来结束这一天。

与生俱来以下功能

Factor 生来自带很多功能。Factor 是基于栈的串联编程语言，从 Clojure 到 Lisp 都是这样的：实用的、现代的，完全实现了一个经典和强大的编程模型。你能够很快得到被监听器加载的 Factor 命令表。但是稍等一会儿——它们有 900 多个。

```
IN: scratchpad vocabs [ . ] each
"accessors"
"alien"
"alien.accessors"
...
"alien.remote-control"
"alien.strings"
"alien.syntax"
"arrays"
"ascii"
...(为了简短省略其他)...
```

Factor 仓库包含更多的命令表：

```
IN: scratchpad all-vocab-names length .
2501
```

仍然在监听器，你可以点击 Help 按钮来打开文档浏览器。从那里，你可以进入 Factor 语言的信息大宝库：开发工具，库，还有更多。如果点击 Factor handbook，你会得到更多可被发掘的有趣的链接。从 Vocabulary index，你能看到 Factor 有很多实用目的的命令表。以下列出几个：

- db——关系层数据库抽象层。

- furnace——Web 框架。

- game——游戏命令表。

- html——HTML 工具箱。

- json——JSON 读写器。

- smtp——通过 SMTP 发送邮件。

- ui——图形化用户界面。

- zeromq——绑定到 OMQ。

还有很多，所以当你计划要写一个程序时，确认检查这些库来作为你的工具箱。

编辑器集成

监听器支持和几个代码编辑器集成。通过加载相应的命令表和在命令定义的地方调用 edit 来打开编辑器，你可以快速跳转到你喜爱的编辑器里来看一个命令的源代码：

```
IN: scratchpad USE: editors.gvim
IN: scratchpad \ at edit
```

这会打开 gvim 编辑器来看 at 命令的源代码。其他的编辑器也支持，包括：

- Emacs。

- Gedit。

- jEdit。

- MacVim。

- Notepad++。

- Sublime。

- TextMate。

- Xcode。

在监视器里输入"editors"about，并且滚动到 Children 区域，能看到一个被支持的编辑器的全列表。

```
IN: scratchpad "demos" run
```

演示

Factor 自带了你可以运行的丰富的示例程序。这里仅仅是几个例子：

- 24-game。

- balloon-bomber。

- hello-ui。

- maze。

- numbers-game。

- space-invaders。

- sudoku。

- tetris。

你可以在你安装 Factor 的地方找到 extra 目录，那里有这些 demo 的源代码。

有如此多的文档和丰富的示例，足够你继续使用 Factor 开发实用的程序。

第三天我们学了什么

第三天我们体验了 Factor 的禅道。我们看到了两个使用命令串联处理数据来解决问题的例子。Factor 非常擅长这种编程方式，因为函数组合是默认行为，对于栈的隐式使用消除了对变量的需要。作为结束，我们了解了在 Factor 环境中一些其他的可以被开采的领域。

轮到你了

找到

- 另一个命令，除了我们今天看到的三个，Factor 会为一个元组的每个插槽名字自动生成的命令是什么？

- 如何创建一个元组的一个子类？

- 一个元组是否能够扩展多个父元组？

练习（简单）

- 为 cart-item 定义一个构造函数，它接受 price，并且返回带默认 name 和 quantity 的 cart-item。

- 写一个命令可以按照传入参数的百分比对 cart-item 的 price 打折。

练习（中等）

- 定义不同的税率和一个新的货运方案。

- 把税率和货运方案组装到一个新的 checkout-processing 管道。

- 编写单元测试，以验证你的新税率和运输方案正常工作。

练习（困难）

- 请修改代码，使价格调整，并可以消除舍入误差，使得单元测试通过。

- 增强你第二天写的猜数字游戏，以便它使用一个图形用户界面，而不是命令行控制台。

Factor 小结

作为串联语言，Factor 可能第一次看起来有点落后，但阅读从左到右的动作流和我们在纸上阅读单词是一样的。当你编辑一行代码，它包含一系列函数，如果想多加一个函数来处理结果，你可以在行末加上这个命令，而不是把所有东西包装在括号中，并在开始加入函数调用，就像你在许多其他语言中做的那样。

优势

Factor 漂亮地避免了额外的语法和标点。函数组合是自然而然的。栈被隐式地使用，而不是通过命名变量从一个函数传递到下一个。定义一个返回多个结果的函数是可能的，并且我们期望多个独立的值，而不是含包在一个列表中的一系列值。除了有趣的编程模型，Factor 也很实用，它配备了全功能的库来构建现实世界的应用程序。无论是构建命令行工具，还是创建图形用户界面或网页应用，Factor 都通过它的许多命令表提供支持。最后，Factor 有丰富的文档，以及许多可供探索的例子，通过这些你会对如何在 Factor 中完成一件事情有更好的感觉，以及了解更多关于它的习语和最佳实践。

劣势

　　Factor 确实需要一些时间来适应。虽然串联命令阅读起来很当然，但是一些编程结构，例如 if/else 分支会很难读，直到你习惯了它们的后缀符号的形式。像许多非主流语言，Factor 具有相对较小的用户社区和有限的资源（书籍、文章等）。还有一点需要指出，Factor 这个名字并没有使它在搜索网页中寻找答案时变得更容易。

最后的思考

　　其他可以探索的串联语言包括 Joy[1] 和 Forth[2]，可以更好地让你理解 Factor 的初衷。Retro[3]，另一个串联、基于栈的语言，它的范围和复杂度比 Factor 要小一些。Gershwin 是 Clojure 语言的分支，它支持 Factor 的串联编程风格。如果你喜欢从 Factor 学到的内容，并且是一个热情的 Clojure 用户，Gershwin 绝对值得进一步了解[4]。

---

[1] http://www.latrobe.edu.au/humanities/research/research-projects/past-projects/joy-programming-language
[2] http://www.forth.com/forth/index.html
[3] http://retroforth.org/
[4] http://gershwinlang.org

第 3 章

Elm

Bruce Tate

我们程序员每天都在用困难的手法做容易的事。我们中很多人都曾用 C++ 和 Java 来实现业务逻辑，几乎从不停下来想想是否有更好的语言来完成手头的工作。这让我想起了电影《小猪宝贝》——我女儿最喜欢的电影——里面的牧羊犬用杂技搬的技巧试图把羊吓唬进羊圈，然而并没有什么用，直到小猪宝贝出场，简单地用言辞就把羊群哄回了羊圈。

JavaScript 已经是浏览器上的一个难解之谜。在某种程度上来说，它给予我们的超过我们所期望的。这门让人眼花缭乱的语言拥有的能力远超 HTML 标记语言，而且几乎可以全宇宙部署。但是，说到底 JavaScript 仍然只是 JavaScript：它没有模块系统；受弱类型之苦；有很多矛盾和不一致的地方。你很可能还知道一些别的争议。就眼下来看，我们还得忍下去。结果就是语言的这些限制全都反应在我们开发出来的前端界面上。在开发复杂应用的时候，你不得不使出浑身解数，但是缺乏一个更好的类型系统所能提供的帮助，这就像以卵击石。

在浏览器侧，我们现在正在取得突破。你不再需要用笨办法使出吃奶的劲把羊赶进羊圈。反应式编程（Reactive Programming），这是一种比较新的编程模型，其更关注于数据流而不是事件，能够简化我们解决问题的方法。几种有更好的一致性和类型系统的语言现在已经能够编译成 JavaScript，所以你现在可以把 JavaScript 当作浏览器上的汇编语言来看待。

Elm 是一种受到 Haskell 启发的语言，我们注意到这种语言非常有潜力，其编程范式是完全从头构造的，能编译成 JavaScript，而且有优秀的类型系统。更好的类型系统和强大的多的编程模型，给程序员和最终用户都带来了好得多的体验。与其自己来处理那一大堆回调而且还要把那些类型都存在脑袋里，你尽可以让编程语言来做这事。

你能行的，Elm，你能行的。

第一天：掌握基础

今天，你们将学到这门语言的基本构造单元。我们先学习文法、列表和基础类型。然后继续学习函数和集合。最后，我们将用高阶函数和函数组合——函数式编程语言的标志——来结束我们第一天的课程。在第二天的课程里，我们将学习响应式地处理用户输入而不是陷入回调的坑。你还将学到处理文本和图片。在第三天的课程里，我们将组合所有学到的概念来构造一个游戏。

Evan 说 Elm 最主要是受 ML 语言家族的影响。ML 是一种有类型推断能力的通用函数式编程语言[1]。ELM 的语法深受 Haskell 语法的影响，其语义则深受 oCaml 语言的影响。尽管这几种函数式编程语言有时候可能让人感觉过于学术和简洁，但是你很快会发现 Elm 是一种极其注重实用性的语言。我们现在就开始吧。

安装 Elm

在我们开工前，你需要安装几个工具。先去 Elm 主页[2]。你可以在主页上找到安装 Elm 语言所需的东西。本书使用的 Elm 版本是 0.13（译者注：Elm 语言正在高速发展阶段，此时（2016 年 1 月）的最新版是 0.16，语法上已经发生了很多变化，本书中的例子大部分需要做一些修改才能运行）。首先你需要安装 Elm REPL。[3]我们将主要在 Elm REPL 里度过我们的第一天，第二天和第三天则会使用 Elm server。

好，我们先启动 REPL 来看看 Elm 长什么样。

简单表达式

我们来看一些简单的表达式：

```
> 4
4 : number
> "String"
"String" : String
> 5 < 4
False : Bool
```

任何语句都返回一个带类型的值。Elm 崇尚强类型，无论语法还是工具都反映出这种价值观。我们来探索一下类型系统的边界：

---

[1] http://c2.com/cgi/wiki?MlLanguage
[2] http://www.elm-lang.org.
[3] https://github.com/evancz/elm-repl

```
> [1, "2"]
[1 of 1] Compiling Repl              ( repl-temp-000.elm )
Type error on line 5:
A number must be an Int or Float.
...

> 4 + "4"
[1 of 1] Compiling Repl              ( repl-temp-000.elm )
...

    Expected Type: number
      Actual Type: String

> "4" ++ "4"
"44" : String
> 4 ++ 4
[1 of 1] Compiling Repl          ( repl-temp-000.elm )
...
    Expected Type: appendable
...
> [1, 2] ++ [3, 4]
[1,2,3,4] : [number]
```

我们可以看到 Elm 是强类型的，在列表和操作符应用上都确保了类型限定。与 Haskell 和 ML 语言的类型系统一样，Elm 的类型系统既强大到足以表达复杂的数据类型，又足够灵活，能够推断和确定那些值的类型。

拿 JavaScript 来做个对比，JavaScript 里 {} + [] = 0 而 {} + {} = NaN。这并不仅仅是搞笑而已，像这样的 bug 容易导致不可预期而不稳定的代码。使用 Elm，我们在写代码时虽然需要多费点劲考虑我们的类型，但是我们的程序在运行时就可靠多了。

Elm 的类型是有层级的，称为类型类（Type Class）。在当前版本，你还不能构建自定义的类型类实例，但是语言已经内置了一套类型层级。比如列表类型和字符串类型都属于 appendable 数据类型，所以我们可以对它们应用++操作符。

```
> a = [1, 2, 3]
[1,2,3] : [number]
```

Elm 的类型系统具备类型推断能力，也就是说，你不需要为每个参数和每个变量声明类型。同时类型系统也支持多态，也就是说你可以把继承自相同类型的类型等同看待。

你可以看到 Elm 充分发挥了其 ML 和 Haskell 血统的优势，其类型系统基于当今世界最好的类型系统之一。

```
> a[1] = 2
[1 of 1] Compiling Repl              ( repl-temp-000.elm )
```

```
Syntax Error: There can only be one definition of 'a'.
```

Elm 是一种只允许一次赋值的语言，它对这一点做了非常严格的限制。所以 Elm 没有可以让你就地修改数组成员值的语法，但是为了方便起见，你可以在 REPL 中对整个变量重新定义。

条件语句

Elm 提供了几种控制语句，不过你不会像在使用其他语言时那么依赖条件语句。下面是几种简单的控制语句，先从最简单的 if 开始。

```
> x = 0
0 : number

> if x < 0 then "too small" else "ok"
"ok" : String
```

这是一个基本的单行 if 语句。多行的 if 则类似于 Ruby 里的 case 或 Java 里的 switch 语句：

```
> x = 5
5 : number
> if | x < 0 -> "too small" \
|    | x > 0 -> "too big" \
|    | otherwise -> "just right"
"too big" : String
```

在 REPL 里运行的时候需要\来帮助分隔。它的意思是在下一行继续当前语句。使用模式匹配的语法要素是 case。模式匹配让我们能够匹配某些类型的结构。在下面的代码里，我们匹配一个列表的结构：

```
> list = [1, 2, 3]
[1,2,3] : [number]
> case list of \
|   head::tail -> tail \
|   [] -> []
[2,3] : [number]
```

这组语句返回列表的尾巴，如果有尾巴的话。至少有一个元素的列表会匹配到 head :: tail 语句，返回 tail。空列表则匹配[]。现在你已经见过一些基本类型了，我们来构造一些自定义类型。

构造代数数据类型（Algebraic Data Type）

当你学会构造自定义的复杂数据类型时，类型系统的力与美才被真正展现出来。举个

例子，我们现在来为国际象棋建模。我们需要考虑一个棋子的颜色和兵种。用 data 语句[1]来
定义数据类型：

```
> data Color = Black | White
> data Piece = Pawn | Knight | Bishop | Rook | Queen | King
> data ChessPiece = CP Color Piece
> piece = CP Black Queen
CP Black Queen : ChessPiece
```

很好。类型构造器（Type Constructor）让我们能够构造类型的实例。我们的 ChessPiece
类型由字符 CP，作为类型构造器，后面跟随一个 Color 和一个 Piece。现在我们可以用模
式匹配来获取棋子的数据，例子如下所示。

```
> color = case piece of \
|   CP White _ -> White \
|   CP Black _ -> Black
Black : Color
```

这例子看上去有点累赘，不过我们很快会用一种变化的方式来处理。要构造一个类似
List 的类型有点奥妙。你需要了解 List 是用 Cons 构造器来构造的，后面跟随一个元素和另
一个列表，像这样：

```
data List = Nil | Cons Int List
```

这个定义是递归的！Cons，在编译期用来定义类型，代表一个构造器，后面跟一个头
元素和尾列表作为参数。我们把 LIst 类型定义为：

- 要么它是个 Nil。

- 要么它由头元素 Int 和尾列表 List 组成。

这个数据类型有点意思，不过我们还能做得更好。我们可以定义一个抽象列表，它可
以持有任何数据类型而不仅仅是 Int，像这样：

```
data List a = Empty | Cons a (List a)
```

在这段代码里，a 代表某种还没定义的抽象数据类型。如果你熟悉 Java 或者 JavaScript，
可以把这理解为参数化类型参数，好比 List<T>里的 T，不过具有更高的灵活性和能力。这
段代码定义了一个 a 类型的列表 List。

- 要么它是 Empty。

---

[1]译者注：data 语句已经失效，把 data 改成 type 可运行，语义是否完全相同有待确认。

- 要么它由一个 a 类型的元素为头元素加一个持有相同的 a 类型的元素的列表构成的尾部。

如果你想知道 Elm 里的列表是怎么运算（evaluated）的，看看数据类型就知道了。你可以把 List[1,2,] 表示成 Cons 1 (Cons 2 Empty)。

现在当我告诉你，你可以组合一个列表的头和尾的时候，你就理解我在说什么了。Cons 在编译器作用于类型。Cons 操作符的运行时对应语法是 :: 操作符，这个操作符的作用正如你所料：

```
> 1 :: 2 :: 3 :: []
[1,2,3] : [number]
```

显然，Elm 构造了一个列表，然后告诉我们，我们正在使用一个 number 类型的列表。赞！我们在后续的内容里还会再深入学习类型系统。暂时就先到这。我们的棋子模型还有点挫，尽管这是从 Haskell 移植过来的。我们可以做得更好。我们现在用另一种数据类型—record—来表达一个棋子。

使用 Records

我们为颜色和兵种构造了对应的类型，这看上去非常自然。好吧，如果你有长于两英寸的胡子，有一张个性化的牌照，上面写着不管什么形式的"monad"大字，或者你认为懦夫才用 I/O，那你很可能乐意用抽象数据类型来对付一切问题，那就继续用抽象数据类型好了（译者注：抽象数据类型和代数数据类型这两个词在函数式编程的上下文里很多时候可以互相替代）。至于剩下的各位，我们有种更简易的写法。

还记得当我们想从棋子里抽取颜色信息时的代码有一点复杂吧。我们真正需要的是一种访问命名成员的方法。这种方法就是 record，它是 JavaScript 的 object 的天生伴侣。假设我们想表达一个具有颜色和兵种属性的棋子：

```
> blackQueen = {color=Black, piece=Queen}
{ color = Black, piece = Queen } : {color : Color, piece : Piece}
> blackQueen.color
Black : Color
> blackQueen.piece
Queen : Piece
```

. 符号只是个语法糖，.color 实际上是个函数：

```
> .color blackQueen
Black : Color
```

现在，我们可以随意地访问我们的结构化类型的成员了。和大多数函数式编程一样，record 是不可变（immutable）的，但是我们可以创建一个修改了某些成员值的新实例，比如这样：

```
> whiteQueen = { blackQueen | color <- White }
{ color = White, piece = Queen } : {piece : Piece, color : Color}
> position = { column = "d", row = 1 }
Chapter 3. Elm•94
{ column = "d", row = 1 } : {column : String, row : number}
> homeWhiteQueen = { whiteQueen | position = position }
{ color = White, piece = Queen, position = { column = "d", row = 1 } }
: {piece : Piece, color : Color, position : {column : String, row : number}}
> colorAndPosition = { homeWhiteQueen - piece }
{ color = White, position = { column = "d", row = 1 } }
: {b | position : {column : String, row : number}}
> colorAndPosition.color
White : b
```

很好。通过在第一个 record 上进行转换，我们创建了三个新的、类型不同的 records。我们还会再回来讨论 records，现在我们先要学会 Elm 里最棒的构造块——函数。

使用函数

如同任何一种函数式编程语言一样，Elm 的基础在于函数。定义一个函数非常简单。来看一些基础函数：

```
> add x y = x + y
<function> : number -> number -> number
> double x = x * 2
<function> : number -> number
> anonymousInc = \x -> x + 1
<function> : number -> number
> double (add 1 2)
6 : number
> map anonymousInc [1, 2, 3]
[2,3,4] : [number]
```

创建函数的语法极其简单而直观。add 是一个命名函数，具有两个参数：x 和 y。匿名函数则把参数写作\x，函数体跟在->后面。

跟后面会介绍到的 Elixir 语言一样，Elm 让你能够用管道操作符来组合多个函数，像这样：

```
> 5 |> anonymousInc |> double
12 : number
```

我们拿 5 作为第一个参数传给 anonymousic 函数，得到结果 6，然后把结果 6 传给 double 作为参数。我们还可以换个方向，从右到左运算：

```
> double <| anonymousInc <| 5
12 : number
```

Evan Czaplicki，Elm 的作者，说他是从 F#里学来了这个特性，而 F#则是学自 Unix 管道概念，所以这个创意已经存在相当久了，不过这实在是个好特性！

和别的函数式编程语言一样，Elm 提供了充足的函数，让你能够用各种方式来使用函数：

```
> map double [1..3]
[2,4,6] : [number]
> filter (\x -> x < 3) [1..20]
[1,2] : [comparable]
```

[1..3]是一个 range。你可以参考 List 库文档来学习更多的 List 函数[1]。

当你用 Elm 来开发一个解决方案的时候，你可能会习惯性地沿用 Haskell、Erlang 或者 Elixir 的语法，把每个 case 定义成一个单独的函数，可惜在 Elm 里不能这么做：

```
> factorial 1 = 1
<function> : number -> number'
> factorial x = x * factorial (x - 1)
<function> : number -> number
> factorial 5
RangeError: Maximum call stack size exceeded
```

看上去第二个函数调用替换了第一个。所以不能这么写，你必须用同一个函数体，然后用 case 或者 if 来分解问题，像这样：

```
> factorial x = \
| if | x == 0 -> 1 \
|    | otherwise -> x * factorial (x - 1)
<function> : number -> number
> factorial 5
120 : number
```

够简单吧。factorial 0 的结果是 1；otherwise、factorial x 的结果是 x * factorial(x-1)。处理列表递归的方式一样：

```
> count list = \
| case list of \
```

---

[1] http://library.elm-lang.org/catalog/evancz-Elm/0.10.1/List

```
|    [] -> 0 \
|    head::tail -> 1 + count tail
<function> : [a] -> number
> count [4, 5, 6]
3 : number
```

空列表的元素个数是 0。其他情况的列表的元素个数是 1+列表尾的元素个数。我们来看看怎样用模式匹配来对付类似的问题。

模式匹配（Pattern Matching）

你可以用模式匹配来简化某些函数定义：

```
> first (head::tail) = head
<function> : [a] -> a
> first [1, 2, 3]
1 : number
```

但是要小心，你需要在函数里覆盖所有的场景，否则你可能会碰到一些出错的场景：

```
> first []
Error: Runtime error in module Repl (on line 23, column 22 to 26):

  Non-exhaustive pattern match in case-expression.
  Make sure your patterns cover every case!
```

由于 head :: tail 匹配不了空列表，Elm 不知道该如何处理这个表达式。使用未穷尽（nonexhaustive）的模式匹配是少有的几种能挂掉 ML 家族语言的方式之一，而这完全是可以避免的。

函数与类型

前面我们粗略地掠过了函数的类型，而实际上 Elm 是一种柯里化语言：

```
> add x y = x + y
<function> : number -> number -> number
```

注意函数的数据类型。你可能以为这个函数接受两个 number 类型的参数，返回一个 number 类型的结果，实际上不是这样。柯里化的原理是这样的：Elm 可以部分应用一个函数的参数，也就是说，它可以把一个参数传给两参的函数，像这样：

```
> inc = (add 1)
<function> : number -> number
```

　　这样我们就创建了一个新的部分应用函数（Partially Applied Function），名字叫作 inc。这个函数填充了 add 的其中一个参数。我们填充了 x 参数，但没有提供 y 参数，所以 Elm 做了类似如下的工作：

```
addX y = 1 + y
```

　　柯里化意味着把一个多参数的函数转化为一串单参数的函数。现在我们可以自己来使用柯里化了。记住，柯里化函数一次只能接受一个参数：

```
> add x y = x + y
<function> : number -> number -> number
> add 2 1
3 : number
> (add 2) 1
3 : number
```

　　帅！作为参考，我们重定义了 add 函数。然后我们不使用柯里化，直接 add 2 和 1。然后我们把函数柯里化，创建了一个新函数，这个函数给参数加上 2，最后我们传入 1 作为参数。

　　哇哦。

　　幸运的是，你通常不需要做柯里化，因为 Elm 会替你处理好。不过你可以利用部分应用函数来创建一些非常酷的算法。我们再回到 add 函数来看看。

　　Elm 推断出你在用 number 做一些算法。Elm 推断为 number 类型类，因为+操作符是在这个类型类上定义的。你不仅仅能使用整数：

```
> add 1 2
3 : number
> add 1.0 2
3 : Float
> add 1.0 2.3
3.3 : Float
```

　　所以 Elm 是多态的。它根据你所使用的操作符推断出最通用的可工作的类型。实际上你也可以通过++操作符观察到相同的行为：

```
> concat x y = x ++ y
<function> : appendable -> appendable -> appendable
```

　　Elm 推断这个函数使用两个 append able 元素，像这样：

```
> concat ["a", "b"] ["c", "d"]
["a","b","c","d"] : [String]
```

```
> concat "ab" "cd"
"abcd" : String
```

这就是多态。如你所料，你也可以对 point 使用多态。假设我有一个 point，我想计算其距离 *x* 轴的距离，这非常容易：

```
> somePoint = {x=5, y=4}
{ x = 5, y = 4 } : {x : number, y : number}
> xDist point = abs point.x
<function> : {a | x : number} -> number
> xDist somePoint
5 : number
```

Elm 的类型推断系统推断 x 和 y 是一个 record 里的 number 类型。现在我可以传任何 point 给它：

```
> twoD = {x=5, y=4}
{ x = 5, y = 4 } : {x : number, y : number'}
> threeD = {x=5, y=4, z=3}
{ x = 5, y = 4, z = 3 } : {x : number, y : number', z : number''}
> xDist twoD
5 : number
> xDist threeD
5 : number
```

另一种办法是使用模式匹配，不过你得相信我这个办法在 REPL 里不奏效：

```
xDist {x} = abs x
<function> : {a | x : number} -> number
```

我们尝试使用匹配来获取 x 成员的值，别的都不变。重点是 record 也是完全多态的。Elm 并不在意我们使用 record 是不是相同类型的。它只需要 record 有一个 x 成员。你能从中看到类型系统的强大力量：它尽力捕捉真正的问题，而在代码正确的时候不来挡道。

第一天的内容到这里就差不多了。我们来回顾一下今天我们学了些什么。

第一天我们学到了什么

我们快速地过了一遍 Elm。我们发现这是一种具有 ML 家族语言很多特点的函数式编程语言，在此基础上为 web 应用做了调整。我们额外花了些时间探索基础的模式匹配以及如何使用各种形式的函数。我们还学习了几种组合函数的方式，甚至学习了柯里化函数和部分应用函数是如何工作的。

轮到你了

Elm 比本书中的大多数语言的历史更短。你能找到的大部分文档都出自 Elm 语言官网或者官网上的链接。我想这情况很快会改变。

找出

- 如何编译 Elm 程序。

- 到哪里寻找帮助？

练习（容易）

- 写个函数计算一个 number 列表的积（product）。

- 写个函数返回一个 point record 列表的所有 x 成员。

- 用 record 来描述一个 person，person 包含 name、age 和 address。address 也应该用 record 来表达。

- 抽象数据类型和 record 哪个用来解决前面的问题更容易些？为什么？

练习（中等）

- 写一个乘法函数。

- 用柯里化来表达 6×8。

- 构造一个 person record 列表。写一个函数来找出所有年龄大于 16 岁的人。

练习（困难）

- 实现前面一样的函数，要求允许 age 成为空。Elm 如何支持 nil 值？

这就是第一天的功课。明天，我们将离开 REPL，投入 Web 应用开发的过程。我们将探讨函数式反应式编程（Functional Reactive Programming）的基本概念。其大多数理念都使用一种叫信号（Signal）的概念，信号是一个函数，用来代表一个随时间变化的值。你还会学到怎样用函数来组合多个信号。然后我们还会学习如何显示文本和图片。

第二天：驯服回调

在第二天的课程里，我们将要提升自己的技能，以便应对用户界面问题里最复杂的领域：构造一个游戏。我们要学习如何处理用户输入和输出——这是函数式编程语言里最困难的概念。我们还会学习如何显示图片。你会发现 Elm 是实现上述功能最自然的一种语言。

作为一种针对浏览器的编程语言，Elm 存在一个巨大的不利因素——它不是 JavaScript。你需要依赖另一层机制来把 Elm 编译成 JavaScript。但同时 Elm 有一个巨大的有利因素——它不是 JavaScript。

如果你想要像牧羊犬一样牧羊，你并不需要真的变成一只牧羊犬，你只是需要去牧羊。

在我们开动前，让我们花点时间来跟 Evan czaplicki——Elm 的作者——交流一下。他会帮助我们理解这门语言背后的驱动力。

我们：你为什么创造了 Elm？

Czaplickl: HTML 和 CSS 让我很失望。非常基础的功能，如居中，或者更糟的，比如垂直居中，简直难得莫名其妙。我一共找到了 5 种完成相同任务的方法，每种都有各自不同的缺点和特殊场景。我想要一种可重用的样式和组件。我曾想在每个页面上使用相同的侧边栏（Sidebar），但就是做不到。我可以理解对于一种原本设计来处理文本标记（Text Markup）的语言来说，这些事情难做是正常的。但是我觉得应该有一种更声明式的、更让人舒服的方式来做事。所以我的目标是创造一种更好的方式来做 GUI 编程。我想写一些能让我引以为豪的前端代码。

我们：那么为什么选择一种函数式编程语言呢？

Czaplickl: 我想展示给大家，函数式编程语言能够非常棒地解决真实世界的编程问题。很多函数式编程爱好者喜欢用一种完全不可理解、不实用的方式来讲一些极其有趣而且有用的函数式编程概念，我想改变这一点。我想证明函数式编程事实上能帮助你写出更好的代码。Elm 专注于代码示例、快速的可视化反馈以及简洁的令人吃惊的代码，这些都能够证明纯函数式 GUI 是个好主意。

我们: 你（设计语言时）受哪种语言影响最大？

Czaplickl: Haskell 给我极大的启发，同时还有 OCaml、SML 和 F#。语法非常类似于 Haskell，而语义往往更接近 OCaml。我倾向于说"Elm 是一种 ML 族编程语言"，以便分享上面提到的全部这些语言的血统。

Stephen Chong 和 Greg Morrisett 对我的编程语言的理解方面影响最大。以此为基础，我尝试对新语言特性做一次文献回顾（Literature Review），最后把所有类型的语言都看了一遍。比如说 Java 和 Python 对 Elm 的文档格式设计帮助最大，而 Clojure 和 Scala 教会我如何把一种编译到虚拟机的语言展现给函数式编程的新手。完整清单实在太长了。

我们：这门语言的哲学是什么？

Czaplickl：在简洁和表达能力之间掌握平衡。只引入能使 GUI 编程成为最佳体验的最必要的特性。静态类型、函数式编程和反应式编程都是写出短小而可靠代码的极其重要的工具，但是要一下子掌握所有这些的东西就太多了。

Elm 不仅仅要让这些东西简单、可用，还要使它的价值观更加明确。Elm 的目标不是理论上更佳，而是要看得见的更佳。

我们：你最喜欢的语言特性是什么？

Czaplickl：我钟爱的特性是 Elm 的可扩展 record。这个特性基于 Daan Leyen 的 "Extensible Records with Scoped Labels"。由于我无缘加入其理论工作，这个特性给我带来了极大的启发：它把表达能力和语言简单平衡得如此美妙。我在设计语言特性时也希望能够达成如此精妙的平衡。

Elm 是完全从头设计的语言，用来处理最难的一类用户界面开发任务。在我们第二天的学习过程中，请留意这门新语言为你带来的能够把伟大的（前端）设计的全部元素整合到一个内聚的应用中的各种方法。

克服回调地狱

无论你是在用界面控件构造一个商业应用还是在开发一个游戏，你都需要能够对事件做出反应。实际上，你所做的一切都是对一些事件的反应。典型的 JavaScript 程序把事件发送给回调函数来处理，使得程序非常具有响应性（Responsive），但也要付出代价——它们太难读了。下面是一个典型代码的例子，用 JavaScript 使用 JQuery 库来获取鼠标位置：

```javascript
$(document).ready(function () {
    var position = {'x': 0, 'y': 0};
    $(document).bind('mousemove', function(event) {
        position = {'x': event.pageX, 'y': event.pageY};
    });

    setInterval(function () {
        // custom position code
    }, seconds * 1000);
});
```

需要有一些经验才能理解这段代码。当页面加载时，我们会得到一个 ready 回调。ready 回调发生时，我们把 mousemove 事件绑定到一个函数上，这个函数会设置一个 position 变量。然后，在给定的时间间隔，我们有另外一个函数使用那个 position 变量。注意我们的代码把匿名函数绑定到事件上。换句话说，我们让 JavaScript 来负责代码的组织。我们把这种由内向外的编程策略称为控制反转。

为了实现这么简单的功能，这组代码实在太复杂，但这是一种取舍。我们得到了更好的响应性，因为每当用户移动鼠标时，我们就会修改鼠标位置。为此我们牺牲了简单性。问题是我们真的需要同时得到两者（响应性和简单性）。

用 lift 和信号来避免回调

使用 Elm 语言，我们不为了得到响应性而放弃简单性。我们不使用控制反转，而是使用信号和一个叫作 lift 的函数。信号是一个函数，代表一个随时间变化的值。lift 函数在每次信号的值更新时对它应用一个函数。现在来试试。

这些程序会让我们见识到 Elm 如何做到不用回调来处理用户交互。在这个教学部分，我们将使用 Elm 的在线编辑器[1]来试写交互程序，而不用启动我们自己的服务器。我们从一个获取用户鼠标位置的简单函数开始：

```
import Mouse

main = lift asText Mouse.position
```

接下来，点击"compile"按钮。你会看到类似这样的输出：

```
(29, 162)
```

这比 JavaScript 版本简单多了吧。我们导入 Mouse 模块，然后声明 main 函数。

从概念上说，lift 把函数应用到一个信号。假设这个函数叫作 f，信号代表随时间变化的值 x。每次当信号更新时，Elm 会调用 f(x)。

在前面的代码里，Mouse.position 信号返回包含鼠标位置的元祖（Tuple）。我们的函数叫作 asText，会把一个值转换成为本显示。每当鼠标移动时，Mouse.position 会被"触发"，lift 就会用新的值调用 asText 函数。有意思的是，返回结果是个新的信号。与回调不同，我们直接把函数组合起来。结果是革命性的。

看看窗口的底部，你可以看到 main 实际上也是个信号——展现到屏幕上的信号。这意味着每当鼠标位置移动时，Elm 就会更新窗口。

没有回调，没有控制反转。我们只是使用一个信号，转换成文本，然后每当信号变化时映射当前值。我们再来试试另一个例子。这次使用 count 函数，这个函数计数一个信号更新的次数。把 count 加到信号前面，包在括号里，像这样：

---

[1] http://elm-lang.org/try

```
import Mouse

main = lift asText (count Mouse.position)
```

切换到右边的窗口，移动鼠标，然后你会看到一个值在快速统计鼠标移动的次数：

我们可以很简单地修改成统计鼠标点击的次数：

```
import Mouse

main = lift asText (count Mouse.clicks)
```

这个例子里，count 函数计数信号更新次数，现在是鼠标点击次数了。你应该能看到我们是怎么写出既遵循函数式编程的规则，又具有反应性而且易于理解的代码的。再看看键盘信号是如何工作的：

```
import Keyboard
main = lift asText Keyboard.arrows
```

编译代码，点击右侧窗口，然后按上和右方向键，你会看到：

```
{ x = 1, y = -1 }
```

你可以直观地看到发生的事情。每当信号变化时 lift 就更新文本，所以我们得到了一个清晰的程序，告诉我们方向键的状态，并以一种容易使用的形式。因为我们有能力组合函数，所以我们可以做一些更精妙的事。

组合信号

大多数用户界面都同时使用多个信号。举例来说：

- 找到用户点击的位置。

- 根据窗口大小和鼠标位置来滚屏。

- 当用户点击鼠标时找出输入框里的值。

- 拖曳一些界面元素。

这些问题都是信号的组合问题。对于高级的应用来说，一个简单的 lift 是不够的。还有另外几个函数帮助我们把多个信号用精巧的方式组合起来。最常见的用户界面问题之一是找出用户点击的位置。

我们来试试 sampleOn 函数。这个函数让我们在一个信号发生更新时采样另一个信号的值，比如这样：

```
import Mouse

clickPosition = sampleOn Mouse.clicks Mouse.position
main = lift asText clickPosition
```

我们构造了两个信号：clickPosition 和 main。首先，我们用 sampleOn 创建一个信号。当 Mouse.clicks 信号更新时，我们会采样最近的 Mouse.position。结果是一个新的信号，这个信号返回鼠标位置，并且每当用户点击鼠标时就会变化。接下来，我们只是简单地构造 main 信号。我们把 asText 函数映射给 clickPosition 信号，如此简单。我们可以用相同的方法采样输入控件的值。

或者，假设你在实现用滚动条来滚动窗口的功能。你需要找出鼠标在页面下方多远处，比如这样：

```
import Mouse
import Window

div x y = asText ((toFloat x) / (toFloat y))
main = lift2 (div) Mouse.y Window.height
```

运行它，在右部窗口滚动试试，你会得到类似这样的结果：

```
0.42973977695167286
```

这个例子使用 lift2 函数。和 lift 类似，这个函数把函数应用到信号上，只是使用两个信号和一个两参数的函数。

首先，为了简化类型转换，我们创建了一个除法函数，接受整数，返回文本。接着，我们用 lift2 把 div 函数应用给两个信号：Mouse.y 和 Window.height。想想类似的 JavaScript 程序要多复杂。不用太多例子，我们就能看到 Evan 的愿景。监控用户输入是一种函数式的工作。

维持状态

我们来用相同的步骤创建一个交互式的应用。我们将处理一个输入框，然后更新页面的另一部分。在 Elm 这样的函数式编程语言中，你需要学一点技巧来处理状态。我们已经看到如何用信号来访问像鼠标位置这样随时间变化的东西，以及如何用递归来处理列表。

我们通过对我们的函数布局（Structure，译者注：直译比较难以理解，这里用布局比较合适，frp 的信号组合类似于电路布线）来管理状态。fold 函数——你们可能已经通过 List 或 Haskell 知道这个函数——是一个很好的例子。这个函数接受两个参数：一个初始值和一个列表。下面是 Elm 里的 foldl 函数：

```
> foldl (+) 0 [1, 2, 3]
6 : number
```

下面是这句语句的执行步骤：

- fold (+) 0 [1,2,3]。fold 取出列表的第一个元素——1 和累加器——0，把它们加起来，返回 1，然后用结果值 1 作为新的累加器继续调用 fold。

- fold (+) 1 [2,3]。Elm 取出最左边的元素——2 和累加器——2，然后传给（+）函数，返回 3。

- fold (+) 3 [3]。我们用累加器 3 和最左边元素 3 来调用（+）函数，返回 6，完事。

Elm 允许你从左边 fold（foldl）或者从右边 fold（foldr）。你可能还会想从过去 fold 一个信号，计算信号的总结果。Elm 为此提供了函数 foldp，意思是从过去 fold。假设我们想在每当箭头键按下时调用一个信号。当右键按下时我们就累加，左键按下则递减。foldp 接受一个函数、一个初始值和一个信号来解决这种问题。

这是你可以使用的信号：

```
import Keyboard

main = lift asText Keyboard.arrows
```

按左箭头，你会得到{x = -1, y = 0}；按右箭头则是{x = 1, y = 0}。现在我们只需要累计状态。我们可以用 foldp，像这样：

```
import Keyboard

main = lift asText (foldp (\dir presses -> presses + dir.x) 0 Keyboard.arrows)
```

现在，我们用 foldp 创建了一个信号。这个信号用累加器——叫作 presses——加上 Keyboard.arrows 的值 x。然后我们就可以把这个值应用给 asText 函数。现在，当你运行应用时，你就会得到按键的总次数。左键减少计数，右键增加计数。

不管你信不信，foldp 是我们将要开发的游戏的基础，我们会在第三天看到。

处理文本输入

函数式编程语言非常擅长转换文本。Elm 还非常善于获取文本输入。下面是一段代码例子，先获取一些输入，做一些操作，然后在屏幕上输出：

```
❶ import String
   import Graphics.Input as Input
   import Graphics.Input.Field as Field

❷ content = Input.input Field.noContent

❸ shout text = String.toUpper text
   whisper text = String.toLower text
   echo text = (shout text) ++ " " ++ (whisper text)
❹ scene fieldContent =
   flow down
   [ Field.field Field.defaultStyle content.handle identity "Speak" fieldContent
   , plainText (echo fieldContent.string)
   ]

❺ main = lift scene content.signal
```

我们来分解这段代码。

❶ 首先导入需要的库。String 让我们可以做字符串操纵（String manipulation），而 Graphics.input 让我们可以访问输入框。

❷ 接着，我们定义一个返回 input record 的函数，传入初始内容。我们将使用 input record。这个 API 让我们可以创建 record，从而能够访问所有需要的数据、信号和函数。

❸ 然后，我们定义几个处理文本的简单函数，如 shout 和 whisper 函数。我们用这几个函数来构造一个 echo 函数，用来转换文本。这些函数完全不知道用户界面的存在，它们只是处理原始字符串数据。

❹ 下一个任务是构建页面布局，命名为 scene。我们用 flow 函数来指定表单布局，这个布局会自上而下流式地部署控件。我们的表单有两行，一个输入域和一些文本。

我们用一个文本输入框作为输入域，用 content 函数所返回的那个 record 来表达。我们传入一些用来配置样式的配置项、一个来自 input record 的 handler，还有一个 id，作为一个占位符，以及一个信号。

页面布局的另一个元素是一行文本，我们用 planText 函数返回的信号来表达这段文本。任何时候只要 fieldContent 发生更新，我们的信号就会触发，在文本上显示通过 echo 函数传入的内容。

❺ 最后，我们通过把 content.signal lift 到 scene 来创建最后一个信号。这个信号会在每次用户更新输入框的内容时触发。

哇喔。这段小例子里着实塞进去不少代码哦。初看上去可能有点怪异，但是 Elm 的世界观与前端编程任务完美契合。每个用户界面只不过是对用户输入流的转换（Transform）。现在我们已经看过怎么处理文本，接下来让我们看看另一个在开发游戏时需要用到的概念。现在我们不再继续折腾文本，我们要根据用户输入来绘制图形。

绘制形状

使用 Elm，我们可以用一套功能完整的图形库在画布上绘图。我们从一幅给定坐标的拼贴画开始，然后构建形状。我们可以通过移动、缩放或旋转来转换我们的形状。

图 3-1 代表一辆简单的小汽车。我们用函数来描述这辆车。你可能已经猜到，我们将结合使用数据结构和函数来达到目的。

图 3-1　小汽车

```
elm/car.elm
carBottom = filled black (rect 160 50)
carTop =    filled black (rect 100 60)
tire = filled red (circle 24)

main = collage 300 300
     [ carBottom
     , carTop |> moveY 30
     , tire |> move (-40, -28)
     , tire |> move ( 40, -28) ]
```

首先，我们定义几个基本形状，还有形状的基本坐标，默认它们会显示在画布的中间。main 函数就等于 collage 函数，接受一个宽度参数、一个高度参数和一个形状列表，在 Elm 里称为表单 forms。列表的每个元素只是一个形状。比如 carTop |> moveY 30 只是一个垂直移动了 30 像素的矩形。

在这个例子里，图形是静态的。用 Elm 让图形动起来是分分钟的事情。假设我们有这样一个矩形表单：

```
filled black (rect 80 10)
```

当我们在第三天构造游戏的时候，我们要画一块会动的滑板。我们把 Mouse.x 应用到画滑板的函数从而产生动画，像这样：

```
elm/paddle.elm
import Mouse
import Window

drawPaddle w h x =
  filled black (rect 80 10)
     |> moveX (toFloat x - toFloat w / 2)
     |> moveY (toFloat h * -0.45)

display (w, h) x = collage w h
     [ drawPaddle w h x ]

main = lift2 display Window.dimensions Mouse.x
```

Boom! 就这么简单，我们就做出了动画。我们不需要考虑画不同时间位置的滑板，不需要记住滑板的前一个位置，我们只需要考虑怎么画现在的滑板，让用户输入来决定应该把它移动到哪里。现在你已经学到了第三天课程中要完成一个游戏所需要的全部基础知识。我们来回顾一下。

第二天我们学到了什么

第二天的课程里，我们了解了 Elm 的初心。以前的编程语言专注于回调或简单的单线程程序来响应用户输入，代价则是复杂度或缺乏响应的界面。函数式编程语言传统来说做用户界面比较纠结，因为处理用户输入往往牵涉到改变的状态。

Elm 用信号概念同时解决了这两个问题，信号是一种函数，代表随时间变化的值。通过把用户输入视为函数而不是数据，原本用来表达复杂计算的优美的函数式编程技术现在可以用来表达复杂的用户界面。

我们学会了用 lift 和 lift2 函数把函数应用到信号上，而结果是一个新的信号。我们还学习了用其他函数来组合信号和函数，比如 foldp，它维持一个运行时累加器，比如 sampleOn，它明确地指定采样的时机。

最后，我们学习了如何显示文本和图形。我们还写了一个 display 函数来移动一块滑板，当我们开发游戏时会用得着。

轮到你了

利用在线编辑器[1]交互式地解决以下问题。

---

[1] http://elm-lang.org/try

找出

- Elm 里的不同信号的例子。

- lift 和信号的关系。

- 一个每秒出发一次的信号。

练习（容易）

- 写一个信号显示鼠标当前位置，包括按键是否是按下状态。

- 写一个信号显示鼠标按键按下时的 y 坐标。

练习（中等）

- 用 lift 和信号在当前鼠标位置画你自己的图形。当鼠标按键按下时改变图形。

- 写一个程序从 0 开始累加，每秒计数一次。

练习（困难）

- 用 folds 函数把小车从左移动到右，再从右移动到左，沿着屏幕底边运动。

- 当鼠标越靠近右边时，让小车移动得越快，越靠近左边时移动得越慢。

这就是第二天的作业了。明天我们将要结合使用我们目前学到的全部知识来写一个游戏。我们将要前进一大步，所以绑好你们的安全带！

第三天：一切都是游戏

在我读高中的时候，我通过写游戏挣点零花钱。我们基本上就是一屏接着一屏循环地画，游戏运行的速度取决于你硬件的速度，游戏越复杂就跑得越慢。到了今天，再继续用传统技术写游戏比以前难得多了。处理器速度比以前快得多，所以你需要花更多时间来处理失效和状态。等我进了大学我就放弃了写游戏。因为想用一个下午就炮制出一个游戏已经不太可能了。

到此为止。我为本章节所写的游戏就是我在 20 年前写过的那个。这次重写的经验让我收获巨大。本章节的叙事流程将和本书其他部分有所差别。我将给你展示一个游戏骨架长什么样，我们会发明一些游戏概念，然后将一起搞完一个巨大的例子——大约 150 行代码——一步一步来。当我们完成的时候，你将得到一个能跑的游戏，然后你可以在上面进一步定制。Elm 很有可能激发出新一波游戏设计师。

先说重要的。我们要先从一个基本的外壳开始。

定义骨架

你已经看到动画、用户输入和图形显示在 Elm 里是怎么工作的，所以你至少已经对游戏长什么样子有了一点点了解。基本策略是构造游戏的一个时间片的内容。然后我们根据用户输入把游戏从一个时间片推动到下一个时间片。使用这个策略，所有的游戏都由以下一些基本组件构成：

- 模型——我们将构造游戏的数据模型，包括用户输入和所有的数据元素，不管是玩家还是电脑控制的。

- 信号——信号将把游戏状态和用户输入信号以及时间组合起来。

- 步进逻辑——我们将构造一个步进函数，根据游戏之前的状态加上当前用户输入把游戏推进到下一个状态。

- 显示逻辑——我们不用担心动画。我们只要考虑怎么展现游戏状态，以及一个冻结的时间点上的状态就行了。

请记住所有游戏都必须做以上的事情。只不过由于语言的抽象不够好，在很多其他语言中表达游戏逻辑更加困难一些。现在来看一下我们的通用的游戏骨架，不包含任何专用的游戏元素。

定义模型

下面是骨架代码。和大部分 Elm 游戏一样，我的初始设计基于 Evan 设计的非常优秀的游戏骨架[1]。它是一个免费的开源项目，你也可以用它来起步。除此之外，你还可以看看 Elm 语言官网上的很多游戏例子[2]。我们先逐步看看我修订过的骨架代码。

```
elm/skeleton.elm
module SomeGame where...

type Input = { ... }
type Player = { ... }
type Game = { player:Player, ... }
```

首先，我们为游戏建模。Elm 游戏由模块构成。在模块里面，你通过构造简单的数据类型来为游戏建模。你可以把这些简单类型组合成更高阶的类型。一般来说，你要用模型来代表玩家、其他的计算机控制的元素、游戏状态和某个时间点的用户输入。你要考虑到

---

[1] https://github.com/evancz/elm-lang.org/blob/master/public/examples/Intermediate/GameSkeleton.elm
[2] http://elm-lang.org/Examples.elm

将来某时间点上，需要展现或做时间片转移时所需要的所有要素。

用信号和 foldp 来做循环

接着，定义几个信号。一个用来获取用户输入，另外一些用来根据之前的时间片状态构造新的时间片。如你所料，我们将用 lift 来处理输入，用 foldp 来推进时间片。

```
elm/skeleton.elm
delta = inSeconds <~ fps n
input = sampleOn delta (...)
main = lift display gameState
gameState = foldp stepGame initialGameState input
```

delta 是个信号（此处使用 lift 等效的操作符<~），代表一个时间片。fps 也是个信号，代表"每秒的帧（frames per second）"。我们得到的是一个每 *n* 秒定时更新一次的信号。就这样，Elm 替我们解决了难以处理的游戏时效处理，这样我们就可以集中在处理一个时间点的问题。

然后基于那个信号，我们又构造了另一个叫作 input 的信号，这个信号会捕捉我们所需的全部用户输入。gameState 也是个信号，用来基于用户输入和游戏的之前状态构造下一个状态。foldp 是完成此任务的完美选择，因为它让我们可以在定义下一个游戏状态时使用前一个状态。

main 就只需要把游戏动起来就行了。这很容易，因为我们可以把游戏状态信号应用给 display 函数。这段代价内涵丰富。你可以花点事件研读代码，以确保你确实理解了其逻辑。

步进和展现游戏

当然，把游戏从一个状态推进到下一个以及游戏的展现是游戏的基础，理应获得我们最多的关注。Elm 语言框架也确实最关注基础。不止如此，stepGame 和 display 都是简单函数，仅操作于一个时间片的数据。我们不需要考虑超出当前时间点的输入和输出。Elm 框架让我们用仅仅 4 行语句表达了往往是游戏里最难的部分。棒极了！

描述语言头

在开始编码前，我们还有一件事要确定——游戏的规则是什么？

一门奇怪的语言应该用一个同样奇妙的游戏来匹配。我们将构造一个游戏，就叫作语言头（Language Head），如图 3-2 所示。游戏的目标是在屏幕上反弹小球，

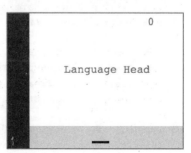

图 3-2　语言头

不让球碰到地面。

球碰到地面，游戏就结束了。玩家要在屏幕上通过鼠标移动来滑动一个小滑板来接球，保持活着就可以得分。屏幕底部有一条短黑线代表滑板，右上角显示当前得分，还有一个简单的背景，包括位于屏幕左侧的一个红色的矩形，代表一栋建筑，底下的灰色区域代表道路。

游戏有一点搞怪的地方。我们打算把一些人的照片放在每个球上，称这些球为"头"。随着游戏的进程，我们会扔出越来越多的"头"。

这一章我打算离经叛道一下。我们这次不是迭代式地完成项目，而是逐块地解说完整游戏的各个部分。然后我会讲解怎么运行这个程序，你可以乘机好好玩一会。有些部分会比较长，不过没关系，我们会把太长的例子拆解成多个小块，方便你理解。

为语言头建模

先来看第一个代码块：模块定义和包导入。

```
elm/game/languageHeads.elm
module LanguageHead where

import Keyboard
import Mouse
import Random
import Text
```

比较长的 Elm 程序被分解成模块。上例中的模块叫作 LanguageHead。我们需要鼠标输入来操纵滑板，并需要键盘输入来接受空格键作为游戏开始的启动键。我们还需要一个"随机"信号来选择显示哪个头。这个完整游戏的全部代码都在一个模块里。

现在来看看数据模型。

```
elm/game/languageHeads.elm
❶ data State = Play | Pause | GameOver

  type Input = { space:Bool, x:Int, delta:Time, rand:Int }
  type Head = { x:Float, y:Float, vx:Float, vy:Float }
  type Player = { x:Float, score:Int }
  type Game = { state:State, heads:[Head], player:Player }

❷ defaultHead n = {x=100.0, y=75, vx=60, vy=0.0, img=headImage n }
  defaultGame = { state = Pause,
                  heads = [],
                  player = {x=0.0, score=0} }
  headImage n =
```

```
if  | n == 0 -> "/img/brucetate.png"
    | n == 1 -> "/img/davethomas.png"
    | n == 2 -> "/img/evanczaplicki.png"
    | n == 3 -> "/img/joearmstrong.png"
    | n == 4 -> "/img/josevalim.png"
    | otherwise -> ""
bottom = 550
```

这段代码定义了用来描述我们的世界的数据类型。我们先定义了一些数据类型，然后声明了一些数据，方便我们在后面引入新数据到游戏里。我们一段一段来看。

- 简言之，我们定义了一个主导的模型叫作 Game，它包含游戏的 State，用户的 Input，所有的 Head 还有 Player。State 是一个基础数据类型，包含我们将要用到的状态：Play、Pause 和 GameOver。在不同的状态下游戏的行为将有所不同。

Player 和 Game 类型非常简单，但是 Head 类型就需要一些解释了。我们不仅仅需要保存 x 和 y 坐标（游戏运行在 800×600 的格子里，左上角作为原点），还需要保存头在两个方向上的运行速度。y 速度会逐渐加快以模拟地球引力，当球被反弹时则翻转。当我们步进游戏时会需要用到这个速度值。我们还需要通过 img 属性给头设置一个随机图片。

- 到了这一段时，我们都已经定义完类型了。我们开始构建函数返回初始状态的实际数据。defaultGame 如预期的那么简单。但是头还需要更多的内建逻辑，因为我们将要把它们移来移去。我们定义了一个默认的头，包括初始坐标，还把 vx 设置成一个常量。无视于物理规则，我们的头将保持固定的 x 速度（vx），因为我不够聪明，算不出不同发型的空气阻力有多大，这活儿就靠你了，Evan。我们的 vy 值从初速为 0 开始，然后就会随着我们的人造引力而加速。

模型已经定义完了，现在是时候定义驱动游戏运行的信号了。

构造游戏信号

在本节，我们将处理所有那些时效、不同的用户输入状态、游戏速度还有其他那些构成游戏整体的一帧帧的细节。这也是我们整个例子里最短的一节。Elm 将通过信号系统来处理这些细节。我们只需要提供一点点胶水码。

```
elm/game/languageHeads.elm
secsPerFrame = 1.0 / 50.0
delta = inSeconds <~ fps 50

input = sampleOn delta (Input <~ Keyboard.space
                              ~ Mouse.x
                              ~ delta
```

```
                                ~ Random.range 0 4 (every secsPerFrame))

    main = lift display gameState

    gameState = foldp stepGame defaultGame input
```

　　我们先设置游戏的速度。我们定义一个函数，叫作 secsPerFrame，用来返回每个时间片的大小。接着，我们构造一个每秒更新 50 次的差异信号 delta。"<~"操作符是 lift 的简写，所以你也可以把 inSeconds <~ fps 50 写作 lift inSeconds (fps 50)。这意味着我们将会收到一个浮点数，代表实际上已经流逝的时间。

　　接着，我们构造输入信号。这里引入了一个新操作符——~，（f <~ a ~ b）等同于（lift2 f a b）。可以把波浪箭头想想成信号流入函数。通过这个操作符，我们截获 input 类型的各种不同的输入元素，不管空格键有没有按下，还是鼠标的 x 位置，或者已经流逝的总时间量。我们将每秒采样 50 次，基于 delta 信号。

　　最后，唯一剩下的就是构造 foldp 循环。这个递归循环将根据前一个游戏时间片和用户输入来构造下一个游戏时间片。你可以看到我们基本是跟着前面介绍的游戏骨架走的。其余大部分代码都是用来管理游戏的创造性部分、步进和显示每个元素。

步进（stepping）游戏

　　这个游戏最难的部分在于管理那些移动的部分。我们将把这个过程分解成三个主要部分：

- 在 Play 模式下步进游戏——在这个模式下，我们必须要移动玩家的滑板并且计分。我们还需要检查游戏是不是结束，还需要移动那些头。

- 在 Pause 模式下步进游戏——在这个模式下，玩家还没有开始游戏。我们允许玩家移动滑板和按空格键，除此之外，没什么事可做。

- 在 GameOver 模式下步进游戏——我们会希望保持当前得分，还有在重启游戏前重新设置玩家状态。除此之外这个模式就和 Pause 模式一样。

　　说来话长，但是代码简洁得吓人，因为我们无须考虑时效、动画还有管理用户输入。

elm/game/languageHeads.elm
```
❶ stepGame input game =
    case game.state of
      Play -> stepGamePlay input game
      Pause -> stepGamePaused input game
      GameOver -> stepGameFinished input game
```

```
❷ stepGamePlay {space, x, delta, rand} ({state, heads, player} as game) =
    { game | state <- stepGameOver x heads
           , heads <- stepHeads heads delta x player.score rand
           , player <- stepPlayer player x heads }

  stepGameOver x heads =
    if allHeadsSafe (toFloat x) heads then Play else GameOver

  allHeadsSafe x heads =
      all (headSafe x) heads

  headSafe x head =
      head.y < bottom || abs (head.x - x) < 50
```

❶ stepGame 实际上只是一个函数，但是我们把它分解成了几个小函数。我们接受 input 和 game 数据类型参数。用 case 来根据 game.state 分隔处理，调用一个函数来步进不同状态下的游戏。

❷ 第一个在 Play 状态步进游戏的函数叫作 stepGamePlay。我们更新 game 构造体，为 game 的每个部分调用一个函数。stepGameOver 会告诉我们是否有头落地了，stepHeads 管理头的状态改变，stepPlayer 负责处理滑板的位置变化和玩家得分的修改。

当发生"头祸"的时候游戏结束，也就是说一个头接触了底边而没有被滑板接住。然后，stepGameOver 就很容易写了。我们调用一个叫作 allHeadsSafe 的函数来检查是否有头接触了没有滑板的地面。当 heads 里的所有 head 调用 headSafe 的结果都是 true 的时候，此函数结果为 true。headSafe 函数只要检查一个头是否接触了没有滑板的地面（abs(head.x -x) < 50）。

现在我们已经有足够的信息判断"头们"是否是安全的，所以我们可以在正确的时候切换到 GameOver 状态了。注意我们完全不在意任何关于动画的问题——我们只检查那个时间点的头是不是都安全。

下一步是根据游戏规则移动头了。这个过程分为几步：

```
elm/game/languageHeads.elm
❶ stepHeads heads delta x score rand =
    spawnHead score heads rand
    |> bounceHeads
    |> removeComplete
    |> moveHeads delta

❷ spawnHead score heads rand =
    let addHead = length heads < (score // 5000 + 1)
```

```
                && all (\head -> head.x > 107.0) heads in
        if addHead then defaultHead rand :: heads else heads

❸ bounceHeads heads = map bounce heads

    bounce head =
        { head | vy <- if head.y > bottom && head.vy > 0
                        then -head.vy * 0.95
                        else head.vy }

❹ removeComplete heads = filter (\x -> not (complete x)) heads

    complete {x} = x > 750

❺ moveHeads delta heads = map moveHead heads

    moveHead ({x, y, vx, vy} as head) =
        { head | x <- x + vx * secsPerFrame
               , y <- y + vy * secsPerFrame
               , vy <- vy + secsPerFrame * 400 }
```

❶ stepHeads 函数需要几个参数来完成整个任务。整个函数是一个函数管道,把每个函数的输出传入下一个函数。结果是一个清晰、简洁的数据展现。我们需要在 spawnHeads 的时候添加头,当头到底线的时候用 bounceHeads 反弹头,用 removeComplete 移除到达窗口右侧的头,以及根据游戏规则用 moveHeads 函数来移动头。

❷ 我们需要确保游戏里有足够的头。addHead 是个公式,基于当前得分决定应该显示多少个头。如果头的数量不足我们就加头。

❸ 当头到达底线的时候如果还没有反弹则反弹。为了反弹,我们简单地把 vy,也就是 y 速度取反。同时我们给它乘以一个 0.95 的系数,这样每次反弹就不会完全反弹回之前的高度。这样看上去更真实一点。

❹ 我们移除所有完成的头。一旦一个头到达右边线或者 head.x > 750,我们就称它为完成。

❺ 每个头都要移动。我们根据头在每个方向上的秒速乘以一个时间片的长度来移动头的位置。我们还根据重力属性来修正 y 速度。

这就是移动头的全部代码。我们只是根据前一个头列表和游戏规则计算出下一个头列表。接下来,我们步进游戏数据。我们需要更新得分和滑板位置。

```
elm/game/languageHeads.elm
```
❶ stepPlayer player mouseX heads =
    { player | score <- stepScore player heads
             , x <- toFloat mouseX }
```
```

```
❷ stepScore player heads =
      player.score +
      1 +
      1000 * (length (filter complete heads))
```

❶ 步进 Player 极其简单。我们只是返回一个步进过得分的新 player，同时我们用一个浮点数来捕捉鼠标位置。float 类型转换可以让我们显示滑板的时候简单一点。

❷ 得分系统很简单。每过一个时间片我们就给玩家 1 分，每完成一个头（头飞出右侧）就给玩家 1 000 分。

这就是步进玩家的全部代码。简直容易得过分了。接下来让我们完成 stepGame 函数。我们先完成在 Pause 和 GameOver 步进游戏的函数。

```
                                    elm/game/languageHeads.elm
❶ stepGamePaused {space, x, delta} ({state, heads, player} as game) =
      { game | state <- stepState space state
             , player <- { player | x <- toFloat x } }

❷ stepGameFinished {space, x, delta} ({state, heads, player} as game) =
      if space then defaultGame
      else { game | state <- GameOver
                  , player <- { player | x <- toFloat x } }

❸ stepState space state = if space then Play else state
```

❶ Pause 状态的游戏需要根据空格键是否按下来步进状态，以便玩家能启动一局游戏，同时需要更新滑板位置，以便玩家在游戏暂停的状态下也能移动滑板。

❷ Finished 状态的游戏需要在用户按下空格键时重置到 defaultGame 状态，否则就仅仅替换玩家的鼠标位置。

❸ 步进状态只需要在 space 是 true 的时候切换到 Play 状态。

我们来回顾一下。我们用信号来获取当前用户的输入：时间片的大小，鼠标的 x 位置以及空格键是否被按下。我们把这些信息包装在一个 input 数据类型里。然后我们把 input 和前一个时间片产生的 Game 记录传给 stepGame 函数。根据该数据和游戏规则，我们构造一个新的 Game 记录。

接下来，我们显示 Game 记录，然后就可以让头飞了。

显示游戏

我们将用到在第二天学到的很多技巧来显示我们在第一天生成的 Game 记录。代码看上去很像你经常能在图形库里看到的代码：

```
elm/game/languageHeads.elm
❶ display ({state, heads, player} as game) =
      let (w, h) = (800, 600)
      in collage w h
          ([ drawRoad w h
           , drawBuilding w h
           , drawPaddle w h player.x
           , drawScore w h player
           , drawMessage w h state] ++
          (drawHeads w h heads))
❷ drawRoad w h =
      filled gray (rect (toFloat w) 100)
      |> moveY (-(half h) + 50)

   drawBuilding w h =
      filled red (rect 100 (toFloat h))
      |> moveX (-(half w) + 50)

❸ drawHeads w h heads = map (drawHead w h) heads

   drawHead w h head =
      let x = half w - head.x
          y = half h - head.y
          src = head.img
          in toForm (image 75 75 src)
          |> move (-x, y)
          |> rotate (degrees (x * 2 - 100))

❹ drawPaddle w h x =
      filled black (rect 80 10)
      |> moveX (x + 10 - half w)
      |> moveY (-(half h - 30))

   half x = toFloat x / 2

❺ drawScore w h player =
      toForm (fullScore player)
      |> move (half w - 150, half h - 40)

   fullScore player = txt (Text.height 50) (show player.score)

   txt f = leftAligned << f << monospace << Text.color blue << toText

❻ drawMessage w h state =
      toForm (txt (Text.height 50) (stateMessage state))
      |> move (50, 50)

   stateMessage state =
      if state == GameOver then "Game Over" else "Language Head"
```

❶ 首先，我们实现主要的 display 函数。这个函数根据其他函数的构造的图片部分来画出一幅拼贴画。我们把建筑画在左边，路画在下边，以及滑板、得分、一个消息条还有

那些头。为了减少代码量，我们把显示大小硬编码为 800×600，但实际上我们也可以用 lift2 函数根据 Window.dimensions 信号和 gameState 信号来动态构造。

拼贴画初始化在画布的中央。你需要在元素创建后把它们移动到对应的位置。

❷ 背景元素很简单。建筑只是个竖着的矩形，我们把它移到左边代表建筑；路是个横的矩形，移动到底边代表路。

❸ drawHeads 函数只是把 drawHead 函数映射到 heads 列表。还记得吗？拼贴画以一种叫作 form 的形式存在。由于头是图片构成的，我们需要引用头的源图片路径（你得从本书的源代码里拷贝它们），然后把图片转换为 form。然后我们做一点小小的计算来确保图片放置到对应的 form 里。拼贴画的坐标原点在左下角，所以我们需要反转 y 坐标。同时，由于头初始化画在画布的中间，我们需要用 move 函数来调整其位置。另外，我们根据 x 左边旋转头。希望 Joe 不会被搞晕。

❹ 滑板只是个长方形，移动到画布的底边，并根据 Mouse.x 位置和页面的中央位置调整。

❺ 在 Elm 里处理文本有点麻烦。我们需要做一系列转换。我们需要确保我们是在处理文本元素，并且需要把它们转换为 form。我不打算在这里太深入讲解，因为它需要处理很多我们没有介绍过的数据类型。概要来说，这些函数把字符串转换为带字体的文本对象，设置成我们想要的颜色和尺寸。然后把这些文本转换成 form 以便能合并到我们的拼贴画里。

❻ 需要显示的最后一个元素是一条游戏信息。我们会根据游戏状态显示“Language Head”或“Game Over”。

这就完工了！要启动游戏，把源代码放到 game 目录下。在该目录下，放一个 img 目录，里面放上你源代码里引用的所有头图片。如果你想用我们的图片，你可以从本书的源代码里拷贝它们（参见《附录》里的“在线资源”部分）。最后，移动到 game 目录下，启动你本地的 Elm 服务器，像这样：

```
> elm-reactor
Elm Reactor 0.1, backed by version 0.13 of the compiler.
Listening on http://localhost:8000/
```

然后按空格键启动游戏！你会看到图 3-3 所示的图片。

搞定了。我们用不到 150 行代码写了一个完整的游戏。Elm 的设计让我们可以增加很多别的修饰物，而不需要使用 JavaScript 惯用的回调和其他复杂机制。

第三天我们学到了什么

在第三天课程里，我们展示了一个较大的使用 Elm 构建游戏的例子。我们之所以选择这个题目是因为它包含了用户界面设计上的很多最难搞的问题。这个例子包含与鼠标和键盘交互；处理文本和图片；使用动画，包括模拟重力；图片展现是操纵；以及其他的内容。通过使用信号和函数来塑造游戏，Elm 让我们可以生活在函数的国度里。

Elm 的结构让我们可以简化很多最精妙的问题，比如屏幕对象的交互、得分计算和模拟物理。既然 Elm 能够处理这么优雅灵活的游戏需求，其他的用户界面问题就只是小菜一碟了。

图 3-3　启动游戏

轮到你了

找出

- Evan 的一篇讲述实现 Pong 游戏的精彩博客。

- 为 Elm 社区贡献游戏。

- 更多在 HTML 页面里处理文本的技巧。

练习（容易）

- 多提供一条信息，告诉用户按空格键来开始游戏。

- 让头在穿越屏幕时反弹更多次。

- 让路看起来更像路，建筑看起来更像建筑。

练习（中等）

- 在何时添加头的算法里加一些随机元素，使每一局游戏不再看上去千篇一律。

- 让游戏从图片列表中随机选择头。

- 不要让另一个头加到太靠近现有头的位置。

- 当头到达底边时换个头型。

练习（困难）

- 我们之前写的代码使头有可能在同一时间到达底边，防止这种情况发生。

- 在分数增加的过程中加入其他特性。比如在用户按某个键时凭空就地反弹头，这样可以让玩家有机会在两个头同时触底时幸存下来。

- 给玩家三条命。当玩家达到特定分数时增加命。

- 提供一个更好的计算添加头的时机的公式。

- 根据预定义的间隔添加头。

- 添加另一个滑板，让用户可以用 A 键和 D 键或方向键来控制两个滑板。两个滑板和更多的头！

Elm 小结

你现在已经能够用 Elm 来解决困难的用户界面问题。你也已经学到了反应式编程的概念，以信号这个术语来表达。基于函数式编程语言的反应式变成将会革命我们在浏览器里构造用户界面的方式。这场革命已经开始。

优势

Elm 基本的强项在于类型系统和处理事件的反应式概念。其结果是消除了 JavaScript 的两个最大问题：弱类型系统和"回调地狱"。消除回调模型的效果尤其显著。

同时，Elm 把很多高级的 Haskell 特性引入了浏览器。类型模型——部分应用函数和柯里化——允许精巧得多的编程方式，而且让编译器能够捕捉更多错误。还有几个 Haskell 的替代技术存在，但只有 Elm 看上去特别有吸引力。

劣势

Elm 对初学者来说可能有点难度。像大多数的类 Haskell 实现一样，初学者容易在类型转换中迷失。除了担心数据类型外，信号概念引入了混合的函数式类型，这个概念比较难掌握。

Elm 还很年轻。需要一些时间我们才能知道 Elm 是否能够聚集足够的追随者从而从新语言大潮中突围出来。

最后的思考

仅从 Elm 一门语言，你就能看到编程语言进化的大量特征。我们可以看到用户界面领域向反应式前进的趋势，我们还可以看到 Haskell 类型系统对新出现的语言的深远影响。

当某件事情是对的时候，你是能感觉到的。对我来说，Elm 的绝大部分感觉都是对的。它也许不一定是最终的赢家，但这些概念正在帮助工业界向着正确的方向前进。

第 4 章

Elixir

Bruce Tate

那些最能激起我强烈兴趣的语言，都是非常偏执的语言。Ruby 提供了大量语法糖，帮助我远离单调冗长的代码，进而专注于手头任务，但有些人却觉得这门语言的结构杂乱无章，令人沮丧。另一方面，有些人能很好地接受 Scala 的强类型结构，可对我来说，在两种编程范式之间管理类型，是一堵难以攀越的智力高墙。

我对 Elixir 可谓是一见钟情。当时我正在寻找一种函数式语言，我希望它能处理分布式计算、拥有能消除冗余代码的语法糖，并且能让我通过元编程扩展语言。简单尝试一下 Elixir 后，我不仅找到了上述所有我要的特性，还有了更多的发现。我觉得，每次学习一门新语言，都是一段爱恨交织的体验。

想象一下金刚狼，一名粗暴的义务警员。不论你喜欢他或者讨厌他，在骨骼被改造过之后，他就不再生长。这一保守压抑的反英雄角色有不可思议的自愈能力，崩溃之后，他很快就会重生。

正如你所期望的，随着我们的深入，你会发现很多明显的特点：

- Elixir 拥抱并扩展 Erlang 的消息传送 actor 模型。

- 不论是好是坏，你会得到类似 Lisp 的真正的宏，只不过没有了小括号和前置标记。

- Erlang 的单次赋值变量和外星人语法不见了。

单从上述几点，很可能你就已经形成了一些自己的观点了。让我们加速这一过程，进一步深入。

第一天：夯实基础

　　我们的快速之旅将会集中关注对 Elixir 影响最大的三门语言：Ruby、List 和 Erlang。第一天我将为你展示 Ruby 影响的始末。我会带你了解这门语言的基本构造块，非正式地介绍操作符、简单类型和表达式。然后我们会看一下函数和模块。最后，我们将操作集合，使用递归编写一些简单的程序。这已经是不少要学习的内容了，不过为了了解这门丰富的语言，我们必须动作迅速。

　　第二天我们会展示 Lisp 的强烈影响：抽象语法树（AST），它是 Elixir 宏系统的基础。我们将花主要精力构造一个宏，这个宏用代码表示状态机。

　　第三天，我们将深入 Erlang 的影响以结束我们的旅程。这一天会略微短一些，因为在第一天和第二天我们必须打下很多语言基础以应对与宏相关的丰富内容。第三天我们会在一个并发的、分布式的应用程序中使用状态机。

　　通常你很少有机会这么近距离地观察一门语言对另外一门语言的影响。第一天将会很漫长，让我们开始吧。

安装 Elixir

　　Elixir 是一门建立在 Erlang（《Erlang 程序设计》）基础之上的语言，这门语言我们已经在第一本《七周七语言》中介绍过。你首先需要安装 Erlang[1]，我在使用的是 17.1 版本，你需要安装 17.0 或以上版本。

　　下一步，你需要安装语言和环境，在 Elixir 语言快速起步页面[2]中找到它们。我使用 Homebrew 安装了 0.14 版，不过安装 Elixir 1.0 应该没什么区别。Elixir 的语法在快速地变化，因此如果你决定使用更新的版本，就需要留意语法的变化。

　　一旦语言和环境安装完毕，就可以启动 Interactive Elixir (iex)，像这样：

```
> iex
Erlang/OTP 17 [erts-6.1] [source] [64-bit] [smp:8:8]
[async-threads:10] [hipe] [kernel-poll:false]

Interactive Elixir (1.0) - press Ctrl+C to exit (type h() ENTER for help)
iex(1)>
```

---

[1] http://www.erlang.org/download.html
[2] http://elixir-lang.org/getting_started/1.html

所以说……它是 Ruby++，对吗

由于 Elixir 的创立者 JoséValim 曾经是"Ruby on Rails"核心团队的一员，因此很多人会从 Ruby 的角度来审视他的新语言。从语法层面，你会发现 Elixir 和 Ruby 的相似度并非偶然。看一看下面代码是否让你想起了 Ruby：

```
iex> IO.puts "It's B-29s, bub."
It's B-29s, bub.
iex> 4
4
iex> 4 != 5
true
iex> 4 > 5 and 6 > 7
false
iex(2)> Enum.at [], 0
nil
iex> :atom
:atom
```

和 Ruby 以及许多现代语言一样，Elixir 程序由简单类型、操作符、函数以及它们组合而成的表达式构成。特殊值 nil、true 和 false 所表示的意思和你想的一样，命名和 Ruby 完全一致。Elixir 还复制了 Ruby 的符号（Symbol）语法，而不是 Erlang 的原子（Atom）。

```
iex> if 5 > 4, do: IO.puts "You wanted the truth!"
You wanted the truth!
:ok
iex> if nil, do: IO.puts "You wanted the truth!"
nil
:ok
```

ok 是一个典型的 Elixir 返回码。Elixir 使用 do/end 语法作为简单的控制结构，与 Ruby 类似；Elixir 的 if 表达式也有单行语法，与 Ruby 类似；Elixir 拥有所谓的"truthy"表达式，nil 和 false 是 false，其他都是 true，与 Ruby 类似。Elixir 的字符串也有相似的语法糖：

```
iex> "Two plus two is #{2 + 2}"
"Two plus two is 4"
```

Elixir 的字符串插值（String Interpolation）将一个表达式插入到你声明的字符串中。在字符串方面还有其他与 Ruby 的相似点，它们可以转义序列，用来转义无法打印的字符，例如换行符和制表符。Elixir 支持多行表达形式的字符串，我们称之为 Herdoc。你还会发现 Elixir 有 C 风格的 sigil—— 一种用来格式化字面量的语法。

不，不是 Ruby

虽然对于 Ruby 开发者来说，Elixir 的语法可能看起来很熟悉，但 Elixir 本质上和 Ruby

完全是两回事。Elixir 是一门函数式语言。它的基本类型不是对象，而且这些基本类型是不可变的。一旦你定义了一个列表或者元组，你就无法修改它。

最好把 Elixir 看成一门语法受 Ruby 影响的语言，但它们的相似度也就仅此而已。以 = 操作符为例：

```
iex> i = 5
5
iex> 10 =i
** (MatchError) no match of right hand side value: 5
```

上述代码看起来像是一次赋值操作，但其实不是。如果你在《七周七语言》中学习过 Erlang，你就能认出这里的 = 操作符是一个模式匹配。换种说法，解析器问了个问题：“左边的值和右边的值匹配吗？”如果有必要，解析器会为左边未绑定值的变量赋予右边相对应的值。让我们进一步研究下模式匹配。

元组是一个有固定大小的集合。例如你可以用一个二元组表示城市和州：

```
iex> austin = {:austin, :tx}
{:austin, :tx}
iex> is_tuple {:a}
true
```

austin 是一个变量，我们赋值给它一个元组，这个元组包含两个原子——:austin 和 :tx。Elixir 通过把 {:austin, :tx} 赋值给变量 austin 实现左右匹配。我们也可以使用匹配来分别访问这两个元素，或者使用通配符，进而独立地访问其中任意一个元素。这一至关重要的概念叫做解构（Destructuring）。

```
iex> austin = {:austin, :tx}
{:austin, :tx}
iex> {city, :tx} = austin
{:austin, :tx}
iex> city
:austin
iex> {city, :ok} = austin
** (MatchError) no match of right hand side value: {:austin, :tx}
iex> {_, big_state} = austin
{:austin, :tx}
iex> big_state
:tx
```

不错，用这种方法，你就可以使用 Elixir 很轻松地打包及拆包复杂数据结构。

不过那些有关粗暴和强烈倾向的声音是怎么回事？

在像 Erlang 那样的函数式语言中，多次赋值是不被支持的。你只有给变量赋值一次的机会。这一做法意味着这些语言对很多与可变状态及多次赋值相关的问题免疫。为了应对这一语言限制，你会看到很多开发者在每次赋值的左边使用不同的变量名，而随着代码的发展，跟踪这些变量值的变化就变得麻烦且容易出错，例如：

```
...
Price = Catalog.lookup(Item)
Price2 = Price * Quantity
Price3 = Price2 + Price2 * Tax
...
```

而 Elixir 的方式看起来就更像 Ruby 或 Java 的命令式风格了：

```
...
price = Catalog.lookup(item)
price = price * quantity
price = price + price * tax
...
```

一些虔诚的 Erlang 开发者现在很明白我说"固执己见"是什么意思了，事实上，他们也许已经出离愤怒了，因为"函数式编程不应该允许再赋值"。我们只能希望他们不会重生，指甲也不是金刚刀做的。

这段代码看起来疑似可变状态，然而实际上它不是。编译器在这里玩了个花招，它在内部把每个新的 price 标记成 price'，并在随后的访问中使用这个 price'。原先在 Erlang 程序中这样的事情需要手工完成，现在编译器隐式地做了同样的事情。其结果就是，本质上没有任何可变状态。

这一语言特性表现了一种设计观点。此处的技巧是让代码更富于表达力？还是会诱你滑入可变状态，模糊真相？你自己判断。

Ruby 带来的最大影响，不是可变性，也不是'true'或者'nil'，而是"智力糖"(Intelligent Sugar)。你使用一种对自己和编译器都好理解的方法来表述程序，这里的争议在于语法糖应该用到什么程度。

Elixir 与 Ruby 的关系，有点像 Java 和 JavaScript 的关系。从现在开始，把 Ruby 彻底放入心底，全身心投入到 Elixir 开辟的新世界中吧。

编写函数

到目前为止，我们看到了基本类型和表达式是如何使用的，也了解到这门语言如何重度依赖模式匹配以完成基本任务。现在让我们看一下所有函数式语言的基本构造块：函数。在 Elixir

中声明和使用函数有非常多的方式，我们首先介绍简单的、未命名的，或者叫做匿名函数，然后逐步介绍模块中的命名函数。我们可以将函数赋值给一个变量：

```
iex> inc = fn(x) -> x + 1 end
#Function<6.8048424/5 in :erl_eval.expr/5>
iex> inc.(1)
2
```

当你调用一个匿名函数的时候，需要在参数前写一个 . 字符。下面的 double_call 是一个高阶函数：

```
iex> double_call = fn(x, f) -> f.(f.(x)) end
#Function<12. 8048424/5 in :erl_eval.expr/5>
iex> double_call.(2, inc)
4
```

不出所料，我们调用了 inc.(inc.(2)) 并得到了结果 4。正如你所预期的那样，较之于其他语言结构，你将会更多地使用函数。下面是一种声明一个加法函数的便捷方式：

```
iex> add = &(&1 + &2)
&Kernel.+/2
iex> add.(1, 2)
3
```

漂亮，我们仅仅使用 &1 和 &2 就可以表示参数。既然有了 add，我们就可以声明基于它构建的函数。

```
iex> inc = &(add.(&1, 1))
#Function<6. 8048424/5 in :erl_eval.expr/5>
iex> inc.(1)
2
iex> dec = &(add.(&1, -1))
#Function<6. 8048424/5 in :erl_eval.expr/5>
iex> dec.(1)
0
```

inc 和 dec 是两个偏应用函数（Partially Applied Function）的例子。正如你在 Elm 中学的，这些函数使用现成的函数，并且只为它们应用参数的子集。例如，inc 是一个偏应用函数，它只是应用了 add 函数第二个参数，而没有应用第一个参数。

使用管道组织程序

函数式编程就是构建能在一起工作的函数。函数组合的最重要方式之一就是顺序地运行函数，使它们的输入和输出匹配起来。让我们用 inc 和 dec 来表述向前走两步，然后向后退一步：

```
iex> x = 10
10
iex> dec.(inc.(inc.(x)))
11
```

代码以 x = 10 开始，向前一步就是 inc，向后一步就是 dec。如果从代码的内部往外看，你就明白我们实际上是在做 inc, inc, 然后 dec。但是在上述代码中这一意图并不明晰，现在我们改进一下：

```
iex> 10 |> inc.() |> inc.() |> dec.()
11
```

这就清楚多了。这里的管道和 Factor 或 Elm 中的管道是类似的。Elixir 从左往右对管道求值，把左边表达式的值作为第一个参数传给右边的函数。如果你有两个命名函数 inc 和 dec，你甚至可以简化更多语法：_10 |> inc |> inc |> dec_。管道操作符将代码从愚钝的由内而外表述方式翻译成简单表达式，这种表达式非常直接地表述程序做了什么。Clojure 程序员们可以把它和 -> 对比一下。

你会发现，与 Unix Shell 语言依赖于 | 操作符一样，管道操作符也许是这门语言中最重要的操作符。它能让你以习惯的信息思维方式表述想法：从左往右，左边作为输入提供给右边处理。你可以把复杂的问题描述成用一组用管道串起来的简单函数，进而使问题变得简单。

随着我们一步步接触这门语言越来越大的构造块，我们会从函数走向模块（module）。下一节，我们将会使用模块命名函数。

使用模块

Elixir 程序使用模块组织函数、宏和其他结构。如果你把模块想成简单的可执行的代码，而不是一系列函数定义，学习 Elixir 就会容易很多。看看如下代码：

```
iex> defmodule Silly do
... >    IO.puts "Pointless existence"
... > end
Pointless existence
{:module, Silly, ..., :ok}
```

编译器运行了模块，打印了 Pointless existence。你能看到 Elixir 装载模块，它会按顺序执行每一行。大部分情况下，这些代码行会定义其他函数或者模块。

　　眼下，先把模块看成一种在编译期生成代码的特殊函数。defmodule 是一个宏，它用来定义模块，def 也是一个宏，用来定义函数。在我们介绍基本样例的时候，把这两个概念下意识地放在脑子里。

命名函数

　　让我们创建一些模块来实现基础几何功能。首先我们创建一个函数来计算长方形的面积（aera）和周长（perimeter）。你可以先写几个函数，它们都接受参数 h 和 w，例如：

```
defmodule Rectangle do
  def area(w, h), do: h * w
  def perimeter(w, h), do: 2 * (w + h)
end
```

　　我们使用了 defmodule，用来定义一个模块，然后提供了一个代码块，该代码块调用了两次 def，在这个模块中创建了两个函数。

　　aera 和 perimeter 都是应用到长方形上的函数，我们还可以改进一下 API。我们不再分别传入高和宽，而是传入一个表示长方形的二元组，像这样：

```
defmodule Rectangle do
  def area({h, w}), do: h * w

  def perimeter({h, w}) do
    2 * (h + w)
  end
end
```

　　这样就好多了，现在 API 是 Rectangle.aera(shape)，其中 shape 是一个二元组，表示一个带有高和宽的长方形，这个 API 清晰地表述了我们的意图。我们使用模式匹配取出了高和宽，并用到了后续的计算中。

do 构造块

　　do 构造块把可执行的代码组织在一起，它们的行为像一个函数。留意一下，我们使用了两种形式的 do/end，一种用多行表示，如：

```
def f do
  IO.puts "Block form"
end
```

另一种用一行表示，如：

```
def f(x), do: IO.puts("Key/value form")
```

把它们放入一个模块中，然后在终端中执行。你会发现，两种形式最终在内部的表述是一样的。

让我们再进一步。我们可以再加入一些计算正方形属性的方法。为了让代码更有趣，我们允许两种正方形的表述方式：其一是 {w}，w 表示一条边的长度；其二是 {w, h}。让我们看一下代码：

```
elixir/geometry.exs
defmodule Square do
  def area({w}), do: Rectangle.area({w, w})

  def area({w, h}) when w == h do
    Rectangle.area({w, w})
  end

  def perimeter({w}) do
    Rectangle.perimeter({w, w})
  end

  def perimeter({w, h}) when w == h do
    Rectangle.perimeter({w, w})
  end
end
```

这里你能看到许多新特性。首先，同一个函数名 aera 和 perimeter 被用了两次。area 是一个全名为 Square.area/1 的函数，而我们为函数定义的从句则确定了函数的行为是基于传入怎样的参数而来。Elixir 会执行首个匹配参数列表的函数，因此上述代码使用了模式匹配来区分正方形方式调用和长方形方式调用。

还要留意的是 when 从句，称作"守卫"（guard）。如果一个入参不符合"守卫"指定的条件，那调用就会无法匹配而进入下一个条件。该例中，如果参数无法匹配第一个及第二个函数，编译器就会抛出错误。

我们再给 geometry.exs 的末尾添加一些打印信息，像这样：

```
elixir/geometry.exs
r = {3, 4}
IO.puts "The area of rectangle #{inspect r} is #{Rectangle.area r}"

s = {4}
```

```
IO.puts "The area of square #{inspect s} is #{Square.area s}"

IO.puts "The area of rectangle #{inspect r} is #{Square.area r}"
```

EXS 文件是脚本，它们是即时编译的。可以把它们用来写测试用力之类的东西。例如，你可以这样执行 geometry.exs：

```
> iex geometry.exs
Erlang 17.0 (erts-6.1) [source] [64-bit] [smp:8:8]
[async-threads:10] [hipe] [kernel-poll:false]

The area of rectangle {3, 4} is 12
The area of square {4} is 16
** (FunctionClauseError) no function clause matching in Square.area/1
    geometry.exs:13: Square.area({3, 4})
    geometry.exs:38: (file)
    src/elixir_lexical.erl:18: :elixir_lexical.run/2
    /private/tmp/elixir-nEKc/elixir-0.11.0/lib/elixir/lib/code.ex:307:
    Code.require_file/2
```

Elixir 执行了 Rectangle.area/2，然后执行了 Square.area/1。接着，脚本尝试获取 {3,4} 的面积，Elixir 忠实地告诉我们无法找到匹配的子句。我们调用了函数 Square.area/1，该函数拥有两个子句。第一个子句无法匹配是因为我们的元组是二元组，而这个子句只匹配单元组。第二个子句的元组匹配了但是"守卫"条件没有满足，因为 3!=4。

到目前为止，一切都好。你有了模块、命名函数和管道，可以把稍大的想法拆解成稍小的函数，把这些函数组合成模块，再用管道串起来。这将是你以后用来处理大型问题的首要策略。

下一步是学习一些更丰富的数据结构。你已经看过了元组，它通常被用来存储长度固定但类型可以不同的数据；你还学习了如何匹配元组中单独的元素。让我们继续学习，使用 map 和 list。

使用 map

map 把键和值关联起来。为了避免和元组混淆，使用 map 时需要在左大括号前加上一个额外的 %，像这样：

```
iex> language = %{ :name => "Elixir", :inventor => "Jose"}
%{inventor: "José", name: "Elixir"}
iex> language[:name]
"Elixir"
```

```
iex> language.inventor
"José"
```

键值对用 key => value 表示。在该例中我们使用了两种方式来访问 map 的字段，第二种方式其实是第一种方式的语法糖。请留意一下 iex 返回的 map 所用的语法，如果键是原子，你可以使用便捷语法，把原子前面的冒号放到它后面。

有时候，你有一个嵌套的 map。由于 Elixir 是一门函数式语言，我们不会去编译 map 的值，因此修改一些埋在嵌套结构下层的值会很麻烦：

```
iex> book = %{title: "Programming Elixir",
...>          author: %{first: "David", last: "Thomas"}}
%{author: %{first: "David", last: "Thomas"}, title: "Programming Elixir"}
iex> %{book: book.title, author: %{ first: "Dave", last: book.author.last}}
%{author: %{first: "Dave", last: "Thomas"}, book: "Programming Elixir"}
```

为了让 map 一部分返回新的 map，Elixir 提供了一种更便捷的语法：

```
iex> put_in book.author.first, "Dave"
%{author: %{first: "Dave", last: "Thomas"}, title: "Programming Elixir"}
```

现在，我们可以很方便地把 map 拷贝一份，同时更新其中的一个元素。这一特性消除了由于语意上不支持更新操作而导致的不便。

当然，如果没有模式匹配，map 就不完整啦：

```
iex> %{ author: %{ last: "Thomas"}, book: title} = book
%{author: %{first: "David", last: "Thomas"}, book: "Programming Elixir"}
iex> title
"Programming Elixir"
```

完美。这类解构可以帮你节省大量的时间。快速过完 map 之后，让我们继续看 list。

list

list 是 Elixir 中主要的可变长度数据结构，在内部它是用链表实现的。list 用方括号包裹，其中的元素用逗号分隔：

```
iex> list = [1, 2, 3]
[1, 2, 3]
```

以下这个 list 并不是一个数组：

```
iex> list[1]
** (FunctionClauseError) no function clause matching
  in Access.List.access/2
```

上面的一行代码并没有实现你的期望！Elixir 的 list 实际上是"链表"。你需要从前部，或者说头部，来构建及访问 list，这是因为基于它的内部实现，这种做法更高效。

在实现上，Elixir 的一些数据结构就是 list，而其他则不是：

```
iex> is_list list
true
iex> is_tuple list
false
iex> is_list "string"
false
iex(2)\> is_list 'char'
true
iex> is_list %{one: 1, two: 2}
false
```

list 和字符列表(char list)是 list；元组和字符串不是 list。我们使用单引号包裹字符列表，这与字符串不同。（本书中我们会使用字符串，因为它们更高效且支持国际化编码。）同所有的 Elixir 类型一样，这两者都是不可变的。

一旦 list 定义了，就无法给它添加元素，不过你可以获取一份带有前置元素的拷贝。你可以使用 | 操作符给一个 list 添加一个元素、多个元素或者另一个 list。

```
iex> [0 | list]
[0, 1, 2, 3]
iex> [0 | []]
[0]
iex> [[4, 5, 6] | list]
[[4, 5, 6], 1, 2, 3]
iex> [4, 5, 6 | list]
[4, 5, 6, 1, 2, 3]
```

下面让我们基于 list 做一些基本的模式匹配：

```
iex> list = [:wolverine, :magneto, :cyclops]
[:wolverine, :magneto, :cyclops]
iex> [x, y, z] = list
[:wolverine, :magneto, :cyclops]
iex> {x, y, z}
{:wolverine, :magneto, :cyclops}
iex> [x, y] = list
** (MatchError) no match of right hand side value: [:wolverine, :magneto, :cyclops]
```

如果你不使用 | 操作符，匹配 list 和匹配元组就没有区别。如果两边 list 元素的数目不一致，匹配就会失败。一旦你开始使用 | 操作符，list 就变得有趣多了。对于函数式语言来说，模式匹配通常意味着匹配 list 的头和尾。和 Prolog 和 Erlang 一样，list 匹配就是构造 list 的反向操作：

```
iex> [head|tail] = list
[:wolverine, :magneto, :cyclops]
iex> {head, tail}
{:wolverine, [:magneto, :cyclops]}
iex> [first, second | tail] = list
[:wolverine, :magneto, :cyclops]
iex> {first, second, tail}
{:wolverine, :magneto, [:cyclops]}
```

现在，我们可以匹配任意长度的 list。要记住，list 的内部实现是链表，并且访问的时候是严格从头部开始的。基于这一方式的匹配意味着我们在构建算法的时候会很自然地首先考虑 list 的头部。现在，让我们看一些更高级的匹配：

```
iex> [first] = []
** (MatchError) no match of right hand side value: []
iex> [first, second] = list
** (MatchError) no match of right hand side value: list
iex> [first, second | _] = list
[:wolverine, :magneto, :cyclops]
iex> {first, second}
{:wolverine, :magneto}
iex> [_, second|_] = list
[:wolverine, :magneto, :cyclops]
iex> second
:magneto
```

我们可以使用_操作符匹配任意元素，或者当_出现在 | 右边的时候，可以匹配任何 list 尾。同时需要注意的是，[]只是匹配一个空 list。你可以组合使用通配符匹配 list 头部的任意一组元素。

递归一个 list 包含两个函数式。第一个函数式匹配头及尾，第二个函数式匹配一个空 list。将下列代码贴入一个名为 print.exs 的文件：

```
elixir/print.exs
defmodule ListExample do
  def print([]), do: :ok
  def print([head|tail]) do
    IO.puts head
    print tail
```

```
    end
end

ListExample.print([:storm, :sabretooth, :mystique])
```

这是一个经典的 list 遍历算法。在大多数情况下，你不会需要编写自己的递归函数，类库会帮你完成相关的工作。有很多类库会帮你处理 list，其中最主要的一个是 Enum。你可以使用 Enum.each/2 方便地实现上述算法，它会把 list 的每个元素传给一个函数，像这样：

```
iex> Enum.each list, &(IO.puts &1)
wolverine
magneto
cyclops
:ok
```

自然的，一个打印任意 list 的函数就可以这样定义：

```
def print(x), do: Enum.each( x, &( IO.puts &1 ) )
```

Enum 有一系列处理 list 和函数的工具，你早晚会用得到。这里我就不完整罗列了，我简单介绍几个使用样例：

```
iex> Enum.filter [1, 2, 3], &(&1 > 1)
[2, 3]
iex> Enum.reduce [1, 2, 3], &(&1 + &2)
6
iex> Enum.any? [1, 2, 3], &(&1 > 2)
true
iex> Enum.all? [1, 2, 3], &(&1 > 2)
false
iex> Enum.zip [1, 2, 3], [4, 5, 6]
[{1, 4}, {2, 5}, {3, 6}]
```

完整的列表可以参考 Elixir Enum 的文档[1]。

函数本质上就是转换，一次做多个转换也是常见的事情，例如先 filter 再 map。Elixir 为此提供了一个工具：for 推导。

for 推导

每一个 for 推导都有一个生成步骤、一个过滤步骤以及一个映射步骤，你可以跳过过

---

[1] http://elixir-lang.org/docs/stable/elixir/Enum.html

滤步骤。推导生成可以基于任意实现 Enumerable 的类型 ——enum、map 等。最简单形式的生成就是从 list 获得一个元素：

```
iex> for x <- [1, 2, 3], do: x
[1, 2, 3]
```

如果你指定多个生成器，推导便会找出所有这些生成器所有可能的组合：

```
iex> for x <- [1, 2], y <- [3, 4], z <- [5], do: {x, y, z}
[{1, 3, 5}, {1, 4, 5}, {2, 3, 5}, {2, 4, 5}]
```

你也可以过滤生成器：

```
iex> for x <- [1, 2], y <- [3, 4], z <- [5], x + y < 5, do: {x, y, z}
[{1, 3, 5}]
```

推导是一项表述任何类型转换的极其强大的工具。

```
elixir/quicksort.exs
defmodule QuickSort do
  def sort([]), do: []
  def sort([head|tail]) do
    sort( for(x <- tail, x <= head, do: x) ) ++
    [head] ++
    sort( for(x <- tail, x > head, do: x) )
  end
end

IO.inspect QuickSort.sort([5, 6, 3 ,2, 7, 8])
```

这个快速排序实现的每一步都会把 list 的头和余下的尾取出来。简单来说，每一步返回的 list 是由三部分拼接起来的，第一部分是小于等于头的所有元素的已排序 list；第二部分是只包含头的一个 list；第三部分是大于头的所有元素的已排序 list。大部分工作是由 for 推导完成的，它有一个生成器：tail list 中的 x；一个过滤器：x <= head；以及一个转换步骤：do: x。

我们已经快速介绍完了 list，接下来我们将学习处理 Elixir 中的键值对。

keyword List

Erlang 在 2013 年晚些时候才加入 map 支持，在此之前，这门语言一直使用键值对 list

来表述关联。Elixir 同样也支持这种 keyword list，例如：

```
iex> powers = [{:wolverine, [:regeneration, :claws]}, {:sway, [:time_control]},
                {:iceman, [:freeze]}]
[wolverine: [:regeneration, :claws], sway: [:time_control], iceman: [:freeze]]
iex> Keyword.get powers, :wolverine
[:regeneration, :claws]
```

用于 map 的快捷语法同样也适用于 keyword list，例如，[key::value]。在大多数情况下，你会更倾向于使用 map 而不是 keyword list。

函数语法糖

在结束第一天的旅程之前，让我们再看一些你将来会用到的函数定义变种。Elixir 允许你为参数指定默认值，语法是这样的：

```
iex> defmodule Secret do
...> def hanger(x \\ 18), do: x
...> end
```

非常简单，该模块声明了两个函数：hanger/0 和 hanger/1。

你可以结合可选参数和 keyword list，定义带有可选项的函数，例如：

```
def draw(square, options \\ [])
```

当函数的最后一个参数是 list 时，你就可以省略方括号，像这样：

```
draw my_square, color: "FFFFFF", width: "10px"

def some_function(), do: this_is_an_option
```

现在你知道 do/end 代码块的单行版本是怎么来的了！这只不过把 keyword list 作为最后一个参数，进而可以忽略方括号。当我们在第二天学习元编程（Metaprogramming）的时候，会用到这一语法。

第一天我们学到了什么

第一天是繁忙的一天，Elixir 是一门很棒的通用编程语言，我们花了这一天的大部分时间学习它的通用特性。我们学到 Elixir 和 Ruby 共享了一些基本概念：

- Elixir 的基本语法深受 Ruby 影响。

- Elixir 的表达式更偏向于 Ruby 风格而不是 Erlang。

- 代码块表达式非常相似，如 do/end 和 def/do/end。

虽然很多概念是相似的，但 Ruby 开发者还是会注意到一些显著的区别：

- Elixir 从内之外都是一门模式匹配语言。

- 在 Elixir 中，你直接操作如 list 这样的数据结构，而不是操作对象。

- Erlang 在函数式声明方面的影响很明显，允许多个函数体使用同一个函数名。

作为第一天的总结，你需要编写一些操作 map 和 list 的函数。明天，我们将探究 Elixir "人格分裂"的另一面：Erlang。

第一天自习

今天是你学习 Elixir 的第一天，你知道接下来该干什么吧。下面的一些问题会帮助你逐步学习，你将要面对一些不同技术难度的问题。

轮到你了

Elixir 本身就是个热词，因此如果你想快速找到这一语言，就应该搜 "elixir language" 而不是 "elixir"。

- Elixir 语言的主页，它链接一些维基文章。

- 关于 Elixir 的构建工具 ——Mix 的文章。

- Github 上的 Elixir 项目，你可以在那里提 issue。

- Enum、List 和 String 提供的函数，

- Elixir 的邮件列表，你可以在那里提问。

- 从 Elixir 调用 Erlang 类库的方法。

练习（简单）

- 使用元组表示一些几何对象：一个点、一条线、一个圆、一个多边形以及一个三角形。

- 编写一个函数，基于直角三角形的两条直角边计算斜边。

- 把一个字符串转换成原子。

- 测试一个表达式是否是原子。

练习（中等）

- 基于一个数字 list，使用递归计算：(1) list 的大小；(2) 最大值；(3) 最小值。

- 基于一个原子 list，构建一个名为 word_count 的函数，它返回一个 keyword 键是 list 中的原子，值是 list 中各个值出现的次数。例如 word_count([:one, :two, :two]) 返回 [one:1, two: 2]。

练习（困难）

- 用元组表示一组树形的句子。遍历这颗"树"，以缩近列表的形式展现。例如，traverse({"See Spot.", {"See Spot sit.", "See Spot run."}}) 的结果应该是：

```
See Spot.
  See Spot sit.
  See Spot run.
```

- 基于一个未完成的井字棋棋盘，计算棋手下一步应该怎么走最好。

第二天：控制变化

在第一天，你已经学到了 Elixir 最重要的部分 —— 那些使 Elixir 成为一门卓越的通用编程语言的特性，以及 Elixir 的语法及相关语法糖，它们丰富且带有强烈偏好，简化了许多重复模式的编码量。虽然 Elixir 只是一门没有太多花哨功能的通用编程语言，但它还是颇具吸引力的。

今天，你将学习如何在不造成"有害辐射"的情况下管理自己的可变性。我们将构建一门迷你语言，使用 Lisp 风格的宏构建一个状态机。在此之前，我们还需要再加强一点基础。我们会使用 Mix 来管理应用程序的构建过程，还会学习使用 struct。之后，再深入学习宏。

Mix

本章前面的一些例子都是在终端中执行的，随着我们的想法越来越大，一两行代码已经无法表达，我们要开始使用脚本。在后面的例子中，我们会需要编译代码，这些代码还有一些依赖。我们将使用 Mix 完成这一任务。如果你已经安装了 Elixir，你就已经有了 Mix。

如果在使用过程中有什么不清楚，可以运行 `mix help` 看看它能做什么。

Mix 是 Elixir 的构建工具，就好比 C 的 make、Ruby 的 rake 或者 Java 的 ant。你将使用 Mix 创建一规范结构的项目，并用它来管理依赖。让我们创建一个新项目，进入到你想放这个新项目的目录，然后输入 `mix new states --sup`（我们传入 `--sup` 是为了生成一个监护树，以备第三天使用）：

```
> mix new states --sup
* creating lib
* creating test
...

Your mix project was created with success.
...
```

Mix 创建了一个名为 states 的项目，它有自己的目录，并包含了一些文件。你的测试文件放在 `test` 目录中，源码文件放在 `lib` 中，描述应用程序和依赖的文件是 `mix.exs`。要让项目构建，先进入到 states 目录，像这样编译应用程序并执行测试：

```
> cd states
> mix test
Compiled lib/states.ex
Generated states.app

.

Finished in 0.02 seconds (0.02s on load, 0.00s on tests)
1 tests, 0 failures
```

Mix 执行编译动作，是因为测试任务对编译任务有依赖。Mix 对自定义任务也有很好的支持。

我们的测试干净并且是绿色的。每个 `.` 表示一个测试。下面我们将使用这个项目结构构建一个状态机。

从具体到元

元编程使用程序来编写更复杂的程序。在这一小节中，我们会先构建一个具体的状态机，这个状态机工作没任何问题，但是重用起来就比较麻烦。接着，我们会基于这个具体实现，使用元编程将其改得更抽象、更灵活。

有时候，开始元编程的最好方式是构建一个简单的工具，实现你希望的元编程平台构建的代码。换句话说，如果我们想构建一个通用的状态机生成器，那我们得先构建一个状态机。

首先，让我们复习一下。抽象来说，一个状态机是这样一幅图：图中的节点是状态，连线是事件。触发一个事件会使状态机把状态转移到下一个状态。具体来说，可以把状态机想象成一组规则，规则决定了状态怎样转换。我们需要处理 4 个部分的内容：

- 状态机数据。我们需要一些数据结构来描述状态机。

- 状态机行为。我们需要一个包含一些函数的模块。

- 应用程序数据。这将是一些带有一个状态的数据结构。

- 应用程序行为。

例如，让我们为已经从现实世界消失的的音像租赁实体店编写一个状态机，在这种情况下状态机很适用，因为：

- 店中的视频有具体的状态。

- 视频状态的转换有明确定义的规则。

- 当视频从一个状态转换到另一个状态的时候，我们可能需要执行复杂的应用程序逻辑。

状态机能帮助我们组织代码、管理变化。图 4-1 所示是我们最简单的音像店的状态机，它有三个状态：available（可租），rented（已租），和 lost（丢失）。

图 4-1　音像店的状态机

状态机

当新视频到货后，它就进入 available 状态；当客户租去一个视频，它就进入 rented 状态；当客户归还一个视频，它就回到 available 状态；视频丢失，就进入 lost 状态，在这种情况下，我们假设客户必须购买这个已经丢失的视频，因此 lost 状态就不会回到其他状态。

首先，我们先设计视频的数据结构。我们可以使用 map，不过由于每个视频都有固定的结构，因此我们使用一个由固定数量命名字段的数据结构，它名为 struct。

使用 struct 为字段命名

struct 和 map 很像，不过它的字段是固定的，并且可以附上函数形式的行为。我们会用 struct 来表示视频。为了保持样例简单，假设每个标题(title)只有一个视频，我们使用状

态(state)和标题(title)来表示每个视频。将下列代码贴入 states/lib/video.ex:

```
elixir/day2/states/lib/video.ex
defmodule Video do
  defstruct title: "", state: :available, times_rented: 0, log: []
end
```

然后运行一下:

```
> iex -S mix
```

我通过执行 iex -S mix 启动 iex 终端，然后将 Mix 编译文件装在应用程序模块。现在，我们可以在项目的上下文中使用终端了。

```
iex> vid = %Video{title: "The Wolverine"}
%Video{title: "The Wolverine", state: :available}
iex> vid.state
:available
```

我使用构造器 %Video{} 创建了一个新的 struct。struct 的语法和 map 一样，只不过它的名字放在 % 和 { 中间。注意我指定了 title，不过对于 state 用了默认值。

struct 就是 map——创建、更新、模式匹配都是 map 语法。可以在模块中定义 struct，然后引入函数操作它们。

和 Elixir 中所有其他数据一样，struct 是不可变的。你可以创建一份现有 struct 的拷贝，同时修改其中一些字段:

```
iex> checked_out = %Video{vid | state: :rented}
%Video{title: "The Wolverine", state: :rented}
```

有些时候，struct 比 map 更安全，因为它只允许你使用那些正式定义过的键:

```
iex(6)> checked_out = %Video{vid | staet: :rented}
** (CompileError) iex:6: unknown key :staet for struct Video
   (elixir) src/elixir_map.erl:169:
   ...
```

现在我们有了描述应用程序数据的方式，下面进入程序行为。

创建具体行为

为了完成音像店，我们需要三个基本模块:

- VideoStore 将会拥有业务逻辑实现。

- VideoStore.Concrete 将会拥有音像店的状态机，以及所需要的状态机行为。

- StateMachine.Behavior 将会拥有通用的状态机行为，我们将重用这些行为。

具体的音像店拥有应用程序特定的行为、表示状态机的 list 以及通用的状态机行为。首先，当视频进入一个新的状态时，真实的音像店通常会发生一些业务逻辑。我们用函数描述每个这样的逻辑。

我们会首先构建具体的东西，然后抽取出通用的部分，将其抽象化成一个状态机的 API。我们将会重用 VideoStore 和 StateMachine.Behavior 的函数。最终，在 VideoStore.Concrete 中寻找可以进一步发掘成状态机宏的模式。

首先，我们构建业务逻辑，编写代码以处理客户的 rent、return 或者 lose 行为决定。将下列代码保存到 states/lib/video_store.ex 文件中：

```
elixir/day2/states/lib/video_store.ex
defmodule VideoStore do
  def renting(video) do
    vid = log video, "Renting #{video.title}"
    %{vid | times_rented: (video.times_rented + 1)}
  end

  def returning(video), do: log( video, "Returning #{video.title}" )

  def losing(video), do: log( video, "Losing #{video.title}" )

  def log(video, message) do
    %{video | log: [message|video.log]}
  end
end
```

我们就像图书管理员为每本书的图书卡做记录一样，记录每个音像被出租的次数。上述代码有四个函数：其中一个用来记日志，另外三个对应了状态机的三种事件。

为状态机建模

到目前为止我们只是创建了 video struct 来保存状态。下一步，我们需要实现状态机，下面是实现步骤：

- 整个状态机是一个 [state_name: state] 形式的 keyword list。

- 每个状态都对应有一个事件的 keyword list，其中的键为事件名称。每个事件有名称、转换方式以及函数调用。

状态机就是一个简单状态的 keyword list，而各状态的事件也是 keyword list。我们不需要编写什么代码，API 就已经成型了。

我们可以如下定义状态机：

```
[available: [
  rent: [ to: :rented, calls: [&VideoStore.renting/1]]],
rented: [
  return: [ to: :available, calls: [&VideoStore.returning/1]],
  lose: [ to: :lost, calls: [&VideoStore.losing/1]]],
lost: [] ]
```

这里有三个状态：available，rented，以及 lost。每个状态关联了一些事件。下面让我们编写函数来完成工作的主要部分。

添加状态机行为

状态机是一个带有状态的结构，它允许应用程序触发事件，一个事件的触发将使状态机转换至一个新的状态，同时也可能调用一些函数。

观察以下代码：states/lib/state_machine_behavior.ex。我们首先编写名为 fire 的函数，它会触发一个事件。另一个函数名为 active，它会触发所有与这一事件相关的用户定义的函数。我们希望添加的代码能在后续创建状态机宏的时候被直接复用。这些函数都非常简短：

```
elixir/day2/states/lib/state_machine_behavior.ex
defmodule StateMachine.Behavior do
  def fire(context, event) do
    %{context | state: event[:to]}
    |> activate(event)
  end

  def fire(states, context, event_name) do
    event = states[context.state][event_name]
    fire(context, event)
  end
```

```
    def activate(context, event) do
      Enum.reduce(event[:calls] || [], context, &(&1.(&2)))
    end
  end
```

由于函数式语言是不可变的，一种常见的模式是通过转换函数传入一些数据结构，然后再返回得到一些演变过的副本，我们称之为状态上下文的演变。我们的状态机 API 都接收一个名为 context 的 struct，然后对其进行适当转换，接着将转换过的版本传给链路的下一个函数。Context 的字段之一是 state。各函数所做的事情分别是：

1. 我们的首要任务是触发一个事件。基于事件和 context 定义函数非常简单。fire 的任务很明了：使用新的 state 更新 context，然后执行所有 event.calls 定义的函数。

2. 为了方便，我们提供了一个可选 API，它不需要用户去查询事件，我们会找到对应的事件然后调用 fire API。

3. active 函数像管道一样把 event[:calls] 中的所有函数串联起来。每个函数接受前一个 context，转换后将其传给后一个函数。Enum.reduce 提供了这样的服务。对于匿名函数 &(&1.(&2)) 来说，&1 是来自 event.calls 的函数，而 &2 则是前一次函数调用返回的结果（对于第一次调用就是 context）。

到目前为止，其实已经可以给这些函数写了一点测试，不过我们下一步定义的 video store 会可测得多，让我们继续。

寻找模式

下一步是完成音像店的其他部分，现在就需要考虑一下，状态机本身用什么来表示呢？当我构建一门语言的时候，我更喜欢尽可能地依赖于基本的数据结构，尤其是 keyword list。在后续内容中，当我们编写宏的时候，还会做细微调整，不过让我们先看下列代码：

```
elixir/day2/states/lib/video_store_concrete.ex
    defmodule VideoStore.Concrete do import StateMachine.Behavior
❶    def rent(video), do: fire(state_machine, video, :rent)
     def return(video), do: fire(state_machine, video, :return)
     def lose(video), do: fire(state_machine, video, :lose)
❷    def state_machine do
       [ available: [
         rent: [ to: :rented,    calls: [&VideoStore.renting/1]  ]],
       rented: [
         return: [ to: :available, calls: [&VideoStore.returning/1] ],
         lose:  [ to: :lost,     calls: [&VideoStore.losing/1]   ]],
```

```
      lost: [] ]
    end
  end
```

1. 你可以通过简单的函数调用来触发某一状态的事件，函数的名称就对应了事件的名称。函数体拥有状态机和真正的事件名称。这些函数是为了帮助用户更方便地执行业务功能。

2. 这一函数实际上将状态机声明成一个 keyword list。最外层的 keyword list 所拥有的对表示 {state_name, event_keyword_list}；往下一层的 keyword list 是 {event_name, event_metadata} 形式的事件；最里层的 keyword list 包含了事件元数据，内容就是新的状态 {to: new_state} 以及一系列函数（calls: [callback_functions]），当状态发生变化的时候，它们能让用户插入自定义的行为。

让我们缓一缓，细心观察上述代码。首先，状态的声明有点不优雅，因为我们完全依赖数据结构来实现。用一个宏来表示各个独立的状态会好很多。

其次，你可以看到函数中的重复。我们应该使用宏来创建这些函数。在我们构建这个具体版本的状态机的时候，把上述两点考虑一下。现在，是时候写一些测试了。

编写测试

在我编写一些重要代码的时候，如果过了很长时间还没有编写一个测试，那心里就会觉得没底。目前我们的代码还没什么测试，不过很快就会不一样的。将下列代码贴入 states/test/concrete_test.exs：

```
defmodule ConcreteTest do
  use ExUnit.Case
  test "should update count" do
    rented_video = VideoStore.renting(video)
    assert rented_video.times_rented == 1
  end

  def video, do: %Video{title: "XMen"}

end
```

该文件和传统的模块略有不同。首先，我们用 use 宏引入了 ExUnit.Case。其次 test 看起来不一般，通常在这个位置你会看到 def 关键字，事实上 test 就是一个宏。宏接受一段合法的 Elixir 代码并转换之。在该例中，test 宏实际上声明了一个函数，如果这一个

API 用普通 def 定义的话，将会变得冗长且不优雅。

宏是在编译期的一个名为宏展开时间（Macro Expansion Time）的特定时间点定义的，这是 AST 的领域。如果想知道语法树是怎样的，可以在终端中使用 quote 命令：

```
iex> quote do: 1 == 2
{:==, [context: Elixir, import: Kernel], [1, 2]}
```

quote 命令为我们展示了 Elixir 代码的内部表述，我们用 quote 来查看语法树。事实上，这正是 assert 宏做的事情，它会查看你传入的表达式，然后就知道你在使用什么比较。如果比较失败，assert 就会给你丰富的信息，像这样：

```
1) test should update count (ConcreteTest)
   ** (ExUnit.ExpectationError)
              expected: 1
   to be equal to (==): 2
   at test/concrete_test.exs:5
```

AST 中的每一行都是一个三元组，它有一个操作符、一些元数据以及一个参数列表。三元组的第二个元素有上下文相关的元数据，这里我们暂不关心，要关注的是第一个和最后一个元素。正是这一简单格式帮助 Elixir 成为强大的元编程语言。

使用宏实现 should

现在，我们要使用 quote 来注入自己的代码。之前我们已经学习了 list 和元组，因此这事也就不难了。我个人非常喜欢用 "should" 来描述测试期望，也就是说，每个测试都会以 test "should... 开头。不过这样的语法有重复，让我们做点改进，告诉 Elixir 编译器去找到 should 这个单词，然后用我们的宏替换之。

现有的 test 宏接受一个名字和一个 do 构造块，由于 do 构造块实际上就是一个 keyword list，我们就用 options 表示它，然后在我们自己的宏中调用 test 宏。将下列代码放入 states/test/test_helper.exs：

```
defmodule Should do
  defmacro should(name, options) do
    quote do
      test("should #{unquote name}", unquote(options))
    end
  end
end
```

这段代码告诉编译器以下信息：

"在你构建程序的 AST 的时候，一旦遇到单词 should，就用 quote do 构造块的内容替换它。"

把 quote 想象成进入程序的更深一层。

我们的程序像洋葱那样有层次：程序在编写程序。每当在 quote 内部的时候，我们实际上是在编写代码替换 should...，这一替换发生在预编译阶段，这一阶段名为宏展开时间，这时候我们在"洋葱"的深层。问题是，当代码执行的时候，name 和 options 都还没定义，test 宏也完全无法理解 name 和 options，这是上一层东西，我们就必须到上一层去理解它们。

把 unquote 想象成爬到洋葱的外面一层，也就是程序本身。

当我们使用 unquote 的时候，我们从 quote 的内层爬出。现在我们能看到 should 宏定义接受的内容了，包括 name 和 options。一旦我们 unquote 它们，那就是告诉编译器，"在上一层，添加 name 和 options 的值。"

现在，我们可以修改测试并使用新的结构，像这样：

```
import Should
use ExUnit.Case

should "update count" do
...
```

在你运行测试的时候，会发现干净且绿色的输出。简单几行代码，我们就拥有了精简的测试 API，这就是宏的威力。

编写更多的测试

修改 concrete_test.exs 如下：

```
elixir/day2/states/test/concrete_test.exs
defmodule ConcreteTest do
  use ExUnit.Case
  import Should

  should "update count" do
    rented_video = VideoStore.renting(video)
    assert rented_video.times_rented == 1
  end
```

```
should "rent video" do
  rented_video = VideoStore.Concrete.rent video
  assert :rented == rented_video.state
  assert 1 == Enum.count( rented_video.log )
end
should "handle multiple transitions" do
  import VideoStore.Concrete
  vid = video |> rent |> return |> rent |> return |> rent
  assert 5 == Enum.count( vid.log )
  assert 3 == vid.times_rented
end

def video, do: %Video{title: "XMen"}
end
```

现在你终于可以理解为什么我们要花力气构造一个状态机了。should 宏使得我们的测试非常易于理解，而对于一个处理状态转换的函数式系统来说，状态机是一种强大的抽象。Elixir 的管道符让代码的意图一目了然。

我们用状态机成功地构建了一个应用程序。然而，这并非今日的目的，我们希望任何人都能够嵌入他自己的状态机，而不再需要重复消耗此段精力。

编写一个复杂的宏

如果在编写状态机的时候不用宏，那么就不得不写很多看起来差不多的函数。宏能让我们构建函数模板，进而模板能声明类似的函数。当然，这么做的代价就是，你需要有能力处理另一个层次的复杂度。

我们会像处理任何复杂问题一样来处理宏的问题。首先，我们将整个问题拆解成一些小的函数调用。现在，我们得确定宏应该长成什么样，这是目标 API：

```
use StateMachine

state :rented,
      [ return: [to: :available, calls: [&renting/1]],
        lose:   [to: :lost] ]

state :lost, []
```

你已经能看到宏的作用了，我们的用户可以把状态机的定义拆成清晰定义的小部分。我们会在编译期使用宏完成工作，而不是在运行期使用函数。基于这一策略，我们就可以构建模板，在不同的应用程序中生成类似的函数。使用一点点的元数据，我们就能生成所需要的全部代码，这些代码应用程序的状态机。

我们已经有一个需要构建的宏了：state 宏，它接收一个状态名称和一系列事件的 keyword list。构建这个宏还需要一些新的工具，不过那不是什么问题。

理解编译期流程

如果用这种方式思考还是有障碍，那么首先就需要理解它。Elixir 在运行期对函数赋值，而宏的执行是在编译期：

```
iex> defmodule TestMacro do
...>    defmacro print, do: IO.puts( "Executing..." )
...> end
{:module, TestMacro, ..., {:print, 0}}
```

很简单，我们写了一行的宏，它会打印 "Executing..."，现在，用一下。

```
iex> defmodule TestModule do
...>    require TestMacro
...>    TestMacro.print
...> end
Executing...
{:module, TestModule, ..., :ok}
```

"Executing..." 信息表示宏是在编译时运行的。确切地说，编译期间有一步是宏展开，在这之后，编译会继续，展开的宏代码就会被注入到编译结果中。当你看到 quote 和 unquote 的时候，也不要困惑，这两个函数帮助我们准确地理解 Elixir 在编译期注入的代码是什么。

构造一个骨架

我们基于最简单的任务构造一个坚固的骨架。

你也许已经注意到了，在使用 print 宏的时候，我们必须用它的全路径名 TestMacro.print，这样 API 就显得冗长了。当然，我们可以通过 import 指令来解决这个问题，不过我们不希望用户在使用 API 的时候还必须手工引入宏依赖。我们可以处理掉 import 问题，服务于这一目的的神奇指令是 use。

import 使得一个模块对其消费者可用，require 能让你以本地作用域使用其他模块中的函数，它们两者都是编译期行为。

use 指令不一样，use 宏能让我们指定当用户在编译期前引入我们模块的时候，需要发生什么行为。use 会调用另外一个宏__using__。以下，我们先抛开其他需要的函数，看看原始的骨架，见 states/lib/state_machine.ex：

```
defmodule StateMachine do
❶ defmacro __using__(_) do
    quote do
      import StateMachine
      # initialize temporary data
    end
  end
❷ defmacro state(name, events), do: IO.puts "Declaring state #{name}"
  defmacro __before_compile__(env), do: nil
end
```

至此，我么只是写了构建宏所必要的机械代码，实际上并没有做什么真实的工作。不过，让我们先简要看一下这段代码做了什么，后续再慢慢地加入细节内容。

❶ 一个 use StateMachine 调用会触发__using__宏。这里，我们导入了 StateMachine API，这样用户在使用宏的时候就不再需要输入 StateMachine.state 了。

❷ 这一函数最终会声明以 keyword list 形式声明的状态机。最外层的 keyword list 是 {state_name, event_key- word_list} 形式的对，下一层的 keyword list 是 {event_name, event_metadata} 形式的对，最里层的 keyword list 包含了事件元数据，内容就是新的状态 {to: new_state} 以及一系列函数（calls: [callback_functions]），当状态发生变化的时候，它们能让用户插入自定义的行为。不过当前，这块代码我们暂时不考虑。

现在写测试还太早，不过至少我们可以检验一下这个骨架。使用 iex -S mix 打开终端然后编译文件，试一下：

```
iex> c "state_machine.ex", "states/lib"
states/lib/state_machine.ex:9: warning: variable events is unused
states/lib/state_machine.ex:10: warning: variable env is unused
iex> defmodule StateMachineText do
...>   use StateMachine
...>   state :available, []
...>   state :rented, []
...>   state :lost, []
...> end
Declaring state available
Declaring state rented
Declaring state lost
{:module, StateMachineText, ... :ok}
```

可以看到我们在正确的道路上，Elixir 编译模块的时候会给每个状态打印详细的信息。下面，我们引入临时变量来保存状态，为此，我们会使用模块属性。

理解编译期流程，第 2 部分

现在骨架上已经有了一些内容，你对编译器流程的理解也有了一定加强。在本节中，我们将需要使用模块属性（Module Attribute），或者说是表述成 `@variable` 的编译期变量。在宏展开的时候，Elixir 会做如下的事情：

- 应用程序模块通过使用 `use` 导入宏模块。

- 编译器执行 `__using__` 函数，注入一些初始化代码。

- 编译器接着处理文件，遇到宏就执行宏替换。

- 相互独立的宏可能会和模块属性交互，以实现协作。

- 接着，编译器会寻找由 `@before_compile` 模块属性标识的函数，并执行之，这一步骤可能注入更多代码。

现在，是时候来看一下我们完整的宏了。在你阅读代码的时候，试着盖掉边上的标注，看看能否识别出这些步骤，以下是代码：

```
elixir/day2/states/lib/state_machine.ex
  defmodule StateMachine do
❶ defmacro __using__(_) do
    quote do
      import StateMachine
      @states []
      @before_compile StateMachine
    end
  end

❷ defmacro state(name, events) do
    quote do
      @states [{unquote(name), unquote(events)} | @states]
    end
  end

❸ defmacro __before_compile__(env) do
    states = Module.get_attribute(env.module, :states)
    events = states
            |> Keyword.values
```

```
                  |> List.flatten
                  |> Keyword.keys
                  |> Enum.uniq
          quote do
❹         def state_machine do
              unquote(states)
            end

❺         unquote event_callbacks(events)
          end
        end

❻   def event_callback(name) do
        callback = name
        quote do
          def unquote(name)(context) do
            StateMachine.Behavior.fire(state_machine, context, unquote(callback))
          end
        end
      end

      def event_callbacks(names) do
        Enum.map names, &event_callback/1
      end

    end
```

❶ __using__ 函数终于完成了。我们给一个模块属性初始化了状态的 list，以方便后续的组合操作。我们同时也通知编译器在宏替换之后、编译之前，调用 __before_compile__。

❷ 我们使用简单的 list 构建操作把每个状态添加到 list 头部。注意这里没有 = 符号，模块属性赋值并不是一个匹配表达式，后者是运行期行为，因此用=。

❸ __before_compile__ 函数做了最大头的工作，它把模块属性的值读入 states，于是我们就有了所有的状态。接着用管道和 Keyword.values 函数得到所有的事件，再用管道和 List.flatten 函数得到扁平一致的事件，最后再将这些事件通过 Keyword.keys 的管道得到所有事件名称的 list。

❹ 最后，我们注入一些代码。由于 states 是定义在上一层的，我们就必须 unquote 它。该函数很简单，因为我们仅仅是返回状态机的结构。

❺ 构造回调函数就稍微复杂点了，为此我们定义了一个函数。而由于这个函数和 events 一样是在上一层定义的，我们就需要 unquote 它。

❻ event_callback 定义了一个简单的回调，每个回调都定义了一个会调用 fire 的函数。有了这些回调，用户就能通过简单的函数调用来触发状态机事件。

使用状态机

我们终于看到最初的骨架现在已经能翩翩起舞。现在可以把 VideoStore 稍做修改，使用新版状态机的 API。我们复制一份 VideoStore 的代码，这样你就可以对比学习新老版本了。复制 video_store.ex 至 vid_store.ex，新文件将使用我们的动态状态机。我们可以将下列代码添加到 VidStore 头部，接下来宏就能帮我们处理余下的工作，动态地生成 ConcreteVideoStore 中的所有内容：

```
defmodule VidStore do
  use StateMachine

  state :available,
      rent: [ to: :rented,       calls: [ &VidStore.renting/1 ]]

  state :rented,
      return: [ to: :available, calls: [ &VidStore.returning/1 ]],
      lose:   [ to: :lost,       calls: [ &VidStore.losing/1 ]]

  state :lost, []

  ...
```

哈，现在好多了，状态机读来和一本小说那样清新。现在，任何应用程序都可以使用这一版本状态机的漂亮的语法，跑一下测试，确认它还通过。

顺便新建一个名为 vis_store_test.exs 的测试，让它使用 VidStore API，确保所有测试是绿色的！记住，你现在不再需要 Concrete 模块的任何东西，因为我们的状态机能动态地生成那些代码。

我们还没有完成音像店，在第三天，使用 Elixir 为 Erlang OTP 类库创造的宏，我们将会使 vid_store 变成一个分布式支持并发的版本。

第二天我们学到了什么

第二天的内容可不少，首先我们学习了如何使用 Mix 创建项目，其次学习了如何使用 struct，即带有命名字段的 map。接着，我们构建了两个版本的状态机，一个是具体版本，还有一个是动态版本。后者使用了通用的状态机语言，而这一语言是我们用 Lisp 风格的宏创建的。

我看到，所有的 Elixir 表达式都能归纳成同样的结构：一个带有函数名、元数据和函数参数的三元组。我们的状态机宏使用了广泛的工具：

- 用户通过 use 命令使用我们的宏。

- 在宏模块中，我们使用 __using__ 宏导入我们的宏文件并初始化变量。

- 我们引入了 state 宏供用户创建状态。

- 我们使用宏属性来计算运行期的状态 list。

- 我们通过在宏中添加 __before_compile__ 行为丰富了宏的功能。

这一切完成之后，有关如何方便且简短表现状态机，我们就有了标准的策略。类 Lisp 的语法树，还有 quote 和 unquote，使之成为可能，不过最终的语法和 Lisp 一点都不像。

轮到你了

在这组练习中，你将学习现有的一些 Elixir 宏是如何工作的，也需要自己试着扩展我们的宏。

找到

- elixir-pipes Github 项目。了解宏如何改进管道的使用，学习 pipe_with 是如何实现的。

- Elixir 支持的模块属性。

- Elixir 风格元编程指南。

- Elixir 协议，它们是用来做什么的？

- function_exported? 这个函数做什么的？（后面的问题需要这个知识。）

练习（简单）

- 为状态机加入一个 find 状态，它是 lost 和 found 之间的一个状态。在具体和抽象两个版本的状态机中加入代码，哪个版本更简单？为什么？

练习（中等）

- 为 VisStore 编写测试，哪里不一样？哪里是一样的？

练习（困难）

- 添加 before_(event_name) 和 after_(event_name) 勾子。如果这些函数存在，确保 fire 执行它们。

- 为状态机添加一个协议，以强制状态机 struct 实现了 state 字段。

第三天：衍生和重生

第二天，你成功地重定义了 Elixir 语言，用了自己的语法来表达状态机，这着实令人兴奋。今天，你将要使用宏和 Erlang 的 OTP 来构建一个彻底分布式的应用程序。不过在此之前，让我们听一听 JoséValim——Elixir 的创始人，当他发明这门语言的时候在想些什么。

- 我们：在 Elixir 之前你用什么语言？

- Valim：在 Elixir 之前我主要使用 Ruby，不过，我一直都对其他语言和范型充满了兴趣，因此我也一直阅读、学习其他的语言，同时用它们做一些原型。虽然我很少在生产环境使用其他语言，不过学习体验本身就是一种乐趣。

- 我们：那你为什么放弃 Ruby 呢？

- Valim：主要是因为 Ruby 在支持并发方面没有良好的工具。现在，常见的机器都有 16 或者更多的核了，然而对于如何在更大的范围高效地使用这些硬件，传统的语言并未提供合适的抽象。

在 Erlang VM 上我看到了相反的现象，对于 Erlang 开发者来说，并发是常态，他们使用这门语言编写分布式的、容错的应用程序。这诱使我开始考虑编写 Elixir。

- 我们：Elixir 主要受什么语言影响？

- Valim：Erlang 绝对是对 Elixir 影响最大的语言。Elixir 绝大多数的语义都和 Erlang 语言一致，而且两者运行在同样的虚拟机上。而两者差异的地方，主要是 Elixir 又借鉴了 Lisp、Ruby 和 Clojure 等语言。

例如，该语言最早的设计决策之一就是通过宏提供元编程功能，这一点是学习了 Lisp。不过，那个时候已经有了两种运行在 Erlang VM 上的 Lisp（Jaxa 和 LFE），而且我非常想尝试一下基于非 Lisp 语法实现一套宏系统。因此后来我们设计的语法在表现方式上非常一致，我们同时借鉴了 Ruby 和 Erlang，以便使常见的写法更加优雅。

开发者应该还会留意到来自其他语言的影响，例如关注文档和 doc tests 功能来自 Python。在我之前有很多伟大的语言开发者，我努力从他们身上学习知识。

- 我们：你最喜欢的特性是什么？

- Valim：这个问题不好回答。仅仅是运行 Erlang VM 上，我们就继承了不少卓越的特性，例如模式匹配和消息传递，这两者我都非常满意。但是如果我们仅仅讨论 Elixir 自身的东西，那我就肯定会选择协议了，它给这门语言带来了多态的特性。有了协议，类库的开发者们就能声明用户在他们自己的数据类型中可以实现或者继承哪些接口。协议看起来是动态 OO 语言（没有任何接口声明）和静态接口（设计初就固化了选择）之间一种完美的平衡。

- 我们：如果能让时光倒流，你想改变哪些特性？

- Valim：我一定会为并发实现一个更细致的结构。Erlang VM 为并发提供了简单、可靠的基础，它们是进程、消息传递、监控等基本结构。不过这些结构仅仅是基本的构造块，因此有些时候我们难以清楚真正的意图，因为我们没有给常见的模式命名。例如衍生一个进程做一些计算，稍后再读取计算结果，这样一串动作我们怎么称呼？有些语言称之为 promise，另外一些语言称之为 task，而我们称之为"衍生一个进程做一些计算，稍后再读取计算结果"。

我相信如果语言提供了一些常用的模式，那不仅这门语言，整个生态系统都将受益无穷。好的一面是，由于 VM 提供的基础，实现这些结构并不困难。因此与其说这是个技术问题，不如说是一个识别常见需求和模式的沟通问题。

很显然，Erlang 对这门语言影响重大，这尤其表现在 Actor 和并发等重要的特性上。随着我们进一步升级状态机，这些特性都会被用到。下面继续！

衍生进程

和 Erlang 一样，Elixir 让衍生进程及进程间通信简单至极。你可以直接在终端上使用进程，现在我们就在终端上创建一个匿名函数。在以下代码中找一下 send 函数：

```
iex> ball_glove = fn -> receive do
...> {:pitch, pitcher} ->
.. > send pitcher, {:catch, self()}
.. > end
.. > end
#Function<20.80484245/0 in :erl_eval.expr/5>
iex> catcher = spawn ball_glove
#PID<0.51.0>
```

首先，我们声明一个匿名函数。每个进程都有一个 inbox，所有进程间的通信都使用这个 inbox，并把它用作一个队列，receive 函数从 inbox 收取一条消息。在该例中，我们匹配符合 {:pitch, _} 形式的消息，提取这个二元组中的第二部分，并匹配给 pitcher。这是发送消息的进程的标识符，我们使用它给 pitcher 回发一条消息。

接着，我们衍生一个能运行 ball_glove 的进程，抓住它的进程 ID（简称 pid）匹配给 catcher。现在，实现抛球游戏的另一边。

```
iex> send catcher, {:pitch, self()}
```

```
{:pitch, #PID<0.40.0>}
iex> receive do
...>   {:catch, pid} ->
...>     IO.puts "Caught It!"
... > end
Caught It!
:ok
```

多么简洁，我们给 catcher 发送了一个 :pitch 消息，catcher 回复了一条 :catch 消息，这就是并发编程的经典 actor 模型。相信你已经看到 Elixir 进程是多么方便。

有一点必须要理解，Elixir 进程和 Erlang 进程一样，都非常廉价，创建一个 Elixir 进程几乎不需要什么资源。Erlang 和 Elixir 程序员使用进程就像 OOP 程序员使用对象一样。

对于 Elixir 用户来说，进程用来构建更抽象的基本元素。例如，Elixir 提供了任务，它会开启另一个进程，然后一直等待那个进程的结果。你可以在另一个进程开始一个任务，然后继续当前的进程中的工作，并等待结果，像这样：

```
iex> claim_slip = Task.async(fn -> IO.puts("park the car") end)
park the car
%Task{pid: #PID<0.98.0>, ref: #Reference<0.0.0.370>}
iex> IO.puts "run around town"
run around town
:ok
iex> Task.await claim_slip
:ok
```

在侍者停车的时候（park the car），你可以在小镇周围跑一圈（run around town），因为停车的任务在另一个进程运行。你可以立即去提车，也可能等合适的时候再去提。Elixir 同时提供了 Agent 和 Event Manager。不过我们先关注一下 GenServer 和 Supervisor 这两种抽象，它们根植于 Erlang OTP 平台中，是构建分布式容错系统的基石。

构建一个 OTP 应用

我们已经看到了使用 Elixir 编写并发应用程序非常简便，不过"魔鬼"都在细节中。要实现一个完整的应用程序，我们必须处理好各种错误和崩溃的情况、清理资源、应对重生、生成报告。Elixir 通过使用 Erlang OTP 提供了一套很好的机制。

Erlang 源自电信领域，当 OTP 最早被创造的时候，这个词就是开放电信平台（Open Telecom Platform）的简称，现在我们就直接叫 OTP 了。基于 Erlang OTP 类库上的 Elixir 宏使得大家在 Web 上分发应用程序简单多了。下面让我们使用被 Elixir 包装后的 Erlang OTP

给我们的视频商店创建一个简单内存数据库。

如前所述，在 Elixir 中大家通常会分离行为和状态，这一点在 Erlang 中也是一样的。我们会使用一个名叫 GenServer 的行为，这里，Gen 表示通用（Generic），它就是从你特定的应用程序特性（例如我们的状态机）中分离出来的"对所有应用程序都一样"的特性。进一步之前我们得先了解以下知识：

- GenServer 是一个使用了一些宏的行为，宏使其非常简洁，我们需要导入 GenServer。

- 我们需要初始化 video store 的状态。

- 我们需要一个回调函数以给 store 中添加 video，这里我们使用一个异步的 cast OTP 函数。

- 我们需要一个回调函数以对某个 video 触发状态机事件，这里我们使用一个异步的 call OTP 函数。

- 我们需要添加一个名为 start_link 的函数，以便在服务崩溃的时候能快速重启。

了解大概的内容后，让我们看一下以下的代码：

```
elixir/day3/states/lib/states_server.ex
  defmodule States.Server do
❶ use GenServer
  require VidStore

❷ def start_link(videos) do
    GenServer.start_link(__MODULE__, videos, name: :video_store)
  end

❸ def init(videos) do
    { :ok, videos }
  end

❹ def handle_call({action, item}, _from, videos) do
    video = videos[item]
    new_video = apply VidStore, action, [video]
    { :reply, new_video, Keyword.put(videos, item, new_video) }
  end

❺ def handle_cast({ :add, video }, videos) do
    { :noreply, [video|videos] }
  end
  end
```

这段代码异常紧凑，让我们看一下发生了什么。

❶ GenServer 拥有宏，我们通过 use 使用这些宏。我们还要使用状态机，因此也将其 require

进来。GenServer 的工作方式就是声明 OTP 的行为，而用户要做的就是填充一些具体的回调函数，GenServer 也为这些回调函数提供了默认实现，因此你只需要实现一些必要的回调函数。这里我们实现了两个：`handle_call` 和 `handle_cast`。使用 `call` 的时候函数需要返回一个视屏，而使用 `cast` 的时候返回结果并不重要。

❷ 这个回调函数实现应用程序特定的初始化。在该例中，你可以传入一个 videos 字典或者一个空列表，我们不会马上使用这个函数，但是当我们决定要加入 supervisor 的时候，这个函数就会非常有用。

❸ 这个回调函数将服务器初始化成 video 的值。

❹ 我们从字典中得到一个 video，然后使用 apply 调用一个状态机事件，然后用新的 video 替换字典中旧的 video。apply 对我们来说是新东西，不过不必感到困扰，它只是调用某个模块的函数而已，并把相关的参数列表传递过去。在该例中，`action` 就是我们的状态机的四个函数之一。

该函数的参数比较简单。第一个元组参数是由用户提供的；第二个参数是调用进程的信息；第三个参数是修改过的服务器状态。OTP 为我们管理了状态！要注意这个函数调用是异步的，我们会得到变化过后的 video，具体的状态管理由 OTP 完成。

❺ 最后一个回调函数 `handle_cast` 差不多和 `init` 一样简单。看一下它的返回元组——这个函数给其调用者返回 no reply。而 `handle_cast` 的结构和 `handle_call` 的结构几乎是一样的，区别在于这个函数没有设置返回值。我们使用一个简单的 list 构造操作把新的 view 加入到原有 list 中。

在终端中使用 OTP

后面的内容中，Mix 会帮我们干掉大部分的脏活、累活，终端中的工作非常简便。首先，我们使用 `iex -S mix` 启动终端，然后使用 `States.Server.start_link` 启动服务器。你应该匹配 `{:ok, pid}` 来获得 pid，像这样：

```
iex> {:ok, pid} = States.Server.start_link([])
{:ok, #PID<0.157.0>}
```

这些参数是 video store 的模块及初始化选项。现在，我们可以通过发送 `call` 和 `cast` 信息来和服务器交互，先给 store 创建一些 video。

```
iex> wolverine = %Video{title: "Wolverine"}
%Video{title: "Wolverine", state: :available, times_rented: 0, log: []}
iex> xmen = %Video{title: "X Men"}
```

```
%Video{title: "X Men", state: :available, times_rented: 0, log: []}
```

准备好元组，调用 cast 将两个 video 加入到分布式服务器中：

```
iex> GenServer.cast(pid, { :add, {:wolverine, wolverine} })
:ok
iex> GenServer.cast(pid, { :add, {:xmen, xmen} })
:ok
```

不会就这么简单吧？！现在让我们和状态机做一些交互：

```
iex> GenServer.call(pid, {:rent, :xmen})
%Video{title: "X Men", state: :rented, times_rented: 1, log: ["Renting X Men"]}
iex> GenServer.call(pid, {:return, :xmen})
%Video{title: "X Men", state: :available, times_rented: 1,
log: ["Returning X Men", "Renting X Men"]}
iex> GenServer.call(pid, {:rent, :xmen})
%Video{title: "X Men", state: :rented, times_rented: 2,
log: ["Renting X Men", "Returning X Men", "Renting X Men"]}
```

这实在太简单了，我们花了很少的精力就构建了一个完全分布式的服务器。Erlang 帮我们封装了通用的 OTP 行为，而 Elixir 宏又帮我们去掉了不必要的冗杂代码。

再进一步考虑，我们在上面积累的经验不仅仅对这个 video store 有意义。如果我们想在其他应用程序中使用这些模式，则完全可以使用 Elixir 提供的 GenServer 宏和我们自己编写的 StateMachine 宏。

可靠性监护

如果你是一名 Ruby 或者 Java 程序员，你可能有工具来重启僵死的服务器，部署那些时不时会僵死的服务器就像"黑魔法"一样。而有了 Elixir，此类的监护工作就已经内置到语言中了。当你使用 mix new --sup 创建 States 的时候，它为你创建了两个文件：一个监护者和一个应用程序。它们能很好地完成工作，我们还需要对其稍做修改，如下创建一个 states/lib/states.ex 文件。

```
elixir/day3/states/lib/states.ex
defmodule States do
  use Application

  # See http://elixir-lang.org/docs/stable/elixir/Application.html
  # for more information on OTP Applications
  def start(_type, videos) do
    import Supervisor.Spec, warn: false
```

```
children = [
  # Define workers and child supervisors to be supervised
  worker(States.Server, [videos])
]

# See http://elixir-lang.org/docs/stable/elixir/Supervisor.html
# for other strategies and supported options
opts = [strategy: :one_for_one, name: States.Supervisor]
Supervisor.start_link(children, opts)
  end
end
```

worker 函数帮我们隔离掉了很多琐碎代码。我们通过 import Supervisor.Spec 表达式来引入监护行为。children 定义了我们想要监护的进程。start_link 衍生出进程并将监护进程和我们的 States 服务器进程连接起来。init 函数被用来生成新的子进程，初始的 video 通过该函数传入，video 的初始值是一个空的 keyword list。

应用程序本身会监控监护者，当监护者挂掉的时候，它能正确处理。我们还需要做一件事情，就是告诉 Mix 如何初始化应用程序。现在，当你运行 iex -S mix 或者 Application.start 的时候，它会启动整个 OTP 应用，这时候你就可以使用 GenServer 命令传入 :video_store 及相关参数：

```
iex> GenServer.cast :video_store, {:add, {:xmen, %Video{title: "X men"}}}
:ok
iex> GenServer.call :video_store, {:rent, :xmen}
%Video{title: "X men", state: :rented, times_rented: 1, log: ["Renting X men"]}
```

你可以通过传入一个不存在的命令把服务搞挂掉：

```
iex> GenServer.call :video_store, {:crash, :xmen}

=ERROR REPORT==== 9-Aug-2014::23:57:43 ===
** Generic server video_store terminating
** Last message in was {crash,xmen}
...
```

这时候监护者会创建一个新的服务：

```
iex> GenServer.cast :video_store, {:add, {:et, %Video{title: "ET"}}}
:ok
```

现在服务又启动运行了。如果有需要，你还可以在上次服务 crash 的时候抓取当时的状态。

到目前为止，你学会了三部分基本内容：

- Generic server 由 Elixir 类库封装，这能帮用户去除很多不必要的代码。

- 应用程序特定的代码，一部分是由 Elixir 宏构建的状态机，另一部分是使用这个状态机的 video store。

- 十来行代码将所有部分黏合在一起。

基于几十年的研究实践，我们在此之上构建一个了相当健壮的服务端。我们把精力关注到应用程序特定的代码上。这正是 Erlang 和 Elixir 所承诺的。

第三天我们学到了什么

在第三天，我们看到了 José 的想法以及他对 Elixir 抱有的愿景。我们了解到了这门语言所受到的影响主要来源是什么，以及 Elixir 的协议如何能够为 Erlang 的类型系统加入一些结构和可扩展性。

接着我们深入学习了一些并发和分布式代码。我们学会了如何衍生并发进程，如何在 OTP 的帮助下，使用一点点代码就构建出拥有丰富功能的应用程序，同时我们也扩展了之前基于宏写的 video store。我们见识了 OTP，见识了 Elixir 和 Erlang 的美丽结合。OTP 框架是一种处理分布式并发应用程序的出色抽象，在这个不停产生各种分布式编程范型甚至编程语言的产业中，它已经通过了所有测试。

在我们的代码中，Elixir 和 Erlang 都发挥了重要作用。Erlang 的类库处理了与监控和进程连接相关的难题，而 Elixir 通过优秀的工具和宏大大简化了代码量及开发过程。

轮到你了

找到

- Erlang gen_server 的行为。

- 使用 Elixir receive 编写 timeout 的方法。

- 关于 Erlang OTP 的信息。

练习（简单）

- 如何让你的服务挂掉？有监护者服务挂掉会怎么样？没有监护者服务挂掉会怎么样？

- 给 picther 或 catcher 增加 timeout，当超时了会发生什么？

练习（中等）

- 为 OTP 数据库编写测试。提示：在 TestUnit 中有两种 setup。

练习（困难）

- 通过开启第二个进程为 video store 增加冗余，两个进程都接收写入操作。当一个进程崩溃，读取 video 数据的操作应该被切换到另一个 OTP 服务上，而当前的进程会被恢复。

- 使用一个 agent 封装状态机，而不是使用完整的 OTP 应用。

- 如何把 video 持久化到 Erlang 的 DETS 数据库中？

Exlir 小结

我们已经检验了 Elixir 的各项特性，看到了 José 所述，也使用了一些复杂的语言特性，在短短的几天之内，我们编写了几个宏，甚至完成了一个简单的受监控的分布式应用程序。下面让我们看一下在整个编程语言谱系中，Elixir 处于怎样的位置。

优势

在硬件领域，大家越来越强调更好的网络和多核架构，此外，移动设备计算也在日益影响当今的编程模型。我们渴望更多的手机应用，渴望更为强大的云端计算能力，这些最终要求程序员都是并发编程专家。而 Elixir 天生就是用来应对这些硬件挑战的。

在 Elm 一章中，我们提到了在浏览器中日益流行的响应式编程模型。而要让它发挥最大的威力，服务端的编程语言就必须支持响应式的流，以及相应的 Web 编程模型。虽然我们并没有足够的时间来详细介绍整个 Stream API，但这是 Elixir 的特性，而且这一特性和其他流式计算类库一样丰富和强大。

许多函数式语言的普遍问题是，它们的语法对程序员要求太高，有时甚至像外星文。要求程序员理解 monads（如 Haskell），Lisp 语法（如 Clojure），或者复杂的类型理论（如 Scala），也许是要求太高了。Elixir 尝试为一大批开发者提供合适的语法糖，帮助他们从对象转向函数。

我一度认为 Lisp 宏的核心是一门用 list form 表现的语言，只有这样，宏才有可能存在。但实际上并非如此，List 宏的核心是统一语法树。有了一致的展现形式以及 Lisp 风格的 quote，Elixir 就把丰富的语法和优雅的宏结合在了一起。这一点非常重要。要获得大批重要的用户，一门流行的通用函数式编程语言就需要能够帮它的用户隔离掉冗长的样板式代码。

能够无缝地访问 Erlang 丰富的 OTP 类库是一项重大的突破。鉴于 Erlang 的虚拟机实际上已经支撑了相当一部分的电信流量，它们被证明有良好的可伸缩性、性能及可靠性，因此推行 Elixir 的时候遇到的政治挑战就会少很多。

最后，Elixir 出现的时机也非常好。面临日渐增长的编写高性能分布式应用程序并部署到多核硬件环境的需求，一些 Ruby 程序员不得不另寻出路。不过他们发现学习 Clojure 或 Scala 非常困难，于是他们开始认真考虑 Elixir。虽然对于 Elixir 来说，Ruby 开发者社区天生就是一个理想的用户基础，但这些开发者还是会面临陡峭的学习曲线，因为他们需要一并学习并发编程和函数式编程。这一点着实令人畏惧，然而在过去的几十年里，最成功的语言都会借力于已经存在的社区，C++ 为 Java 和 JavaScript 提供了用户基础，Java 为 Clojure 和 Scala 提供了用户基础。Ruby 社区的基础能够帮助 Elixir 迅速发展大量重要的用户。

劣势

Elixir 的弱点也是所有新兴语言共同的弱点。它的类库变化相对较快，如果不尽快稳定下来，那么数量日渐增长的用户们就会感觉跟进升级很麻烦。

Elixir 成熟的方式也还有很多不确定性，有些概念还是比较新颖的，尽管其中的大部分已经在 Erlang 语言中发展得很好，但我们仍需观察，看它们最终如何成熟。目前 Elixir 的维护者很少，但在增长，José 和 Joe Armstrong——Erlang 的创建者，它们之间的合作至关重要。

最后，很多 Elixir 开发者需要的功能还处于缺失状态，或者还没有很好的文档。例如，如果你想要使用一个 Web 服务器，就只能选一个比较年轻的，或者直接使用原生的 Erlang 系统，后者倒是提供了一些不错的选择。对于年轻的社区来说，重要的不仅是增长，更是高质量的增长。

最后的思考

在所有崭露头角的函数式语言中，Elixir 是我的最爱。虽然对比其他语言来说，它还不够成熟，但我认为这门语言整体是经过良好的构思和设计的。

人们正开始注意到 Erlang 以及它优秀的分布式模型。而 Elixir 也许能完成 Erlang 所办不到的事情。Elixir 丰富的语法会吸引 Ruby 开发者，而他们正开始认识到 Ruby 面临多核架构的限制。作为一门应用程序编程语言，宏会让 Elixir 扮演更高效的角色。

即使在 Erlang 编程社区内，Elixir 也有很大的潜力。Erlang 开发者一直缺乏一些实用的工具，而这些工具变得越来越重要，它们被用来构建、集成、以及写脚本。Mix 拥有强大的脚本能力，这一 DSL 工具会帮助 Elixir 在 Erlang 生态系统内建立一个脚本语言的角色。

Elixir 是否会在更大的舞台上获得成功？让我们拭目以待。

第 5 章

Julia

Jack Moffitt 和 Bruce Tate

创造一门编程语言有时会被拿来和写书做比较。每门语言都有其独特的声音，有时如果太多人参与协作，或者创作的周期过长，这种声音就会变得混乱和不连贯。你可以想象我们刚开始接触 Julia 时有多焦虑，它可是有 4 位主要作者。

到目前为止，本书的作者们共采访了 14 位语言创造者。比如 Haskell，我不止一次地采访过它的多名作者，而像 Prolog，我们却没有采访它的创始人。每一次的流程都不一样，通常每个团队都会有一个领导者。对于 Clojure，哪怕是在 Rich Hickey 的公司与 Relevance、LLC 合并后，他也是当仁不让的领导者。对于 Erlang，Joe Armstrong 是领导者。当我们给 Julia 的邮件列表发送采访创始人的邀请时，你无法想象我们有多惊讶，因为我们同时收到了 4 个人的答复，而不是 1 个人的，而且是用同一种语气："我们会在两个星期内给你答复"，他们异口同声地说。两周后，答复来了，还是 4 个人，异口同声地，然后便顺理成章地做了内涵丰富的采访。

当我们一头扎进 Julia 的世界时，我们感觉被带入了一个热情又礼貌的社区。想想"博格"，《星际迷航》中的外星人，个体被卷入集体。Julia 正是本着这样的精神，像一个巨大的"蜂群思维"，一个包含整体的群体意识。你想要整数？整数组成的有理数？实数甚至虚数？没问题，Julia 都给你。加就是加，它知道该做什么。

多维数组怎么样呢？没问题，加还是加，逐个元素相加。你甚至可以在整体上使用加法。

如果你感觉自己被卷入了一个更大的世界，别反抗。想想整体，我们开始工作吧，没准儿到最后，你还会乐不思蜀呢。

第一天：无谓的反抗

相对而言，Julia 是一门新语言，但它的团队确实非常高效。就算用三天时间，我们也不可能覆盖它的方方面面。

第一天覆盖内建类型和运算符，也会涉及字典和数组。数组尤其强大，可以被切割，以片断或多维的形式进行操纵。

第二天，我们将会一起看看所有主要的控制流模式，比如 if、while 和 for。一起看看用户定义类型和函数，并且探索 Julia 的 multiple dispatch。并发的部分也会在第二天完成，这使得我们可以做分布式计算。

最后一天，我们一起来玩玩 Julia 的宏系统，并且利用我们学到的所有知识构建一个图像编解码器。

不过，开始把玩代码之前，我们要先安装 Julia。

安装 Julia

从 Julia 下载网站可以下载 Julia 的安装包，包括 Windows、OS X 和 Linux 版本[1]。在本章中，我们将会使用 0.3.0 版本，这是现在的预发布版本。

如果你找不到适合你的操作系统的安装包，也可以直接通过源码安装。Julia 仓库中的 README.md 中包含详细的构建步骤。请注意构建过程需要挺长一段时间，因为它还需要你构建 LLVM。

一旦安装好 Julia，通过执行"Julia"命令启动 REPL，你就会看到类似下面这样的输出：

```
$ julia
   _       _ _(_)_     |  A fresh approach to technical computing
  (_)     | (_) (_)    |  Documentation: http://docs.julialang.org
   _ _   _| |_  __ _   |  Type "help()" to list help topics
  | | | | | | |/ _` |  |
  | | |_| | | | (_| |  |  Version 0.3.0-prerelease+3551 (2014-06-07 20:57 UTC)
 _/ |\__'_|_|_|\__'_|  |  Commit 547facf* (12 days old master)
|__/                   |  x86_64-apple-darwin12.5.0
julia>
```

现在 Julia 已经触手可及了。我们来试试吧：

---

[1] http://julialang.org/downloads/

```
julia> println("Hello, world!")
Hello, world!

julia>
```

在打完招呼后，我们来探索一下 Julia 的语法吧。

内置类型

每门语言都有它的原子类型——它的组件。你可能在其他语言已经熟悉了 Julia 的大部分原子类型，但和大部分动态语言不同的是，Julia 的类型更强大。我们可以在 REPL 中使用 typeof 函数来探索原子和它的类型：

```
julia> typeof(5)
Int64
```

浮点数有几种不同大小：16 位、32 位和 64 位。整数更有无符号（Uint8、Uint16 等）和有符号（Int8、Int16 等）的不同。数字字面量被解释为最通用的 Int64 和 Float64。

```
julia> typeof(5.5)
Float64
```

"//" 被用来做有理数字面量。

```
julia> typeof(11//5)
Rational{Int64} (constructor with 1 method)
```

当你想用字符串的时候，使用 Symbol 是更方便的方式，它更高效和容易读写。它是从 Lisp、Erlang 和 Ruby 中借鉴来的。

```
julia> typeof(:foo)
Symbol
julia> typeof(true)
Bool
julia> typeof('a')
Char
julia> typeof("abc")
ASCIIString (constructor with 2 methods)
julia> typeof(typeof)
Function
```

元组（Tuple）是一组固定大小的其他类型的元素。它们的类型是它们组件的类型的元组。

```
julia> typeof((5, 5.5, "abc"))
(Int64,Float64,ASCIIString)
```

数组就是你想的那样。类型签名中多出来的那个 1 是数组的维数，我们后面会更深入的学习。

```
julia> typeof([1, 2, 3])
Array{Int64,1}
```

字典字面量使用 "{}" 和 "=>"，跟旧版本的 Ruby 一样。类型签名中的第一个参数是 key 的类型，第二个是 value 的类型。Any 是 Julia 的通用类型。

```
julia> typeof({:foo => 5})
Dict{Any,Any} (constructor with 3 methods)
```

现在我们已经看到我们有哪些东西可用了，让我们来干点儿什么吧。

基本运算符

大部分 Julia 的数值操作符都和你的期望如出一辙：

```
julia> 1 + 2
3
```

在不同类型的数值之间做运算会自动提升类型。两个整数相加还是一个整数，但一个浮点数和一个整数相加会得到一个浮点数。

```
julia> 1 + 2.2
3.2
```

除法的结果总是浮点数，就算两个参数都是整数时也是这样。

```
julia> 5 / 1
5.0
```

"\\" 操作符和 "/" 一样都是除法，但把除数和被除数调换了位置。反转除法主要用在线性代数中。

```
julia> 1 \ 5
5.0
```

取整式除法可以用 div 方法来实现。

```
julia> div(7, 3)
2
julia> mod(7, 3)
1
```

Julia 也提供位运算符，你可以用 bits 方法来看到一个值的二进制表示。

```
julia>bits(5)
"0000000000000000000000000000000000000000000000000000000000000101"
julia> bits(6)
"0000000000000000000000000000000000000000000000000000000000000110"
julia> 6 & 5
4
julia> 5 | 6
7
```

位取反操作符是 "~"，异或操作符是 "$"。

```
julia> ~0
-1
julia> 5 $ 6
3
```

Julia 的布尔操作和 C、Java 是一样的，比较运算符也一样。

```
julia> true || false
true
julia> true && false
false
julia> !true
false
julia> !!true
true
julia> mn < x < mx
true
```

你可以用逗号一次给多个变量赋值，这是从 Python 借鉴来的。左边和右边的元素数量必须相同。

```
julia> mn, x, mx = 1, 3, 5
(1,3,5)
```

以上所有运算符对简单数据类型都适用。下面来看一看复杂数据类型。

字典和集合

Julia 的字典和其他你可能熟悉的动态语言中的字典一样，但它可以有更显式的类型。字典中所有的 key 和 value 必须是同一个类型，但这个类型可以是 Any。

字典有两种，一种动态且自由，另一种则严格指定类型，它们各有各的语法。如果你想要典型的动态行为，使用{...}，如果你想要更显式的类型，使用[...]：

```
julia> implicit = {:a => 1, :b => 2, :c => 3}
Dict{Any,Any} with 3 entries:
  :b => 2
  :c => 3
  :a => 1

julia> explicit = [:a => 1, :b => 2, :c => 3]
Dict{Symbol,Int64} with 3 entries:
  :b => 2, :c => 3, :a => 1
```

（Julia 默认每行显示一个条目，但在学完本章后我们就知道如何自定义输出了。）

从字典中取得 key 和 value 很容易，与测试字典中是否包含某个 key 是一样的：

```
julia> explicit[:a]
1
```

get 方法用来根据 key 取得 value，如果没找到指定的 key 便返回默认值。

```
julia> get(explicit, :d, 4)
4
```

keys 方法返回一个所有值的迭代器。

```
julia> numbers = [:one => 1, :two => 2]
julia> the_keys = keys(numbers)
KeyIterator for a Dict{Symbol,Int64} with 2 entries. Keys:
  :two, :one
```

collect 方法将迭代器里的元素构造成一个数组。

```
julia> collect(the_keys)
3-element Array{Symbol,1}:
  :b, :c, :a
```

in 操作符可用来检查数组或迭代器中是否存在指定的元素。

```
julia> :a in the_keys
true
```

in()方法和 in 操作符一模一样。它有着特殊的语法支持，所以你用哪种都行。注意，对于字典来说，元素以键值对的形式来表示。

```
julia> in((:a, 1), explicit)
true
```

Julia 也有 Set 类型——无序集合，以及操作它的方法。

不管一个元素在构造器里出现多少次，它在无序集合里只会出现一次。

```
julia> a_set = Set(1, 2, 3, 1, 2, 3)
Set{Int64}({2, 3, 1})
julia> union(Set(1, 2), Set(2, 3))
Set{Int64}({2, 3, 1})
julia> intersect(Set(1, 2), Set(2, 3))
Set{Int64}({2})
```

setdiff 方法将第二个 set 中的元素从第一个 set 中减掉。

```
julia> setdiff(Set(1, 2), Set(2, 3))
Set{Int64}({1})
julia> issubset(Set(1, 2), Set(3, 4, 0, 1, 2))
true
```

以上这些集合类型很有用，但也没什么出彩的。不过 Julia 的数组却是未来感十足的。

24 世纪的数组

Julia 的数组是强大功能的发电站。你可以创建不同维数的数组，切割任意范围（包括多维数组），改造或做复杂运算。像字典和集合一样，它是有类型的，所有元素都是同一种类型。

首先，来看看怎么创建数组。

用[...]构造的数组可以推断类型。注意，如果推断不出类型，那么将使用根类型 Any。Any 类型的数组用起来就跟其他动态语言的中的数组差不多。

```
julia> animals = [:lions, :tigers, :bears]
3-element Array{Symbol,1}:
 :lions, :tigers, :bears
julia> [1, 2, :c]
3-element Array{Any,1}:
 1, 2, :c
```

如果你想要特定类型的数组，可以使用 Type[...]来构造。当元素不能被转换成指定类型时，它会抛出一个错误。

```
julia> Float64[1, 2, 3]
```

```
3-element Array{Float64,1}
 1.0, 2.0, 3.0
```

Julia 标准库里有大量创建数组的方法。下面列举一些通用的方法：

```
julia> zeros(Int32, 5)
5-element Array{Int32,1}:
 0, 0, 0, 0, 0
julia> ones(Float64, 3)
3-element Array{Float64,1}:
 1.0, 1.0, 1.0
julia> fill(:empty, 5)
5-element Array{Symbol,1}:
 :empty, :empty, :empty, :empty, :empty
```

这些方法都以数组类型（或 fill 函数中的值）和大小作为参数。

索引和切片

索引和切片可以用来访问数组的元素，这两种方法都使用大家熟悉的方括号：

```
julia> animals = [:lions, :tigers, :bears]
3-element Array{Symbol,1}:
 :lions, :tigers, :bears
```

Julia 遵循数学约定，数组下标从 1 开始，不是 0。

```
julia> animals[1]
:lions
```

关键字"end"代表最后一个元素。和 Python 的"-1"类似，但可读性更好。

```
julia> animals[end]
:bears
```

在方括号中使用":"可以返回数组的切片。数组的切片也是一个数组，就算是只有一个元素也是数组。下面是一个包含两个元素的切片：

```
julia> animals[2:end]
2-element Array{Symbol,1}:
 :tigers, :bears
julia> animals[1:1]
1-element Array{Symbol,1}:
 :lions
```

切片和索引也都是可以被修改的。索引可以被赋值，用以修改数组。

```
julia> animals[1] = :zebras
:zebras
julia> animals
3-element Array{Symbol,1}:
 :zebras, :tigers, :bears
```

切片也可以被赋值，如果只提供一个元素，那么将会把这个元素赋值到切片中的每个位置。

```
julia> animals[2:end] = :hippos
:hippos
julia> animals
3-element Array{Symbol,1}:
 :zebras
 :hippos
 :hippos
```

也可以把数组赋值给切片。

```
julia> animals[2:end] = [:sharks, :whales]
2-element Array{Symbol,1}:
 :sharks, :whales
julia> animals
3-element Array{Symbol,1}:
 :zebras, :sharks, :whales
```

切片真的很强大，让操纵数组成为举手之劳。你可以像使用普通数组一样使用切片，也可以把它作为参数传递给函数，这样函数就只能操作数据的子集。

现在我们将把数组带入另一个维度。

多维数组

Julia 是一门被设计用于科学和数值编程的语言。这些任务通常涉及线性代数，大量使用矢量和矩阵。幸运的是，Julia 拥有超棒的多维数组。

我们先从增加一个维度开始。我们将会创建、操纵和检查一个小矩阵。

为了编写一个字面的二维数组，使用分号分隔每一行，使用逗号分隔每个元素。同时使用逗号和分号是错误的。而没有逗号，甚至没有分号时，创建出来的始终是二维数组。

```
julia> A = [1 2 3; 4 5 6; 7 8 9]
3x3 Array{Int64,2}:
```

```
1   2   3
4   5   6
7   8   9
```

你可以用 size 方法取得数组的大小和形状。它返回一个 tuple，包含数组各维度的长度。这里我们的级数是 3×3 的。

```
julia> size(A)
(3,3)
```

用一个逗号给数组多个下标，每个下标是各自的维度，下面我们获取第二行的第三列。

```
julia> A[2,3]
6
```

切片也可以在任意维度上工作。下面的示例获取第二列的所有元素。

```
julia> A[1:end,2]
3-element Array{Int64,1}:
 2
 5
 8
```

使用没有边界值的切片取得指定维度上的所有元素：

```
julia> A[2,:]
1x3 Array{Int64,2}:
 4 5 6
```

也可以设置二维切片。下面的例子把除最上边和最左边之外的全部设置为 0。

```
julia> A[2:end,2:end] = 0
0
julia> A
3x3 Array{Int64,2}:
 1 2 3
 4 0 0
 7 0 0
```

所有的数组构造器都把数组尺寸作为第二个参数。前面我用了一个整数，但其实也可以传一个 tuple 来构造多维数组。rand 方法构造一个数组，其中的每个元素都是 0 到 1 之间的随机数。

```
julia> rand(Float64, (3,3))
```

```
3x3 Array{Float64,2}:
 0.12651   0.679185   0.052333
 0.429212  0.0113811  0.886528
 0.639923  0.0794754  0.917688
```

矩阵和向量上的通用操作都是开箱即用的。你可以对数组进行按元素加减的操作，多个数组相乘或矩阵乘法。

eye 方法构造实体矩阵。eye(N)创建一个 N×N 的矩阵，eye(M, N)创建一个 M×N 的矩阵。

```
julia> I = eye(3, 3)
3x3 Array{Float64,2}:
 1.0  0.0  0.0
 0.0  1.0  0.0
 0.0  0.0  1.0
```

用数组乘一个数值，结果是元素级的乘法。

```
julia> I * 5
3x3 Array{Float64,2}:
 5.0  0.0  0.0
 0.0  5.0  0.0
 0.0  0.0  5.0

julia> v = [1; 2; 3]
```

使用 ".*" 显式地使用元素级乘法。在这里如果使用 "*" 会报一个错误："两个 3×1 的向量不能做矩阵乘法。"

```
julia> v .* [0.5; 1.2; 0.1]
3-element Array{Float64,1}:
 0.5
 2.4
 0.3
```

在数组后面加一个引号表示转置该矩阵，它是转置方法的缩写。一个 1×3 的向量乘以一个 3×1 的向量将会得到一个数值。

```
julia> v' * v
1-element Array{Int64,1}:
 14
```

一个 3×3 的矩阵乘以一个 3×1 的向量输出一个新的 3×1 的向量。

```
julia> [1 2 3; 2 3 1; 3 1 2] * v
```

```
3-element Array{Int64,1}:
 14
 11
 11
```

别太担心你不熟悉线性代数。我的意思是 Julia 的数组和操作符都针对线性代数定制过，当然，它们也有能力对普通数组进行实用的操作。

第一天我们学到了什么

我们走马观花地探索了 Julia 的类型和操作符，甚至还没有大量学习它的内置库函数。就算是这样的开始，你也能想像它是多么擅长处理数字。它和动态语言如出一辙，但愿能让你有宾至如归的感觉。

Julia 有很多你肯定在其他语言里见过的数据类型：Symbol、整数、浮点数、字典、集合、数组。它的操作符也是在意料之中的。

集合类型是多面的，尽管 Julia 是动态语言，但它是强类型的。动态语言的行为是通过 Any 类型实现的，但也可以使用 Java 式的强类型行为。我们处理的大部分数组都是标准的 Int64 或 Float64 类型，像这种只包含特定类型的数组，表达和计算都是非常高效的。Julia 的数组是这门语言最大的亮点，它不仅包含你想要的像 Python 或 Java 中那样的数组，它更有强大的甚至能在多维数组上使用的索引和切片的特性。数组还支持常见的线性代数操作和元素级操作。

轮到你了

该你动手试试 Julia 的类型和常见操作了。

找到

- Julia 手册。

- 关于"IJulia"的信息。

- Julia 语言的 Reddit，那里有关于 Julia 的博客文章。

练习（简单）

- 用 typeof 方法找出类型的类型，试试 Symbol 或 Int64。你能找出操作符的类型吗？

- 创建一个固定类型的字典，key 是 Symbol，值是浮点数。当你把:thisis => :notanumber

添加到字典时，会发生什么呢？

- 创建一个 5×5×5 的数组，在前两个维度每一个 5×5 的块都是一个数字，这个数字递增。例如，magic[:,:,1]使得所有元素都为 1，magic[:,:,2]使得所有元素都为 2。

- 在不同类型的数组上运行 sin 和 round 等函数，会发生什么呢？

练习（中等）

- 创建一个矩阵，用它和它的翻转矩阵相乘。提示：inv 方法翻转一个矩阵，但并非所有矩阵都可以翻转。

- 创建两个字典，并将它们合并。提示：在手册中查找 merge 关键字。

- sort 和 sort!都可以操作数组。它们之间有什么区别呢？

练习（困难）

- 通过你的线性代数知识构建一个 90 度的旋转矩阵，尝试用它乘以单元向量[1; 0; 0]，使得单元向量得以旋转。

第二天：吸收

昨天我们学习了 Julia 的基本类型和操作符，并且在它的数组上花了大量的时间。Julia 的基本数据结构功能强大，但它还能提供更多的功能。

首先我们会快速回顾一下大家都很熟悉的控制流。我们也会涉及抽象和用户定义类型，学习相关的方法和 multiple dispatch。

最后，我们将会玩一玩 Julia 从 Erlang 吸收过来的并发特性，这样就圆满完成第二天的任务了。

控制流

Julia 语言中的 if、while 和 for 都是非常标准的。它的语法就像 Ruby 和 Python 的融合。Julia 的 for 循环可以迭代不同的东西，非常实用。

我们先来看一下用 if 实现的分支结构：

```
julia> x = 10
10
julia> if x < 10
```

```
            println("My chair is too small")
        elseif x > 10
            println("My chair is too big")
        else
            println("My chair is just right")
        end
My chair is just right
```

与 C、Python 和 JavaScript 相比，一个需要注意的不同点是：条件表达式必须返回一个 Boolean 类型的值。0、1 和空集合并不能被转换为 Boolean 值。这隐约表达了 Julia 声称的强类型。

循环也跟你想的一样：

```
julia> x = 8
8
julia> while x < 11
           x=x+1
           println("More!")
       end
More!
More!
More!
```

下面几个 for 循环展示了不同的迭代方式。

这个例子迭代一个数组，如果你喜欢，你也可以用 in 代替=。同样，注意可以使用$在当前 scope 中插值，你可以引用变量名称或完整的表达式，比如$(a + 10)。

```
julia> for a = [1, 2, 3]
           println("$a")
       end
1
2
3
```

下面这个例子迭代一个区间。1:10 表示从 1 到 10 的所有整数，包括 1 和 10。

```
julia> sum = 0
0
julia> for a = 1:10
           sum += a
       end
julia> sum
55
```

迭代其他集合也是很容易的，比如字典。下面我们解析字典中的每个元素，每个元素是一个由键和值组成的元组。

```
julia> numbers = [:one => 1, :two => 2]
Dict{Symbol,Int64} with 2 entries:
    :two => 2, :one => 1
julia> for (key, value) in numbers
           println("The name of $value is $key")
       end
The name of 2 is two
The name of 1 is one
```

与多维数组相比，Julia 的控制流就没有那么野心勃勃。有时简单才是最好的，在后面稍复杂的例子中你会看到控制流的更多亮点。

用户定义类型和函数

Julia 有很多很棒的类型，但无法自定义类型的语言就是不完整的。你可以定义自己的类型，并且 Julia 也支持有限的抽象类型和子类型。

说完类型，我们来说说自定义函数，包括强大的 multiple dispatch，它是多态的功能性表现。

我们来构造一个类来表示电影人物。Julia 的类型像是 C 的结构体，如果你熟悉 Java 或 Ruby，就觉得它也像一个没有方法的类。

类定义中的字段可以用::来指定类型，如果没有指定，则为 Any 类型。Julia 类型中字段的用法跟 Ruby、Python 或 JavaScript 差不多。

构造一个类型的值是通过构造函数来实现的，构造函数的名字跟类型的名字一样，参数则为所有的字段。

```
julia> type MovieCharacter
         heart :: Bool
         name
       end

julia> cowardly_lion = MovieCharacter(false, "Lion")
MovieCharacter(false,"Lion")
```

跟其他很多语言一样，访问类型的值字段是通过 “.” 操作符实现的。

```
julia> cowardly_lion.name
```

```
"Lion"
```

抽象类没有字段，而是作为一种把多个类组织在一起的方式。具体类被定义为抽象类的子类，通过这样实现扩展和默认行为。

抽象类不能被实例化，但可用作字段的类型修饰符或指定数组类型。

```
julia> abstract Story

julia> Story()
ERROR: type cannot be constructed
```

定义一个子类是通过"<:"操作符实现的，除此之外和定义普通类一模一样。多个子类可以同时存在。

```
julia> type Book <: Story
          title
          author
       end
julia> type Movie <: Story
          title
          director
       end
```

与任何动态语言一样，Julia 使用自省来查询层级结构。你可以轻易地找出父类和子类。

```
julia> super(Book)
Story
julia> super(Story)
Any
julia> subtypes(Story)
2-element Array{Any,1}:
 Book
 Movie
```

在 Julia 中不能定义二级子类。这可能是意料之外的，但却可以避免很多传统面向对象语言中常见的"坑"。

```
julia> type Short <: Movie
          plot
       end
ERROR: invalid subtyping in definition of Short
```

我们现在可以基于数据抽象，但依然要基于代码抽象。让我们来看看自定义函数是什么样子，你会发现它跟 Python 如出一辙。函数会返回方法体中最后一个表达式的值，也可

以用 "return" 提前退出。

```julia
julia> function hello(name)
           "Hello, $(name)!"
       end
hello (generic function with 1 method)
julia> hello("world")
"Hello, world!"
```

Julia 也提供默认参数，如果调用时没有传递参数，将会使用默认值。

```julia
julia> function with_defaults(a, b=10, c=11)
           println("a is $a, b is $b, and c is $c")
       end
with_defaults (generic function with 3 methods)
julia> with_defaults(1, 2)
a is 1, b is 2, and c is 11
julia> with_defaults(1)
a is 1, b is 10, and c is 11
```

在最后一个参数后面使用 "..." 操作符会把它变成一个集合，其中包含后面所有的参数。

```julia
julia> function it_depends(args...)
           for arg in args
               println(arg)
           end
       end
it_depends (generic function with 1 method)
julia> it_depends(:one, :two)
one
two
```

所有的 Julia 操作符都是方法，可以像调用方法一样使用。

```julia
julia> +(1, 2)
3
julia> numbers = 1:10
1:10
```

当 "..." 出现在方法定义的参数列表中时，它把所有参数收集到一个集合中。当 "..." 出现在一个方法调用中时，它把集合展开成参数列表。这个非常优雅的特性，把我们从其他语言所说的 apply 中拯救了出来。

```julia
julia> +(numbers...)
55
```

当你把函数与 multiple dispatch 组合使用时，Julia 的函数才开始亮了。同一个函数可以被不同的类定义多次。你可能熟悉其他语言中的重载，但 multiple dispatch 更加强大。它不是基于第一个参数（或面向对象中被调用方法所在的对象）来选择调用哪个函数，而是基于所有参数的类型来选择。

在 Julia 中，每一个函数的版本被称作方法，但和面向对象编程不同，方法并不属于某个类。因为 Julia 专注于科学编程，所以这点很讲得通。毕竟，如果被除数和除数类型不同，那"/"究竟该属于谁呢？在面向对象语言中，结果是出现在左边的类，这不太讲得通，但大家都习以为常了。

我们来看一个 multiple dispatch 的实际的例子，它是一系列的拼接两个值的方法。

下面的例子中参数类型是指定的，所以它们是方法而不是函数。这个方法被定义为两个参数，都是 Int64 类型。这个版本的 concat 用了一点数学运算来连接数字。

```
julia> function concat(a :: Int64, b :: Int64)
         zeros = int(ceil(log10(b+1)))
         a * 10^zeros + b
       end
concat (generic function with 1 method)
julia> concat(117, 5)
1175
```

如果尝试用不同类型的参数调用这个方法，Julia 会"吐槽"找不到方法。

```
julia> concat(117, "5")
ERROR: no method concat(Int64, ASCIIString)
```

现在我们来定义一个 concat 方法，它的第二个参数是字符串，返回值也是字符串。现在如果我们使用这个功能，将会调用到正确的方法。注意，为了挑出这个方法，Julia 必须检查所有参数的类型，这就是 multiple dispatch 在起作用了。

```
julia> function concat(a :: Int64, b :: ASCIIString)
         "$a$b"
       end
concat (generic function with 2 methods)
julia> concat(117, "5")
"1175"
```

multiple dispatch 是一个小众的语言特性，吸收自 Lisp。Clojure 可能是拥有这个特性的语言中最主流的，尽管知道的人不多，但它确实强大并且能让代码写得更漂亮。

它对扩展开放，这是普通面向对象语言不具备的。没有必要为了增加一种 concat 而给

Int64 创建子类，也无须使用猴子补丁（Monkey Patching）技术修改 Int64 对象。如果你的库给通用类型提供方法，库的用户无须修改你的库代码就可以扩展那些方法到它们自己的类上。

Julia 的整个标准库都严重依赖 multiple dispatch。所有数值类型和操作符的行为都基于它构建。如果你好奇，试一下在 REPL 中运行 methods(+)，你会看到所有加法方法的定义。

并发

到现在，你已经看到所有的基础知识了，有些熟悉，有些陌生，合到一起，构成了一门很棒的具有强类型和抽象的动态语言。Julia 是一门致力于更好地编写数值代码的语言。数值代码最大的问题之一便是运行时间太长，哪怕是在超级计算机上。为了达到最佳性能，并发和分布式计算是必需的，所以 Julia 内置了它们。Julia 的并发很像 Erlang，通过传递消息和其他进程通信，而其他进程是在本机还是在远程机器上并没有区别。

在我们能开始使用进程之前，必须先创建一些进程。创建进程有两种方法，第一种是使用 addprocs 来添加本地进程，第二种是启动 Julia 时带参数 "-p N"，N 是要创建的进程数量。

```
julia> addprocs(2)
2-element Array{Any,1}:
 2, 3
julia> workers()
2-element Array{Int64,1}:
 2, 3
```

addprocs 创建新的进程并返回它们的 ID。你可能注意到了它从 2 开始，进程 1 就是 REPL 所在的进程。workers()方法返回进程列表。现在我们有一些进程了，我们可以通过 remotecall 和 fetch 从进程发送和接收消息。注意，它们是底层的原语，系统的其他部分都是基于它们构建的，不需要经常使用它们。

```
julia> r1 = remotecall(2, rand, 10000000)
RemoteRef(2,1,7)
julia> r2 = remotecall(3, rand, 10000000)
RemoteRef(3,1,9)
julia> println("Not blocking")
Not blocking
julia> rand_list = fetch(r1)
10000000-element Array{Float64,1}:
 0.902002, 0.495766, ...
```

remotecall 在指定工作进程上执行一个函数，第一个参数是工作进程 ID，第二个参数是函数的名称，剩下的所有参数将会直接传递给被调用的函数。它返回一个 RemoteRef，可以在后面被用来获取结果。

remotecall 会立即返回，因为进程 ID 不是 1，它不会阻塞 shell 进程。尽管其他进程还在忙着数值运算，我们依然可以运行代码。

fetch 函数以一个 RemoteRef 作为参数，并且以工作进程正在执行的方法的结果作为返回值。如果工作进程还没执行完，会一直阻塞直到产生结果。

交互式地添加进程有点无聊，如果在启动 REPL 时就带着一批可用的进程就更舒服一点了，Julia 使用-p 参数指定要启动的进程数量。

```
$ julia -p 8
2014-06-22 10:14:01.021 julia[93233:707] App did finish launching
```

现在我们的 REPL 有 9 个进程，一个是 shell 本身，另外 8 个可用作并行任务。我们来让它们做点比生成随机数组更有意义的事情。

我们将会编写一个模拟抛硬币的函数，但这次会使用更高级的并行编程特性，而不是直接调用 remotecall 和 fetch。首先，我们从一个非并行的版本开始。

首先，函数 flip_coins 返回在扔完硬币后，扔出"人头"的次数，使用一个简单的 for 循环。

```
julia> function flip_coins(times)
           count = 0
           for i = 1:times
               count += int(randbool())
           end
           count
       end
flip_coins (generic function with 1 method)
julia> flip_coins(20)
9
julia> flip_coins(20)
10
```

@time 宏计算给出的表达式，输出运行所花费的时间。随着抛硬币的次数增加，flip_coins 变得越来越慢。

```
julia> @time flip_coins(100000000)
elapsed time: 0.391368303 seconds (96 bytes allocated)
49994306
julia> @time flip_coins(1000000000)
elapsed time: 4.219781844 seconds (96 bytes allocated)
500005355
```

我们可以用 Julia 的并行 for 循环来并行抛硬币，从而加速代码的执行。使用@parallel 宏，可以把普通的 for 循环变成并行规约版本。第一个参数是加号，注意循环的操作必须是可交换的，因为根据进程的调度，代码运行的顺序是不固定的。

```julia
julia> function pflip_coins(times)
           @parallel (+) for i = 1:times
               int(randbool())
           end
       end
flip_coins (generic function with 1 method)
julia> @time pflip_coins(100000000)
elapsed time: 0.293102855 seconds (113932 bytes allocated)
50001665
julia> @time pflip_coins(1000000000)
elapsed time: 2.19619143 seconds (55248 bytes allocated)
499995729
```

并行版本可读性也更好，因为显式的求和不见了。

如果比较这些数字和前面的非并行版本，你会发现并行版本快了 30%～50%。这个结果相当不错了，因为我们只是稍微调整了一下语法。

并不是所有代码都可以这么容易就并行化，但你也可能会被震惊，有如此多的事情可以通过并行规约来表达。Lisp 用户用这种方式表达了几十年，结果是代码简洁且功能强大，Clojure 最近也加入了并行规约特性。

在圆满完成今天的内容之前，我们来创建一个柱状图，用来展示在多次运行中硬币的分布。一路上我们还会指出 Julia 更多迷人的地方。

```julia
julia> function flip_coins_histogram(trials, times)
           bars = zeros(times + 1)
           for i = 1:trials
               bars[pflip_coins(times) + 1] += 1
           end
           hist = pmap((len -> repeat("*", int(len))), bars)
           for line in hist
               println("|$(line)")
           end
       end
flip_coins_histogram (generic function with 1 method)
```

bars[0]记录抛 times 次抛出 0 次人头的次数，其他以此类推。条的数量比次数要多 1 个，因为结果可能是从 0 到 10。

此了普通 map 外，Julia 还提供一个 pmap，它在所有进程上并行运行映射函数，而且会保存结果的顺序。"->" 符号是 Julia 的轻量级匿名函数语法，我们来运行一下吧：

```
julia> flip_coins_histogram(100, 10)
|*
|
|*****
|*****
|********************
|****************************
|***********************
|**********
|******
|
|
```

　　Julia 很快就能完成数据分析任务，不仅编码需要的时间短，执行得也很快。很棒的是不需要自己处理进程和互斥量，就可以让整台机器完成工作。

采访 Julia 的创始人：Jeff Bezanson, Stefan Karpinski, Viral Shah, Alan Edelman

　　现在你看过 Julia 的一些主要特性了，并亲自检验了一番，对它采取的一些权衡也更加欣赏了吧。让我们来跟 Julia 的创始人们打个招呼吧：Jeff Bezanson, Stefan Karpinski, Viral Shah 和 Alan Edelman。

　　我们：你们为什么要创造出 Julia？

　　Julia 创始人们：在第一篇关于 Julia 的博客[1]中，我们说动机是创造一门优秀的新语言（有点情怀吧）。我们想要一门整合了计算机科学和科学计算中最好的部分的语言。一直以来，在科学家需要用来完成工作的实用工具和计算机科学家精心设计的系统之间有一个分歧，因为科学家们并不觉得好用。效率和性能之间的矛盾也一直存在，为了运行速度和控制，你必须编写 C 或者 Fortran 语言，但若追求开发效率，人们使用高级的动态语言，比如 MATLAB、R 或 Python。我们也想有自己的蛋糕吃：使用一门像 Python 一样易用的语言，并且有像 C 语言一样的高性能，它拥有所有很棒的语言的特性，并且能解决困难的科学问题。很大程度上，Julia 证明了这是可行的。

　　Julia 跟那些从一开始就为了高性能而设计的高性能动态语言有点不一样。这就意味着，它对内存的使用有更多的控制，并且更容易与 C 或 Fortran 交互。还意味着，我们不需要通过大量的高难度的实现技巧来提高速度，一旦你掌握了它的窍门，Julia 的执行模型是非

[1] http://julialang.org/blog/2012/02/why-we-created-julia/

常简单和透明的。

我们：你最喜欢 Julia 的哪一点？

Julia 创始人们：一旦你习惯了 multiple dispatch，你就再也回不到 single dispatch 了。创建一个函数的多个方法非常自然，根据参数的类型不同，方法所做的事稍有差别。我们也很高兴 Julia 这么干净、整洁，语言的核心非常小，在很多方面都体现了 Scheme 的精神。当然，Scheme 不负责语法，但 Julia 必须处理。另一方面，Julia 的基本数值类型，比如 Int 和 Float64 都是定义在标准库里而不是语言规范里的。Multiple dispatch 是至关重要的，因为像加法和数组索引之类的数学运算，在大多数语言里都是迄今最具多态性的事情，在 Julia 里却只是调用普通函数的语法而已。

我们最引以为傲的是 Julia 社区，不仅仅是因为常去邮件组和 GitHub 仓库的人很棒且知识很丰富，还因为社区里显著的礼貌和乐于助人的文化。

我们：Julia 最擅长解决哪类问题？

Julia 创始人们：对那些不仅需要灵活、高效的语言来快速探索的问题域，而且需要高性能从而能在合理的时间内得到结果的技术难题，Julia 是最理想的语言。在传统意义上，一旦超出数值运算，技术计算语言就会有诸多限制。Julia 不是这样，它还是一门通用语言。你可以用它解决计算问题，也可以用它构建一个 Web 服务，只需要这一门语言就够了。

我们：在生产环境中，你见过 Julia 最让人惊喜的地方是哪里？

Julia 创始人们：在航空航天、金融和实时音频领域的应用，我们看到 Julia 有一些有趣的且万万想不到的特点。我们还开始看到有创业公司把 Julia 部署到 Web 应用中，解决需要计算的问题。Julia 在嵌入式系统中的应用数量也让我吃惊。我们正在将 Julia 移植到 ARM，将会加速这个趋势。把 Julia 脚本编译成可执行文件的能力也很有用，虽然现在已经可以做到，但还不够方便。

我们：如果让你们重来一遍，你觉得会有什么不一样吗？

Julia 创始人们：当时我们开始的时候，我们在"让新用户觉得舒适"和"更简洁的语言设计"方面有过权衡。现在看来，我们可能过于维护 Julia 与其他技术计算语言在表面上的相似性。就拿数组连接语法来说，做得更通用会更好，只要它使用起来是合理的。当然，现在改变一些决定也还不算晚。

第二天我们学到了什么

我们今天是从控制流结构开始的，它和其他语言差不多，特别是 Python 和 Ruby。然后我们深入用户定义类型和函数。类型只有两级：抽象类和具体子类，不过 Julia 让你通过 Any 类来混合类型。函数建立在 multiple dispatch 上，你可能熟悉面向对象语言中的重载和动态分发，但 multiple diapatch 更强大。

最后我们进入并发，从原语开始，然后进入更高级的并发 for 循环和 pmap。只是做了一点儿调整，我们就让抛硬币函数快了一倍。

轮到你了

现在你差不多掌握了 Julia 的全部，可以来解决一些有趣的问题了。

找到

- Julia 手册中关于并行计算的部分，特别要钻研@spwan 和@everywhere。

- multiple dispatch 的维基百科页面。

练习（简单）

- 使用范围符号来写一个 for 循环，实现倒数。

- 迭代一个多维数组，比如 [1 2 3; 4 5 6; 7 8 9]，它会以什么顺序打印出来？

- 使用 pmap 传入一个包含实验次数的数组，生成每次实验抛出人头的次数。

练习（中等）

- 用并行 for 循环实现一个阶乘函数。增加一个 concat 方法，能够把一个整数拼接到矩阵上。比如 concat(5, [12;34])应该返回[5512;5534]。

- 你可以用新方法扩展内置函数，增加一个+方法，使得"jul" + "ia"能运行。

练习（困难）

- 并行 for 循环将循环体分发到其他进程，取决于循环体的大小，可能会有明显的开销。看看你能不能用@spawn 和 remotecall 等底层原语来实现并发 for 循环版本的 pflip_coins 方法。

第三天：打成一片

在学习 Julia 的最后一天，是时候来看一个它能做的大一点的例子了。在粗浅地看了 Julia 的宏系统后，我们来探索图像处理算法，看看用前两天学到的知识来操纵数据有多么容易。

对很多 C 用户来说，宏再熟悉不过了，它就是简单的字符串替换系统嘛。不过 Julia 的宏来自 Lisp，它把代码作为输入，然后输出转换后的代码。它们不会操作字符串，而是操作解析过后的语法树。尽管 Julia 还年轻，却拥有丰富的用于科学计算的函数集。由于 Julia 包含和集成其他知名的数学库，所以对于统计、线性代数、有限元方法，全都有丰富的工具。我们将会使用这些工具来构造一个玩具性质的图像编码解码器，它类似于 JPEG，并且会用到 Julia 特性带来的好处。

这一天可不轻松，我们赶紧开始吧。

转换代码而不是数据

程序转换和操纵数据结构，比如列表和树。在 Julia 里，你的代码只是另一种数据结构，它也能被你的程序操纵。这种代码本身也是其内部数据结构的特性，叫作"同像"（Homoiconicity）。它是一个所有 Lisp 黑客都熟悉的强大特性。

通常当你键入代码到 REPL 中，或 Julia 看到源文件中的代码时，代码会被执行。然而，你可以使用 ":" 操作符阻止代码被执行。其实在使用符号（Symbol）的时候，你已经见过这种形式了。

```
julia> x = 1
1
julia> x # Julia evaluates a variable by default, and returns its value
1
```

在变量前加一个 ":"，Julia 就返回一个 Symbol，它代表代码树中的一个变量。

```
julia> :x
:x
julia> println("Hello!")
Hello!
```

同样的，如果你在函数调用前加 ":"，你会得到代码的数据结构而不是打印出问候语句。有时需要额外加一对括号，这样解析器才能识别。

```
julia> :(println("Hello!"))
:(println("Hello!"))
```

打印出来的代码和原来的代码一模一样，你可以检查数据来看看它的组成：

```
julia> e = :(println("Hello!"))
:(println("Hello!"))
julia> typeof(e)
Expr
julia> names(e)
3-element Array{Symbol,1}:
 :head
 :args
 :typ
julia> (e.head, e.args)
(:call,{:println,"Hello!"})
julia> e = :(x = 5)
julia> (e.head, e.args)
(:(=),{:x,5})
```

Julia 表达式的类型是 Expr。

names 函数告诉我们一个数据类型的属性。每一个 Expr 包含一个 head、args 和 typ 字段。前两个包含了我们需要的所有信息，最后一个用于 Julia 自身的类型推断。

对于 println("Hello!")，表达式的 head 是:call，它代表一个函数调用。第一个参数是调用的函数名称，剩下的参数是所调用的函数的参数。

一个赋值操作，它的 head 是:(=)，注意变量变成了符号。

Expr 也可以像别的类型一样被构造，你也可以显式地执行它：

```
julia> e = Expr(:call, +, 1, 2, 3)
:(+(1,2,3))
julia> eval(e)
6
```

你见过的用$进行的字符串插值在这里也可以工作，它把自己替换成变量的值，很像 Lisp 或 Clojure 中的 unquote 操作。

```
julia> s = "A string"
"A string"
julia> :(println($s))
:(println("A string"))
```

尽管一开始脑子会有点转不过来，但这种 quote 和 unquote 的能力使得编写宏变得非常容易。你必须记录两种类型的计算，引用将会在运行时计算表达式时被计算，插值会在构造表达式时立刻被计算。

手动构造 Expr 有点麻烦，所以 Julia 包含了一些代码模板特性，通过 quote 方法：

```
julia> quote
           println($s)
       end
:(begin # none, line 2:
       println("A string")
   end)
```

这允许你编写大块的表达式，并且还能使用$插值。

现在我们有编写自己的宏的条件了，除了参数是表达式外，Julia 的宏定义跟函数一样。macro 返回一个修改过的表达式，随后会被计算。

看一个例子之后你可能就懂了：

```
julia> macro unless(t, b)
           quote
               if !$t
                   $b
               end
           end
       end
```

这个宏为 Julia 定义一个新的控制结构，类似 Ruby 中的 unless。它传入一个条件表达式和一个分支表达式，使用起来正好跟 if 表达式相反。

这里牛的地方在于普通函数做不到这样，因为普通函数的参数会在函数被调用前被立即执行。我们肯定不想分支表达式被执行，除非条件表达式的结果是 false，而宏能让我们控制代码在何时被执行。

```
julia> a = [1, 2, 3]
3-element Array{Int64,1}:
 1, 2, 3
julia> @unless isempty(a) println("a has elements")
a has elements
julia> @unless in(a, 4) begin
           println("a does not have 4")
       end
a does not have 4
```

调用宏时使用@，接着是宏需要的参数。

你可以使用 begin 和 end 来创建一个多行的块表达式。虽然能用的语法有限，但扩展 Julia 的成本还是很低的。

希望你现在能去看看@parallel 和@time 背后是怎么实现的。宏擅长消除样板代码，而

Julia 的引用和插值让创建宏变得非常容易。

图像切片和切块

我们已经看过 Julia 的多维数组了，它支持并行编程，并且专注于科学计算。今天剩下的时间我们将会融合这些工具来编写一个玩具性质的图像编解码器。我们并不是要和 JPEG 竞争，而是为了展示使用 Julia 这门新语言解决实际问题是有多么容易。

图像编码

在开始之前，重温一下图像编码解码器的原理是有帮助的。不过无须担心，我们不需要复杂的数学知识，Julia 会处理所有的数学难点。

压缩技术的工作原理是，找到一种更简单的表达数据的方式。比如行程长度编码（Run Length Encoding）把字符串替换为一个字符和一个代表数量的数字。同一个值连续出现的次数很多时，压缩率出奇得高，并且不会丢失任何信息。

就像音频能被转换成组成频率一样，图像也能被转换成频谱，通过二维数组表现。在这种表现形式下，图像的能量是很紧凑的。

更具体一点，想像一张图片，你能挑出哪些是其中最重要的像素点吗？非常困难。改变任何一个像素，甚至更多，都不会让图像有什么变化。然后，在把图像转换成频谱后，重要值倾向于出现在最低频，这就意味着在频谱域更容易识别哪些是重要的值。

那么压缩就是消除不重要的信息或者找到更容易表达的近似值，解压缩就是相反的过程，我们把近似值和重要的频谱转换为像素。我们不会得到和压缩前一模一样的图像，有些信息丢失了，但我们干得漂亮的地方在于：人眼无法察觉这些差异。

看一个例子就更清楚了，但首先我们需要把一些图片搞到 Julia 里来玩。

与图像共舞

Julia 默认并不包含加载任意格式图片的库。它拥有的是一个优秀的包管理器，我们可以用它来下载和安装图像处理的库。

Pkg 模块包含查询和操纵包数据库的函数。在 Julia 的包网站上[1]可以看到可用的包列表。在我们的项目里，需要 Images、TestImages 和 ImageView 三个包：

```
julia> Pkg.add("Images")
INFO: Initializing package repository /home/jack/.julia/v0.3
```

---

[1] http://pkg.julialang.org/

```
INFO: Cloning METADATA from git://github.com/JuliaLang/METADATA.jl
...
INFO: Cloning cache of Images from git://github.com/timholy/Images.jl.git
...
INFO: Installing Images v0.2.45
...
INFO: Building Images
INFO: Package database updated

julia> Pkg.add("TestImages")
...
julia> Pkg.add("ImageView")
...
```

Images 包含加载和保存多种格式图像的库，TestImages 包含我们可以用的示例图像，ImagesView 是一个把图像画到屏幕上的简单的库。你可能还需要安装 Gtk 并确认系统中的 GTK 库是可用的。更多细节请看 Gtk 包的网页[1]。

当你第一次使用 Pkg.add 时，它会在~/.julia 下初始化包数据库，然后下载和构建你请求的包，以及包依赖的其他包。包一安装完就立即可用，甚至无须重启 REPL。

```
julia> using TestImages, ImageView
julia> img = testimage("cameraman")
Gray Image with:
   data: 512x512 Array{Uint8,2}
   properties:
      colorspace: Gray
      spatialorder: x y
      limits: (0x00,0xff)
julia> view(img)
(ImageCanvas,ImageSlice2d:
      zoom = BoundingBox(0.0,512.0,0.0,512.0))
```

如果一切正常，你会在桌面上看到一张摄影师的图片。

现在我们可以加载和查看图像了，让我们更进一步，看看它的数据吧。

从像素到频谱

图像的数据中包含像素值，下面是上图中左上角的 8×8 的像素值（因为我们要用的库函数没有实现整数类型的版本，所以我们必须把像素值转换为浮点类型）。

---

1 https://github.com/JuliaLang/Gtk.jl

```
julia> pixels = im.data[1:8,1:8]
julia> pixels = convert(Array{Float32}, pixels)
8x8 Array{Float32,2}:
 156.0  156.0  158.0  160.0  158.0  156.0  158.0  160.0
 157.0  157.0  157.0  157.0  157.0  157.0  157.0  157.0
 160.0  159.0  156.0  154.0  156.0  159.0  156.0  154.0
 159.0  158.0  156.0  154.0  156.0  159.0  156.0  154.0
 158.0  158.0  157.0  156.0  157.0  159.0  157.0  156.0
 156.0  156.0  157.0  157.0  156.0  156.0  156.0  157.0
 155.0  155.0  157.0  158.0  155.0  154.0  155.0  158.0
 156.0  156.0  157.0  157.0  155.0  155.0  155.0  157.0
```

除了值都差不多，你能告诉我哪个像素更重要吗？

我们来用 Julia 库的 dct 方法，它使用离散余弦变换（Discrete Cosine Transform）把像素转换为频率。这个转换跟傅立叶变换[1]（Fourier Transform）有关，你可能听过。

```
julia> freqs = dct(pixels)
julia> round(freqs)
8x8 Array{Float32,2}:
 1254.0   2.0   1.0   0.0  -0.0  -0.0   1.0  -1.0
    4.0  -0.0   0.0   3.0  -1.0  -0.0  -1.0   0.0
   -0.0  -3.0  -1.0  -6.0   4.0   1.0  -1.0   0.0
    2.0  -3.0  -2.0  -4.0   2.0   1.0  -1.0   0.0
    1.0  -0.0  -0.0   0.0  -0.0  -0.0   0.0  -0.0
   -1.0   0.0   0.0  -1.0   1.0   0.0   0.0  -0.0
    0.0   1.0   0.0   1.0  -0.0  -0.0   0.0  -0.0
    1.0   0.0   0.0   0.0  -0.0  -0.0  -0.0  -0.0
```

在 DCT 后，我们就能清楚地看出哪些值是重要的，为了让它更明显，我们把值四舍五入了。第一个频率比其他频率大三个数量级，其他频率都接近于 0。第一系数表示像素的平均颜色，除了一些噪点外，原始像素基本相同。

希望现在你对转换结果为何能更简洁地表达信息有点感觉了。

我们也可以用 idct 方法把频率转换成像素，它就是相反的过程：

```
julia> pixels2 = convert(Array{Uint8}, idct(freqs))
8x8 Array{Uint8,2}:
 0x9c  0x9c  0x9e  0xa0  0x9e  0x9c  0x9e  0xa0
  ...
julia> pixels == pixels2
true
```

---

[1] http://en.wikipedia.org/wiki/Fourier_transform

因为我们没有改动任何的频率信息，所以转回来的像素和原始的一模一样。像素和频率只不是同一份数据的不同表示而已。

有损压缩

得益于数据可以用频率来表示，我们现在可以知道哪些片段是最重要的了。如果你开始看大量的图像频率，你会注意到一个通用的模式。大部分大数值都出现在低频率、朝左上方的频率。如果扔掉不重要的频率，我们就能在保存图像基本特征的同时减小数据量。

我们马上来扔掉 90% 左右的数据。

在我们看相关代码前，你必须知道的最后一点是：我们将会处理 8×8 瓦片的像素和频率。JPEG 也是这么干的，在小瓦片上工作的主要原因是减少意料外的制品。在像素域中，改变一个值只改变一个像素，而在频谱域中，改变一个频率影响很多像素。通过使用小片的像素，我们能确保最小化不想要的像素变化。

因为这个例子的代码有点长，我们使用 module 来组织代码：

```
julia/Codec.jl
module Codec

using Images

❶ function blockdct6(img)
       pixels = convert(Array{Float32}, img.data)

       y, x = size(pixels)

❷      outx = ifloor(x/8)
       outy = ifloor(y/8)

❸      bx = 1:8:outx*8
       by = 1:8:outy*8

❹      mask = zeros(8,8)
       mask[1:3,1:3] = [1 1 1; 1 1 0; 1 0 0]

❺      freqs = Array(Float32, (outy*8,outx*8))

❻      for i=bx,j=by
               freqs[j:j+7,i:i+7] = dct(pixels[j:j+7,i:i+7])
               freqs[j:j+7,i:i+7] .*= mask
       end

       freqs
   end

   function blockidct(freqs)
```

```
        y, x = size(freqs)
        bx = 1:8:x
        by = 1:8:y

        pixels = Array(Float32, size(freqs))
❼       for i = bx, j = by
            pixels[j:j+7,i:i+7] = idct(freqs[j:j+7,i:i+7]) ./ 255.0
        end
❽       grayim(pixels)
    end

    end
```

❶ blockdct6 把一个图像转换成由 8×8 的块组成的频率。除此之外，它删除除最重要的 6 个频率之外的其他频率。

❷ 为了让例子简单一些，我们在每一个区域把图像的大小裁剪为 8 的倍数。

❸ bx 和 by 是图像的块下标。

❹ 我们想保留的系数的掩码是 1，其他全是 0。

❺ 我们创建一个大小合适的空数组 freqs 来保存结果。

❻ 迭代每个 8×8 的块，执行 DCT 并把结果存到 freqs 中对应 8×8 块的位置。然后用它乘以掩码以删除不重要的数据。因为掩码只保存 64 个系数中的 6 个，就差不多减少了 90% 的数据。

❼ 从频率转回像素更容易，并且遵从同样的模式。注意，因为灰化要求像素值在 0 到 1 之间而不是 0 到 255 之间，我们必须把值缩小到正确的大小。

❽ grayim 方法从二维数组构建一个 Image 对象。

我们可以来测试一下，在 Codec.jl 同目录下进入 REPL：

```
julia> using Codec
julia> freqs = Codec.blockdct6(img)
512x512 Array{Float32,2}:
...
julia> img2 = Codec.blockidct(freqs)
Gray Image with:
  data: 512x512 Array{Float32,2}
  properties:
    colorspace: Gray
    spatialorder:  x y
julia> view(img2)
(ImageCanvas,ImageSlice2d: zoom = BoundingBox(0.0,512.0,0.0,512.0))
```

输出应该如图 5-1 和图 5-2 所示：

图 5-1 输出（一）

图 5-2 输出（二）

你可以看到丢失了一些美好的精细的细节，但相对于减少了 90% 的数据量，看起来已经非常棒了，而且还只用了非常少的代码。

第三天我们学到了什么

今天你看到了，如何使用 Julia 的宏系统，像操纵数据一样操纵代码。我们用它编写了 @unless，给 Julia 语言增加了一个新的控制流结构。通过引用和插值，Julia 让编写生成代码的代码如此容易，就像直接写那样简单。

我们编写了一个玩具性质的图像编码解码器，用这个大例子结束了今天的内容。我们用了大量的新工具来完成这个任务，包、模块和 Julia 标准库中的数学函数。我们的编码解码器不会替代 JPEG，但展示了在 Julia 中数据切片和切块是多么容易。

轮到你了

今天的问题有点难度，但你应该发现 Julia 具备帮你干脆利落地解决这些问题的能力。

找到

- 关于 Julia 模块和包的文档。

- 在 JPEG 工作原理的描述中，哪部分在我们的例子中没有体现？

练习（简单）

- 写一个能倒着执行代码块的宏。

- 试验修改频率并观察图像的变化。把高频率设置成大值时会发生什么？添加大量噪点时又会发生什么？（提示：试着添加 scale * rand(size(freqs))。）

练习（中等）

- 修改代码来允许掩盖任意多的系数，但始终包含最重要的 *N* 个。不再调用 blockdct6(img)，而应该调用 blockdct(img, 6)。

- 尽管大部分频率都是 0，我们的编码解码器还是输出一个和输入一样大小的频率数组。然后，只输出每个块中 6 个非零的频率的话，输出就比输入要小，修改解码器以使用这个更小的频率输入。

- 试验用不同的块大小，看看块大小如何影响编码的效果。尝试在一个包含大量文字的图像上用一个大的块尺寸，看看会发生什么？

练习（困难）

- 现在的代码只处理了灰色的图片，但相同的技术也可以用来处理其他颜色。修改代码使其可以处理彩色图片，比如 testimage("mandrill")。

- JPEG 预测第一个系数，叫作 DC 偏移。前一个块的 DC 值会被当前块的 DC 值中减去。这样编码的是偏移而不是全范围的数字，以节省位数。尝试在编码解码器中实现这个功能。

Julia 小结

我们在学习 Julia 的过程中充满乐趣。它还很年轻，但它的特点是吸收竞争对手的最佳特性，不是东拼西凑，而是一气呵成的设计。它运行很快，而且是动态的，它还有强类型和宏。

在我们看来，Julia 专注于特定的领域——科学计算，它是从许多来源获得灵感，经过深思熟虑后制造的一个工具。Julia 对动态语言的易用性和静态语言的高性能的平衡，达到了前所未有的高度，它还把像 multiple dispatch 和真正的宏这样的超前的深奥的特性推到了普通程序员的面前。

Julia 的实用性高于一切，但不像其他实用的语言，它不会让你感觉为了完成工作要牺牲任何想要的东西。如果你曾使用过 MATLAB 或 R 语言，使用 Julia 就像是从 Perl 到了 Python 或 Ruby。

优势

就像我们见到的一样，Julia 擅长数值计算，但科学家们需要的特性在很多其他领域同样有用。扎实的并发特性，将会给 Julia 在新语言圈中带来持久力，并在老语言一族中也能插上一脚。

Julia 的主页一点也没提到"函数式"，但显然 Julia 已经被人们认为是向函数式编程致以了深深的敬意。像 Julia 这样的语言会持续把函数式编程概念推向大众。

Julia 内置了包系统，并且已经有相当数量的包来做很多事了。之前这种级别的交互性——安装包的同时继续工作的能力，是为那些用 Emacs 做所有事情的用户保留的。

劣势

Julia 现有的两个缺点随着时间的推移都将不复存在：第一是它的年轻，第二是缺乏可用的包。

Julia 很新，并且还在成长，很可能还没过青春期。语法可能还会改变，有些东西还工作得不好。这对 Julia 的影响比本书其他语言要大，因为 Julia 的竞争对手包括 Fortran，并且人们依赖的包已经有几十年了，它像岩石一样扎实。

R 和 MATLAB 用一生构建了庞大的包和库。因为 Julia 还很新，它的包库非常小。因为从一开始就内建了包系统，Julia 的生态系统肯定会像野火一样快速蔓延。缺少可用包是所有新语言的共性。

最后的思考

我们喜欢使用的语言很多，但我们用来解决问题的语言却非常少。前段时间我们使用了 Fortran、Python（用 NumPy）和 MATLAB 用于科学计算，但现在我们成了 Julia 的信徒。

如果更适应函数式语言而不是面向对象语言，Julia 会让你有宾至如归的感觉。如果你曾觊觎过 Lisp 的一些强大特性，却又担心无法与团队成员交流，试试 Julia 吧。

正如 Rust 语言的作者 Graydon Hoare 所说，Julia 是一门"恰到好处的语言"[1]。简直不能同意更多！

---

[1] http://graydon2.dreamwidth.org/189377.html

第 6 章

miniKanren

Jack Moffitt

在花费了数十年来告诉计算机如何做事之后，我发现只有逻辑编程能够让我脱离苦海。因为在使用逻辑编程的时候，你只需要描述问题的关系及其约束，计算机就会自动得出满足问题的解。

我还记得我第一次意识到逻辑编程是如此与众不同的场景。那是在一个会议上，当时 Dan Friedman 和 William Byrd 正在介绍一个用 miniKanren 编写的小型语言解释器。他们首先展示了它可以计算一些简单的数学公式，并能够得出正确答案。之后就像神奇的巫术一样，他们用这个解释器反向执行了程序，并且得到原来的问题。

我们能接触到的最接近真正意义的魔法可能就是逻辑编程了。当用逻辑来编程的时候，我并不需要担心每一细节的实现。就像哈利·波特里一样，我只是需要说"星星点灯"——然后灯就亮了。

当前有很多对 miniKanren1 的实现。在这一章里，我们将对内嵌在 Clojure 中的 miniKanren——core.logic 进行探索。和 Prelog 类似，因为对规则和约束的注重，miniKanren 对于某些问题可以迎刃而解，但对于另外一些问题则没有什么好办法去解决。而 core.logic 作为一个良好的实用工具，它能够在神秘的逻辑的领域和我们每天的日常工作之间架起一座方便的桥梁。

第一天：代码的一致性匹配

其实只需要 3 天你就能够学会并且熟练地使用逻辑。而由于 core.logic 是内嵌在 Clojure

---

[1] http://miniKanren.org

里的，所以如果你有函数式编程的经验，会更加轻松。

在第一天，我们将会了解一些逻辑的基本知识。之后会通过一个充满因子的数据库，来了解 core.logic 是怎样使用它们的。最后我们还会讲讲与逻辑判断相关的知识。

在第二天，我们将会对头一天的内容进行补充，例如模式匹配以及一些语法糖。之后我们会关注与散列图相关的知识。

在最后一天，我们会通过学习有限域，并回顾前两天的知识。相信到了这个时候，你也能够处理一些复杂的问题了。

虽然时间短暂，但是在学习之余，你还是可以继续探索逻辑编程，并且将其带入到自己的工作之中。

安装 core.logic

要安装 core.logic，首先需要安装 Java 虚拟机（JVM）以及 Leiningen——一个可以让你远离繁重地管理获取各种 Java 库的解决方案的构建工具。

关于 JVM，你可以在你的系统包管理程序里或者通过 Oracle 的 Java 下载页面[1]获取到它。至于 Leiningen 以及它在各种操作系统上的安装说明，则可以从它的官方主页[2]得到相应的信息。

当所有的准备工作已经做好之后，你就可以用命令 `lein new` 来创建一个新项目：

```
$ lein new logical
Generating a project called logical based on the 'default' template.
To see other templates (app, lein plugin, etc), try `lein help new`.
```

这个命令会在 `logical` 目录下创建一个项目的基本结构。我们还需要在项目文件 `project.clj` 里面添加一些引用，才能够在项目中使用 core.logic。修改之后的 `logical/project.clj` 文件应该是这样的：

```
minikanren/logical/project.clj
(defproject logical "0.1.0-SNAPSHOT"
  :dependencies [[org.clojure/clojure "1.5.1"]
                 [org.clojure/core.logic "0.8.5"]])
```

现在，你就能够在项目目录里使用 Clojure REPL 并且加载 core.logic 了。

---

[1] http://www.oracle.com/technetwork/java/javase/downloads/index.html
[2] http://leiningen.org/

```
$ lein repl
nREPL server started on port 48235 on host 127.0.0.1
REPL-y 0.3.0
Clojure 1.5.1
    Docs: (doc function-name-here)
          (find-doc "part-of-name-here")
  Source: (source function-name-here)
 Javadoc: (javadoc java-object-or-class-here)
    Exit: Control+D or (exit) or (quit)
 Results: Stored in vars *1, *2, *3, an exception in *e

user=> (use 'clojure.core.logic)
WARNING: == already refers to: #'clojure.core/== in namespace: user, being
  replaced by: #'clojure.core.logic/==
nil
user=>
```

注意到那个警告了吗？这并不是件坏事，恰恰相反，它表明有一个 core.logic 的符号替换了默认值。逻辑就在你的指尖徘徊！

目标一定要成功

就像是一个只包含规则和少量数字的数独，或者是一个只能看到部分图片及其形状的拼图游戏一样，逻辑编程就像一个只知道一部分信息的谜题，而它的解就是去找到那些剩下的信息。

简单来说，用逻辑编程就是：提供谜题的初始值以及相应的规则，之后 core.logic 会去做整个求解过程，并且求出所有可能的解。

让我们来看一个简单的逻辑程序吧。为了让我们的探索过程更简单，这里将会用 REPL 来编写。试试下面的代码：

```
user=> (run* [q] (== q 1))
(1)
```

虽然这段代码写出的逻辑程序一看就非常简单，但还是有很多点可以谈及的。

run*用来启动一个逻辑程序，并且返回它的所有解。q 叫作逻辑变量。当逻辑变量被创建的时候，它们没有绑定在任何的值上。正是因为它们没有值，所以它们可以代表任何的东西。在我们的例子里，q 的值是解的集合。至于为什么 q 会成为最常用的逻辑变量名，或许是因为其来自于单词"query"（查询）。

关于逻辑变量的一个直观理解可以是：在数独里每一个小块都可以当作一个逻辑变量，

其中一些小块是空的（*自由的，未绑定的*），而另外一些则被填上了值（*已绑定的*）。

在我们的逻辑程序里，还包含了一条表达式——(==q 1)，这并不是你曾经用到过的相等判定。在 core.logic 里，==被称为一致性函数。这个表达式代表的是：尝试让数字 1 和逻辑变量 q 保持一致。

与模式匹配相似，一致性是你让程序在假设可能的情况下，尝试让左右两边值相同。当左右两边用普通的相等判定得出解的时候，未绑定的逻辑变量将会被绑定到这个值上。在我们的例子里，q 会被绑定到数字 1 上，而因为没有其他的约束条件，也就得出了这个程序的解。现在可能看起来比较奇怪，当我们看过更多的例子之后，你就能更清晰地感受到发生了什么。

在逻辑程序里，表达式被称作目标。它们返回成功或失败，而不是真或假。当成功的时候，可能会找到多个不同的解法，而如果没有任何解，则返回失败。这就引申到我们例子里的最后一部分：结果。

就像之前说的 run*将会返回所有目标结果为成功的 q 的值一样，在我们的例子中，q 和 1 绑定之后与数字 1 保持一致并且返回成功，因此例子里的结果为(1)。这个结果集也正好是符合条件的唯一一个 q 的绑定。

让我们再来看一个失败的目标：

```
user=> (run* [q] (== q 1) (== q 2))
()
```

这个程序有两个表达式，每一个表达式都是一个目标。当一个程序有多个目标的时候，就像其他语言中的&&和 and 关键词一样，只有当所有的目标都返回成功的情况下才会返回成功。在这个例子里，第一个一致性判定会像之前的例子里一样把 q 绑定到数字 1 并返回成功。而因为 1 并不能和 2 保持一致性，所以第二个一致性判定将会返回失败。这样，由于没有任何一个 q 的绑定能够同时让两个目标都返回成功，程序的结果集将会为空。

使用关系

让我们再来看看这个逻辑方法：

```
user=> (run* [q] (membero q [1 2 3]))
(1 2 3)
```

membero 是一个关系。它的意思是第一个参数是第二个参数所提供的集合里的一员。因为这也是一个目标，所以它的结果也会是成功或失败，同时当结果为成功时，会将 q 绑定到相应的值上。在我们这个例子里，成功地返回了值 1、2、3。需要注意的一点是：在这个例子里我们并没有告诉 core.logic 怎么解这个问题，而只告诉了它关系。

run* 会返回所有结果为成功的绑定，也就是包含了所有成功值的列表。在我们这个简单的程序里，可以凭直觉简单地知道答案都是正确的。这个小技巧，我们以后也能用上。

同样的，你也可以在使用 run 的时候指定需要的结果大小：

```
user=> (run 2 [q] (membero q [1 2 3]))
(1 2)
```

这个功能是非常有用的，因为在某些情况下，可能会出现满足目标的无数个解。

逻辑编程还有很多神奇的功能藏在夹袋里呢。让我们来看看如果我们调换了 membero 的参数之后会发生什么：

```
user=> (run 5 [q] (membero [1 2 3] q))
(([1 2 3] . _0) (_0 [1 2 3] . _1) (_0 _1 [1 2 3] . _2) (_0 _1 _2 [1 2 3] . _3)
 (_0 _1 _2 _3 [1 2 3] . _4))
```

我们来仔细看看这个奇妙的答案。在原来的方法 membero q [1 2 3] 里，我们是想得到集合里面所有的元素。但是在新的方法 membero [1 2 3] q 里，求得是什么集合包含了元素 [1 2 3]。正因为会有无限多种可能的集合包含元素 [1 2 3]，所有我们要求只取 5 个结果。

第一个结果是 (([1 2 3] . _0)。其中 . 代表的是列表的构造操作符。. 左边的部分是这个列表的第一个元素（头），右边的部分是这个列表的其余部分（尾）。那个神奇的 _0 代表的是一个未绑定的逻辑变量，在这个例子里它表示列表的尾可以是任何元素。换句话说，第一个结果说明，对于任何列表，只要它的第一个元素是 [1 2 3] 就能满足目标了。

其他的结果也是类似的，例如第二个结果就表明，对于任何列表，不论第一个元素和最后一个元素是什么，只要它的第二个元素是 [1 2 3] 就满足目标了。

这就像对于一个已经解出来的数独，求它可能的开始状况一样。这很酷，不是吗？我还从来没有见过其他的编程语言支持这样反向执行程序的。

后缀 "o" 是什么意思？

在《The Reasoned Schemer》[FBK05] 这本书里，用上标 "o" 代表关系。之后在 miniKanren 和 core.logic 社区里，也遵循了这一传统。

当在逻辑程序里混合了标准 Clojure 代码时，会发现这一个可以表示特定函数的小小视觉提示会非常有用。起初可能看起来比较奇怪，之后你会慢慢习惯它的。并且在对其他人解释你的程序的时候会更加方便。

用因子编程

我们之前介绍了 core.logic 的基本功能,并且发现它会找到并绑定所有能够满足程序目标的 q。我们同样也讲解了一个内置的关系——找到集合里的元素——membero。现在,我们来自己写一个关系。

core.logic 包含了一个数据库 pldb,它可以让我们通过一组因子来构建一个简单的关系。这和传统数据库系统的表是一样的。比如我们可以创建两个关系分别叫作 mano 和 womano。为了达到目的,我们需要使用 db-rel 命令。它的第一个参数是关系的名称,其他的参数都是占位符。

```
user=> (use 'clojure.core.logic.pldb)
nil
user=> (db-rel mano x)
#'user/mano
user=> (db-rel womano x)
#'user/womano
```

这样,我们就创建了两个关系。它们都只接受一个参数,并且当这个参数分别是男性(man)和女性(woman)时返回成功。

我们可以通过给数据库里的方法绑定一组因子来构建关系。每个因子都是一个包含关系和它的参数的一个向量。

```
user=> (def facts
  #_=>   (db
  #_=>     [mano :alan-turing]
  #_=>     [womano :grace-hopper]
  #_=>     [mano :leslie-lamport]
  #_=>     [mano :alonzo-church]
  #_=>     [womano :ada-lovelace]
  #_=>     [womano :barbara-liskov]
  #_=>     [womano :frances-allen]
  #_=>     [mano :john-mccarthy]))
#'user/facts
```

之后,在数据库里查找就很简单了。让我们来试着找出所有的女性(woman):

```
user=> (with-db facts
  #_=>   (run* [q] (womano q)))
(:grace-hopper :ada-lovelace :barbara-liskov :frances-allen)
```

　　with-db 方法将数据源设置成了数据库关系。它既支持同时使用若干个数据库，也支持使用单个数据库。在我们的例子里，当 q 是女性时，会返回成功。因此，结果是所有的女性成员。

　　让我们再多加些关系：vitalo 和 turingo。它们分别代表那些人的当前的状态以及什么时候获得的图灵奖：

```
user=> (db-rel vitalo p s)
#'user/vitalo

user=> (db-rel turingo p y)
#'user/turingo

user=> (def facts
  #_=>    (-> facts
  #_=>        (db-fact vitalo :alan-turing :dead)
  #_=>        (db-fact vitalo :grace-hopper :dead)
  #_=>        (db-fact vitalo :leslie-lamport :alive)
  #_=>        (db-fact vitalo :alonzo-church :dead)
  #_=>        (db-fact vitalo :ada-lovelace :dead)
  #_=>        (db-fact vitalo :barbara-liskov :alive)
  #_=>        (db-fact vitalo :frances-allen :alive)
  #_=>        (db-fact vitalo :john-mccarthy :dead)
  #_=>        (db-fact turingo :leslie-lamport :2013)
  #_=>        (db-fact turingo :barbara-liskov :2008)
  #_=>        (db-fact turingo :frances-allen :2006)
  #_=>        (db-fact turingo :john-mccarthy :1971)))
#'user/facts
```

　　现在我们有足够多的因子来回答一些有趣的问题了：

```
user=> (with-db facts
  #_=>    (run* [q]
  #_=>      (womano q)
  #_=>      (vitalo q :alive)))
(:barbara-liskov :frances-allen)
```

　　这个目标是：所有活着的女性。需要注意的一点是：当一个目标成功，并且将值绑定到逻辑变量 q 之后，满足其他的关系的值也得要满足这个目标。

　　为了扩展到更复杂的逻辑程序，我们通常需要更多的逻辑变量。我们可以用 fresh 方法来创建一个新的、未绑定的逻辑变量。

```
user=> (with-db facts
  #_=>    (run* [q]
```

```
❶   #_=>    (fresh [p y]
❷   #_=>     (vitalo p :dead)
❸   #_=>     (turingo p y)
❹   #_=>     (== q [p y])))
([:john-mccarthy :1971])
```

❶ 我们用 fresh 创建了两个未绑定的逻辑变量。

❷ 将 p 作为参数传给关系 vitalo 会让它被绑定到所有已经去世的人。

❸ 当 p 已经绑定好之后,我们可以用 turingo 关系来绑定这个人获得图灵奖的年份。
当然,这个人必须得过图灵奖才能满足关系。

❹ 最后,我们将 q 绑定到一个包含了人以及年份的向量。

因此这个问题可以被表述为:"哪位去世的人获得过图灵奖?"在逻辑编程里有趣的一
点是,目标的顺序并不重要。所以在这个例子里,我们先绑定了 p,然后是 y,最后绑定
了 q,但这只是定义了目标,并不是执行顺序,让我们来看看改变顺序会怎样:

```
user=> (with-db facts
  #_=>    (run* [q]
  #_=>     (fresh [p y]
  #_=>      (turingo p y)
  #_=>      (== q [p y])
  #_=>      (vitalo p :dead))))
([:john-mccarthy :1971])
```

这次我们改变了目标的顺序,特别是,q 在 p 被绑定之前就被设置了一致性。core.logic
会在逻辑变量被绑定的时候去替换未绑定的占位符。或者就像我们之前看到过的一样,如
果那些占位符到最后都没有被绑定,就会显示成_0、_1 之类的。

平行宇宙

在逻辑编程里,还有一个宏命令我们没有讲过:conde。之前看到过的 run、run*
以及 fresh 都是只有当所有的目标都成功的时候才会返回成功。这就有点像是其他语言里
的 and 或者&&。而 conde 则有点像 or 或||。

和 or 类似,当任何一个目标成功时,conde 就会返回成功。而不同的是,conde 会
独立地返回每一个成功的目标。就像是在平行宇宙里跑你的程序一样,不同分支的 conde
会跑在一个全新的宇宙里,然后检测到所有可能的成功。

让我们来看个例子:

```
user=> (run* [q]
  #_=>   (conde
  #_=>     [(== q 1)]
  #_=>     [(== q 2) (== q 3)]
  #_=>     [(== q :abc)]))
(1 :abc)
```

conde 的每一个分支就是列表中的一个目标。只有分支的目标成功时，分支才会成功。而当每一个分支都执行结束之后，conde 返回成功。在这个例子里：第一个分支成功地将 q 绑定到了 1；在另一个宇宙里的，第二个分支返回失败；在第三个宇宙里，第三个分支成功地将 q 绑定到 :abc。这样，结果就是在各个宇宙中成功绑定 q 的列表。

咒语的秘密

在今天早些时候，我们看到了找集合元素的 membero 关系。在我们学习了 conso 之后，你就能够实现自己的 membero 关系了。

在 Lisp 语言里，列表的构造函数是 cons。因此，conso 毫无意外地与它是表亲关系。conso 是用来将一个列表的头和尾合成在一起的。并且因为它是关系，所以它接受 3 个参数——和 cons 类似，最后一个参数接受一个逻辑变量来获得列表构造的结果。

```
user=> (run* [q] (conso :a [:b :c] q))
((:a :b :c))
```

我们也可以获得列表的尾部。

```
user=> (run* [q] (conso :a q [:a :b :c]))
((:b :c))
```

如果反向执行 conso，会把列表分解成为它的头和尾。在这个例子里，我们创建了两个逻辑变量来获得列表的头和尾，然后将 q 绑定到结果的向量上。

```
user=> (run* [q] (fresh [h t] (conso h t [:a :b :c]) (== q [h t])))
([:a (:b :c)])
```

现在，你知道了怎么提取与合并列表，怎么用 conde 对时空进行操作。所以我们可以创建一个强大的递归关系了。

让我们创建一个和内置的 membero 具有相同功能的关系 insideo：

```
user=> (defn insideo [e l]
  #_=>   (conde
```

```
    #_=>      [(fresh [h t]
    #_=>       (conso h t l)
❶   #_=>       (== h e))]
    #_=>      [(fresh [h t]
    #_=>       (conso h t l)
❷   #_=>       (insideo e t))]]))
    #'user/insideo
```

❶ 第一个分支用 conde 对集合进行分解，并且当集合的头部与传入的值相等时返回成功。

❷ 第二个分支将会递归的对集合的尾部调用 insideo 关系。

我们可以用下面的公式来验证 insideo 和我们预期的结果是一样的：

```
user=> (run* [q] (insideo q [:a :b :c]))
(:a :b :c)
user=> (run 3 [q] (insideo :a q))
((:a . _0) (_0 :a . _1) (_0 _1 :a . _2))
user=> (run* [q] (insideo :d [:a :b :c q]))
(:d)
```

insideo 也可以正向和反向工作。并且在最后一个例子里，它甚至能够判断什么元素会让自己成功。

第一天我们学到了什么

现在，你已经通过在时间和空间上初步掌握了逻辑，也知道了你并不需要知道解决方案的每一步，只需要将问题和常量用公式表达出来。

今天我们学到了很多与逻辑相关的知识。有如何用 run* 和 run 来写逻辑程序，还有逻辑变量和一致性是怎么工作的——告诉电脑一些数据和规则之后它会自动帮你解出答案。通过这些，我们看到了在其他语言里不存在、只存在于逻辑编程里的第一个特殊用法——membero 关系的正向和反向执行。

存放因子的数据库可以让我们为逻辑程序创建一些基础的知识库。随后可以用这个知识库来创建推理和查询，并且数据库也可以与其他的数据库进行合并或者扩展。

conde 让你有能力在多重宇宙中计算并且观察到所有的可能性。它逻辑上和其他语言的 if 或者 cond 是类似的分支结构。但是所有的分支都会被执行，并且只有成功的路径才会回馈给结果集。

最后，我们学习了如何创建我们自己的关系。我们甚至还创建了一个递归关系。这些内容看起来好像不多，但是已经能够让你构建一些自己的东西了。

轮到你了

是时候让你用 core.logic 来独立完成一些练习了。别担心，我们会从一些简单的开始。

找到

- core.logic 的官方主页。

- David Nolen、Dan Friedman 或 William Byrd 的关于 core.logic 或者 miniKanren 的精彩视频。

- core.logic 的基本介绍。

- 一些其他应用 core.logic 的项目。

练习（简单）

- 尝试执行一个有 2 个 membero 目标并且 q 都是其第一个参数的逻辑程序。当 2 个集合里有相同的元素时会发生什么？

- appendo 是 core.logic 内嵌的功能，可以用来合并 2 个列表。模仿 membero 的例子写几个逻辑程序来感受它是怎么工作的。一定要试试将 q 放在 3 个不同参数位置上，来看看不同的结果。

- 创建 2 个数据库关系：languageo 和 systemo，并且根据平时工作时的分类来添加相关的因子。

练习（中等）

- 用 conde 创建一个关系 scientisto，当对于任意的男性和女性时，返回成功。

- 写一个逻辑程序来找出所有获得过图灵奖的科学家。

练习（困难）

- 用家族树数据库以及 2 个关系 childo 和 spouseso 来构建一个基因图谱。然后再写出几个可以获得家族树的关系，例如 ancestoro、descendanto 或者 cousino。

- 实现一个与简单"练习"里提到过的内嵌关系 appendo 具有相同功能的 extendo。

第二天：混合逻辑与函数

在《The Reasoned Schemer》[FBK05]这本奇妙的书里，只用了 2 页来描述如何实现 miniKanren。如果联想到它能拥有的强大功能，这真的是非常了不起。core.logic 的实现则会大很多，因为它更注重于性能的提升以及为 Clojure 提供很多扩展功能。

那些介绍 core.logic 代码的额外的书页并不会浪费。今天，让我们来深入了解混合 Clojure 和逻辑编程能够为我们带来的好处。一开始你可能还是会感觉像是"麻瓜"而不是个"巫师"，但只要坚持下去，很快你就能混合出属于自己的独一无二的"药水"。

模式，那里都是模式

函数式编程语言的一个基本功能就是模式匹配。但 Clojure 在其解构的方法里对模式匹配的支持还是非常有限的，因此世面上就有了很多能够提供强大模式匹配的库。比如说写出了 core.logic 的 David Nolen 也写出了一个世界上最好的模式匹配库——core.match。当然 core.logic 也毫无意外地内嵌了模式匹配功能。

让我们再来看看昨天用 conde 来测试 insideo 的不同情况的例子：

```
(defn insideo [e l]
  (conde
    [(fresh [h t]
       (conso h t l)
       (== h e))]
    [(fresh [h t]
       (conso h t l)
       (insideo e t))]))
```

conde 每一个分支做的第一个事情都是将列表拆分成头和尾。只需要想想就可以知道，还有很多其他的方法也会有这一重复的功能。

用 matche 来匹配

matche 可以被看作 conde 的模式匹配版本，它可以让代码看起来更加清晰和简洁。让我们来看看 insideo 关系用 match 重写之后的样子：

```
(defn insideo [e l]
  (matche [l]
    ([[e . _]])
    ([[_ . t]] (insideo e t))))
```

matche 的第一个参数是我们用来匹配的变量列表。每一个子句就是它自身的列表，它的第一个元素就是将要匹配的模式。可以看到，这个模式就像是参数列表一样包含了一对括号。

第一个期望被 l 匹配的模式是 [e . _]，这个点还是列表构造操作符，点左边是列表头，点右边是列表中剩下的元素。_ 可以表示一个虚拟值，它就像是被 fresh 命令创建的新变量一样。不同的是，它的值不会被使用，而会被直接忽略掉。当 e 是 l 的第一个元素时，这个模式能够被匹配上。

第二个模式包含了一个我们还没有提到的变量。matche 会自动为在模式匹配出来的未知逻辑变量调用 fresh 命令。因为这样代码就显得更简洁了，随后 t 会与列表的尾部进行一致化，然后我们就能够递归地使用它来保持搜索过程了。

这些模式都很简单，但是由于可以对嵌套很深的元素进行新建与一致化，模式也可以是非常复杂的。这就让其在实践中变得非常有用：可以直接分解输入并得到自己想要的数据，而不是对输入不断地操作来获得需要的数据。

函数模式

当开始使用模式匹配的时候，你或许会注意到几乎所有的方法最后都会跟着一个巨大的 matche 块。也正是因为这样，core.logic 有另外一个模式匹配的命令——defne——来避免这个。

defne 定义了一个为自己的参数使用模式匹配的方法。让我们来看看下面这个例子，你会发现它能够让代码更加简洁。

```
(defne exampleo [a b c]
  ([:a _ _])
  ([_ :b x] (membero x [:x :y :z])))

;; expands to:

(defn exampleo [a b c]
  (match [a b c]
    ([:a _ _])
    ([_ :b x] (membero x [:x :y :z]))))
```

可以看到参数列表被重复填充到了 matche 的内部。这和有内嵌正则函数的 Erlang 或者 Haskell 有点类似。

让我们把 insideo 再用 defne 重写一下。我觉得，你应该不能写出更简单的版本了。

```
(defne insideo [e l]
```

```
([_ [e . _]])
([_ [_ . t]] (insideo e t)))
```

因为我们并不关心在不同子句里的第一个参数，所以我们用_来忽略掉它。defne 的一个不好的地方是，所有的参数都必须要满足模式，而不是仅仅满足自身的需要就行了。不过在通常情况下，有这一点小问题还是值得的。

用现在这个 defne 的版本与前面我们一开始写的 insideo 关系进行比较，可以看出模式匹配让这个方法回归了其本质。

用上散列图

不管你最喜欢的编程语言叫它什么——散列图、哈希表、词典，它都是最常用也是最重要的数据结构。Clojure 从 Lisp 得到并创新的一点就是对散列图的第一等公民待遇，同样，core.logic 也一样支持它。

散列图在 core.logic 里和在 Clojure 里基本没有区别。你也可以将它用在模式匹配上。

```
user=> (run* [q]
 #_=>    (fresh [m]
 #_=>    (== m {:a 1 :b 2})
 #_=>    (match [m]
 #_=>     ([{:a 1}] (== q :found-a))
 #_=>     ([{:b 2}] (== q :found-b))
 #_=>     ([{:a 1 :b 2}] (== q :found-a-and-b)))))
(:found-a-and-b)
```

这段代码可以看出，散列图的使用非常简单，以及它和你预期的效果并不一样。首先这个程序用一个简单的散列图与 m 设置了一致性，然后用 match 来匹配多个模式。如果你熟悉 Clojure 的话，你或许会期望所有的 3 个模式的目标都判定成功，但是为什么只有最后一个目标成功了呢？

答案很简单，和 Clojure 去解析每一个键值不同，core.logic 的散列图模式必须要求完全匹配。当你知道散列图里有哪些值并且要去匹配它们的时候，这个功能还是很有用的。但是如果你只想查找里面的一部分，就需要其他的方法了。

我们需要的是一个能够找到散列图里包含的某个值，并且为其构造一个逻辑变量的方法。在 core.logic 里，它被称为 featurec，我们来看看这个例子：

```
user=> (run* [q]
 #_=>    (featurec q {:a 1}))
((_0 :- (clojure.core.logic/featurec _0 {:a 1})))
```

我们首先创建了一个包含键 : a 和值 1 的散列图 q，然后查找 q 里所有可能的值。这个结果读起来有点麻烦，:-符号可以读作"满足"。整句话可以理解为：对于任意的散列图，当{:a 1}是个组成部分时，都能够满足为解。这也是 core.logic 怎么在解里面表达约束条件的。

让我们用 conde 和 featurec 来重写之前的散列图模式：

```
    user=> (run* [q]
      #_=>   (fresh [m a b]
      #_=>     (== m {:a 1 :b 2})
      #_=>     (conde
❶   #_=>       [(featurec m {:a a}) (== q [:found-a a])]
❷   #_=>       [(featurec m {:b b}) (== q [:found-b b])]
      #_=>       [(featurec m {:a a :b b}) (== q [:found-a-and-b a b])]])))
❸   ([:found-a 1] [:found-b 2] [:found-a-and-b 1 2])
```

❶ 当散列图里包含键值为 : a 的元素时这个分支返回成功，并且不关心其具体的值。要注意的是，这里也会创建一个新的变量 a 绑定到键值对里的值。

❷ 和上一个分支一样，不过是判断包含键 : b。

❸ 和上次不同，这次的结果包含了所有的 3 个分支结果。同时可以注意到，我们同样取得了键值对里面的值。

你可以看到 featurec 是一个很有用的工具，因为它可以在逻辑编程中引入部分或者全部散列图，所以可以更清晰地表达很多问题。

你或许会问为什么是 featurec 而不是 featureo。简单来说，它不是一个关系。即使散列图里的值是个逻辑变量，第二个参数也必须是个散列图。因此，它不能由一个散列图来得到它的所有可能组合信息，也就是不能反向执行。

```
    user=> (run* [q]
      #_=>   (featurec {:a 1 :b 2 :c 3} q))

ClassCastException clojure.core.logic.LVar cannot be cast to
clojure.lang.IPersistentMap
clojure.core.logic/eval3753/map->PMap--3764 (logic.clj:2443)
```

当然，这一点小小的限制并不会阻碍我们用部分散列图来做更厉害的事情。

另一种判定

在你熟悉的语言里都只有一种判定：依次按顺序判定每一个条件，当成功的时候，执行当前分支里的代码。请不要吃惊，因为 core.logic 里有多种判定方式的时候。我们昨天已经看到了 conde，今天我们会学习 2 个新的判定——conda 和 condu。

就像之前说的一样，你可以当作 core.logic 将每一个分支都执行在平行宇宙里，而不同类型的 cond 命令则会控制多少个宇宙，以及有多少个结果会被收集到最终的结果集里。

单一宇宙

最简单理解 conda 命令的方法还是通过例子。让我们来创建一个关系：whicho，它会告诉我们某一个元素是否出现在 2 个列表里。它的参数会接收 1 个元素、2 个列表，以及结果。最终结果会根据元素所在的列表分别显示出来：one、two、:both 中的一个。让我们先用之前学过的 conde 命令来写：

```
user=> (defn whicho [x s1 s2 r]
  #_=>   (conde
  #_=>     [(membero x s1)
  #_=>      (== r :one)]
  #_=>     [(membero x s2)
  #_=>      (== r :two)]
  #_=>     [(membero x s1)
  #_=>      (membero x s2)
  #_=>      (== r :both)]))
#'user/whicho
user=> (run* [q] (whicho :a [:a :b :c] [:d :e :c] q))
(:one)
user=> (run* [q] (whicho :d [:a :b :c] [:d :e :c] q))
(:two)
user=> (run* [q] (whicho :c [:a :b :c] [:d :e :c] q))
(:one :two :both)
```

在最后一个结果之前，程序都能够满足我们的需求。那么为什么最后一个结果里会包含更多的内容呢？

core.logic 会将每个分支跑在其自己独立的宇宙里，然后收集所有成功目标的结果并呈现它们。在我们的例子里，:c 能够让 3 个分支都成功，因此这个解里包含了 3 个结果。

有些时候，这正是我们期望的，但是在这个例子里，我们还是只期望最后一个解只显示:both。让我们用 conda 重写它。

```
user=> (defn whicho [x s1 s2 r]
  #_=>   (conda
  #_=>     [(all
  #_=>       (membero x s1)
  #_=>       (membero x s2)
  #_=>       (== r :both))]
```

```
#_=>      [(all
#_=>       (membero x s1)
#_=>       (== r :one))]
#_=>      [(all
#_=>       (membero x s2)
#_=>       (== r :two))]))
#'user/whicho
user=> (run* [q] (whicho :a [:a :b :c] [:d :e :c] q))
(:one)
user=> (run* [q] (whicho :d [:a :b :c] [:d :e :c] q))
(:two)
user=> (run* [q] (whicho :c [:a :b :c] [:d :e :c] q))
(:both)
```

现在结果就是我们所期待的了。那么 conda 做了些什么？

conda 只会关心当第一个成功的分支出现时的结果。也就是说，在之前的多重宇宙的比喻里，conda 会忽略掉其他的宇宙以及它们的结果。

在现在的 whicho 里，conda 首先判定第一个分支的第一个目标，当这个目标成功的时候，它就会忽略掉其他的目标。只有当这个目标失败的时候，它才会去找下一个目标。一旦找到了一个成功的目标，不论其他的分支是否也会成功，它们都会被忽略掉。

你可能注意到了，在新的代码里我们调换了顺序，并且把所有的目标都用 all 包起来了。和 conde 不同的是，conda 是和顺序相关的，所以我们必须调换顺序。如果 :both 分支不是第一个，当其他分支成功的时候，它就总会被忽略掉。也因为在判定分支的时候是根据其第一个目标是否成功，而不是整个分支是否成功，所以 all 在这里也是必须的。如果我们不用 all 的话，当 (membero x s1) 成功的时候，不论 (membero x s2) 是成功还是失败，都会执行到第一个分支。也就会导致 (whicho :b [:a :b c:] [:d :e :c] q) 没有结果，而不是 :one。

conda 在逻辑编程里虽然不像 conde 那样常见，不过它应该和你常用的判定更相似。

单一结果

condu 和 conda 类似，只不过它会在找到第一个结果时就返回成功，而不是将解限制在一个分支里。

在我们实际操作 condu 之前，让我们再反向执行一次 insideo：

```
user=> (run* [q] (insideo q [:a :b :c :d]))
(:a :b :c :d)
```

如果你还能记得，insideo 是我们自己实现的 membero，它会返回所有在第二个参数里的元素。现在，让我们用 condu 来替换实现里的 conde：

```
user=> (defn insideo [e l]
  #_=>   (condu
  #_=>     [(fresh [h t]
  #_=>        (conso h t l)
  #_=>        (== h e))]
  #_=>     [(fresh [h t]
  #_=>        (conso h t l)
  #_=>        (insideo e t))]))
#'user/insideo
user=> (run* [q] (insideo q [:a :b :c :d]))
(:a)
```

当第一个结果返回的时候，即使我们用 run*来要求返回所有的解，insideo 还是会停下来。正因为它只要找到了任何成功的选择，就会选择那个解，condu 也被称作委托选择命令。

三种判定

你需要根据你所需要做的事情来选择用哪一种判定命令。当你不太清楚该用哪一个的时候，先从 conde 开始。在结果不正确的情况下，当你不需要那么多分支成功的时候可以用 conda，或者只需要一个解的时候用 condu。明天我们将会看到一个不能用 conde，只能用 conda 的例子。

不同类型的 cond 命令都有其对应的 match 和 defn 命令。对于 conde，我们已经看到过了用来做模式匹配的 matche，以及定义模式函数的 defne。同样，core.logic 也为 conda 提供了 matcha 和 defna 命令，为 condu 提供了 matchu 和 defnu 命令。

要完全理解多种判定命令需要一些时间，在沉淀知识的这段时间里，我们休息一下，看看和 core.logic 创造者的对话。

对 David Nolen 的采访

David Nolen 不光写出了一个对 miniKanren 的实现，也就是我们一直在用的 core.logic；他还同样是 Clojure 以及 JavaScript 的很多优秀类库的作者。今天他向我们分享了逻辑编程的魅力。

我们：你是怎么对逻辑编程产生兴趣的？以及是什么让你创作了 core.logic？

David：我第一次见到逻辑编程是在 2009 年。当时我读了 Jim Duey 的一篇关于逻辑编程的博客——他用 Clojure 移植了一个简单的 miniKanren 实现，并且用声明的方式解决了那个经典的逻辑问题（爱因斯坦谜题）。这既让我惊讶也让我倍感有趣，所以给他发邮件询问这一切是怎么工作的。他向我介绍了《The Reasoned Schemer》，这本我在去第一届 Clojure 大会的路上带着的书。而后，因为好玩，所以我决定自己实现一个简单的 miniKanren。但是《The Reasoned Schemer》里并没有太多的实现细节，所以我到处找相关的信息。最终我找到 William Byrd 的论文，也正是这个论文澄清了很多疑问，并且在一开始实现 miniKanren 的路上指导了我。不久之后，Clojure 引入了 deftype、defrecord 以及 protocols，也就是在这个时候，我觉得通过这些知识以及功能可以写出一个合理、有效的 miniKanren 实现。在 4 到 5 个月后，我的实现可以和 SWI-Prolog 一样，非常快地解开爱因斯坦谜题。这大大鼓励了我，随后我沉浸在逻辑和约束逻辑编程的文献里，并且不断移植一些我遇到的有趣的点子，最终就形成了 core.logic。

我们：你觉得逻辑编程最适合去解什么类型的问题？

David：任何能够从声明式解决方案中受益，并且性能不是最优先考虑的问题都可以。

我们：有什么是在 core.logic 里面能做的但是在其他语言里，比如 Prelog，不能做的？

David：新 Prelog 由于灵活以及方便的自定义化，是一个非常强大的语言。我认为 miniKanren 和 Prelog 相比最大的优势就在于，它是浅埋在函数式编程语言里的。因此 miniKanren 能够让你用手边最好的范例去解决问题。

我们：你希望 core.logic 有什么新功能吗？

David：我最希望的是集成 Clojure 的数据结构。我也希望将所有的有限域的功能都移植到 ClojureScript 中，但这就需要等待一个更好的官方交叉编译了。除此之外，我还有一大堆需要找到时间来评估和实施的性能优化的想法。

第二天我们学到了什么

声明式编程是强大且简洁的。当我们将 Clojure 的功能融合到 miniKanren 之后，就可以通过命令来创建新的方法，以及使用像散列图一样的数据结构。

我们通过用 matche 让 conde 命令更简单地学习了模式匹配。而正因为有像 matche 和 defne 这样的命令的存在，Clojure 的命令才可以让逻辑编程更加简单。

接下来我们尝试对散列图进行匹配，发现 core.logic 通过约束来支持部分散列图。我们用 featurec 命令来约束散列图，并且从中取到我们需要的值的键。

最后，我们探索了三种类型的判定：conde、conda 以及 condu。

轮到你了

明天我们将会整合所有的知识来实现一个例子。所以，今天一定要练习新学到的这些知识。

找到

- `featurec` 的示例代码。

- **core.logic** 里 `membero` 的源码。

练习（简单）

- 用 `matche` 或 `defne` 重写第一天问题里的 `extendo`。

- 创建一个接受 `:username` 作为键的散列图的关系 `not-rooto`，当 `:username` 的值为 "root" 时，返回成功。

- 反向执行 `whicho`，找到只在一个列表里或者同时存在两个列表里的元素。

- 在 `whicho` 里添加一个分支 `:none`。当 `whicho` 是用 `conde` 实现的时候，在执行到 `:none` 分支时会发生什么？

练习（中等）

- 用昨天的数据库来创建关系：`unsungo`。它可以接受一个包含电脑科学家的列表，并且当所有人都没有得过图灵奖时，返回成功。在这里用 `conda` 应该会很有用。

练习（困难）

- 反复执行 `(insideo :a [:a :b :a])`，看看它会返回多少个成功？让它只返回一次成功，并且当执行 `(insideo q [:a :b :a])` 的时候，返回所有不重复的元素。提示：可以用 `!=` 操作符。

第三天：用逻辑来写故事

在前两天，你已经见到了 **core.logic** 的很多功能。现在是到了让我们整合这些知识，并且实现一个大型的例子的时候了。

生活中有许许多多涉及路线规划的问题。例如，你如何飞到一个遥远的城市？有时会有直达的航班，有时路径会涉及多条线路：不同的飞机，甚至几家航空公司；或者是一个卡车运送的问题。你必须从所有可能的路线里选出最快或者最短的线路。

如果你想，其实可以有一个相似但更有趣的问题。并不需要去连接不同的城市，相反可以有很多情节点，通过这些情节点构成了整个故事。然后，作为一个作家，为了达到最佳的效果，你需要不断地优化它：因此这个故事应该很短吗？还是应该在结尾的时候让每个人都死掉呢？

我们将会用目前学到的逻辑知识来构建一个故事生成器。这里我们会用到和那些路径规划问题相同的技术，因此结果可能会显得很简单。

在我们构建故事生成器之前，我们还有 core.logic 的最后一个功能需要提及：有限域。

用有限域编程

逻辑编程的背后其实都是定向搜索算法。你指定约束条件，然后程序就会去找到满足的解。

到目前为止，我们在逻辑编程里接触到了元素、列表以及散列图。虽然这些解可能会无限大，但是它们还是由有限的一组具体元素组成合成的。因此，为了找到(membero q [1 2 3])的解，core.logic 只需要依次遍历每一个元素。

那当我们对数字进行操作的时候会发生什么呢？假设我们查找(<= q 1)的整数解，这里有无数的解，甚至更糟的是有无数种可能性去尝试。于是，根据你从哪里开始，以及怎么去搜索，你有可能永远得不到解。

当我们限定 q 是正整数或者其他一组数字集合的时候，这个问题就迎刃而解了。在core.logic 里，我们可以用有限域来施加约束，它能够为搜索的问题添加一套有效状态集的知识。让我们来看一个用了有限域的(<= q 1)例子：

```
user=> (require '[clojure.core.logic.fd :as fd])
nil
user=> (run* [q]
❶  #_=>   (fd/in q (fd/interval 0 10))
   #_=>   (fd/<= q 1))
❷ (0 1)
```

❶ 通过这个约束，q 被限定在给定区间里的整数。

❷ 正因为约束域，所以解是有限的，并且能够很快得出结果。

有限域不光能够在数字上使用，也能够让你在逻辑变量上的进行数学操作。我们可以让 core.logic 帮我们找出不相等的三个相加和为 100 的数的所有解。

```
   user=> (run* [q]
❶ #_=>    (fresh [x y z a]
   #_=>      (== q [x y z])
❷ #_=>      (fd/in x y z a (fd/interval 1 100))
❸ #_=>      (fd/distinct [x y z])
❹ #_=>      (fd/< x y)
   #_=>      (fd/< y z)
   #_=>      (fd/+ x y a)
   #_=>      (fd/+ a z 100)))
❺ ([1 2 97] [2 3 95] [1 3 96] [1 4 95] [3 4 93] [2 4 94] ...)
```

❶ x，y 和 z 是我们需要解出的数字，a 只是一个临时使用的变量。

❷ 将所有的逻辑变量都约束在 1 到 100 这个有限的范围里。

❸ fd/distinct 设置了一个逻辑变量之间彼此不能相等的约束。可以防止类似解[1 1 98]的发生。

❹ 我们限定 x 必须要小于 y，同样的 y 必须要小于 z。如果我们没有加这一步的话，就会出现像[6 28 66]和[66 28 6]这样重复的解。

❺ core.logic 并不慢，因为总共有 784 个解，而我的机器只用了 5 毫秒就全部得到了它们。

除了用一个临时逻辑变量来辅助 3 个数相加比较笨之外，整个代码是没有问题的。并且，core.logic 在数学计算上还提供了一个语法糖：fd/eq。它可以让我们用正常的表达式来表达我们的等式。在将它转换到代码的时候，它会自动创建合适的临时逻辑变量，以及用适合这个临时变量的有限域来对它进行约束。

```
user=> (run* [q]
  #_=>    (fresh [x y z]
  #_=>      (== q [x y z])
  #_=>      (fd/in x y z (fd/interval 1 100))
  #_=>      (fd/distinct [x y z])
  #_=>      (fd/< x y)
  #_=>      (fd/< y z)
  #_=>      (fd/eq
  #_=>        (= (+ x y z) 100))))
([1 2 97] [2 3 95] ...)
```

最后一行显然更简单了，也让整个程序更易读了。

让我们花些时间回顾一下发生了什么。命令让逻辑变成了普通的语法，有限域将搜索的问题约束到一个小的范围，而后程序会返回所有可能的解，而不是单独的解。最重要的是，它是声明式的，因此读起来就像是问题的描述，而不是解决的方法。

神奇的故事

到目前为止，我们的例子都是为了让你能够更好地理解 core.logic 中的单独功能。不过现在，我们会把你所学到的所有功能放到一个更现实、更复杂的例子里进行练习。这之后，你就能像哈利·波特一样，可以用咒语来开门或者完成其他的普通任务了。

就像是逻辑编程擅长于解决的，通过路线、调度交货或者路径规划等问题一样，我们的任务将会是一个添加了约束条件的路径查找。

和寻找送货卡车的路线或者用合适的通过路线到达另一个城市不同，我们会生成故事。利用数据库里的情节元素，我们可以得出一个能够达到某一特定结局的故事。也就是由你控制的逻辑以及结果，使得情节元素通过特定的路径并且成为一个故事。

> **灵感的源泉**
>
> 2013 年的 Strange Loop 里的一个奇妙的演讲催生了这个例子。那个演讲是 Chris Martens 的 "线性逻辑编程"[1]。她同样也是《线性逻辑编程创造小故事生成器》论文的合作者[2]。Chris 在里面解释了线性逻辑编程，然后用《包法利夫人》为参考，让这一技术生成并探索故事。因此我强烈推荐你去研究一下她的工作。

core.logic 会生成很多各种各样可能性的故事，然后我们会选出一条最有趣的。我们会让 Clojure 根据我们的条件选出合适的故事。比如我们可能会为了看更长、更有趣的故事，而筛掉短故事。

问题的细节

在开始之前，让我们对这个问题先下一些定义。

首先，我们需要一个存放故事元素的集合，还要一个可以推动故事元素的方法。虽然我们需要去创造很多情节点，但是我们可以很轻松地把它们当作因子存放在数据库里。我们可以直接用上好莱坞的惊悚喜剧电影《妙探寻凶》的情节，来省去创造情节点的麻烦。这个故事讲述了六个客人被邀请到一座奇怪的房子中做客，在那里发生了一起谋杀事件，他们必须配合那里的职员找出这起案件的凶手。

这里是电影里的一些故事片段：

---

[1] http://www.infoq.com/presentations/linear-logic-programming
[2] https://www.cs.cmu.edu/~cmartens/lpnmr13.pdf

1．Wadsworth 打开门，并在一辆抛锚的车旁边发现了一名滞留的司机。这个司机希望能够用电话，因此 Wadsworth 将他带到了会客厅。调查小组的人将这个司机锁在了会客厅里，一边在其他房间里继续搜索杀手。

2．过了一会儿，警察找到了这辆废弃的车，并且开始着手调查发生了什么。

3．同时，有人用扳手杀掉了司机。

我们可以用线性逻辑来模拟并管理电影从情节点 1 进展到情节点 2。线性逻辑是你可能已经非常熟悉的逻辑的延伸，它可以让你使用并且操作某些资源。比如逻辑命题可能需要和使用特定的资源，我们会说 "A 消费了 Z 并且生成了 B"，其中 Z 是某种特殊的资源，而不是 "A 蕴含 B"。那么回到之前的故事片段里，情节 3 消费了一名司机，生成了一名死掉的司机。同样，情节 2 消费了一名司机，生成了一名警察。

我们可以在 core.logic 的基础上创建一个简单的线性逻辑。因为每个情节元素都会有它需要的一些资源以及它会生成的一些资源，所以我们会用一种 2 个元素的向量来表示需要以及生成的资源。例如 [:motorist :policeman] 代表为了让这一幕发生，我们必须要有一个可用的 :motorist 然后它会生成 :policeman。在电影里，这名滞留的司机按响了门铃去寻求帮助，紧接着一名警察发现了他的车，并且走进去找他。如果没有这名司机，警察永远也不会出现。

我们将会有一组初始可用元素作为起始状态，也会有一个用来把已经存在的故事元素推进到新的故事元素的关系，并且在结束状态里放上我们的需求来控制整个故事的走向。比如当某个特定的人被抓或者被杀死的时候，整个故事结束。

在最后一步，我们将会把生成的故事按照可阅读的版本打印出来。

故事元素

我们的故事元素需要包含所有被消费以及被生成的资源。此外我们还会为这些元素添加被用于打印出可读故事的片段。

我们会需要大量的元素集来生成精彩的故事，但是《妙探寻凶》的剧情太多了。你可能已经注意到了不同的人能够被不同的方式谋杀掉；甚至《妙探寻凶》呈现出了 3 个不同的结局。

让我们先添加一些元素 story-elements 到 story.clj 文件里：

```
minikanren/logical/src/logical/story.clj
(def story-elements
  [[:maybe-telegram-girl :telegram-girl
    "A singing telegram girl arrives."]
```

```
[:maybe-motorist :motorist
   "A stranded motorist comes asking for help."]
[:motorist :policeman
   "Investigating an abandoned car, a policeman appears."]
[:motorist :dead-motorist
   "The motorist is found dead in the lounge, killed by a wrench."]
[:telegram-girl :dead-telegram-girl
   "The telegram girl is murdered in the hall with a revolver."]
[:policeman :dead-policeman
   "The policeman is killed in the library with a lead pipe."]
[:dead-motorist :guilty-mustard
   "Colonel Mustard killed the motorist, his old driver during the war."]
[:dead-motorist :guilty-scarlet
   "Miss Scarlet killed the motorist to keep her secrets safe."]
 ;; ...])
```

这里用的数据结构是向量的向量。内部的向量会包含 3 个元素：2 个资源以及一段描述。为了让我们得到精彩的故事，`story-elements` 一共存放了 27 个元素。

我们还是需要对它进行一些处理，来使它能够被存放到我们在 core.logic 里的故事数据库里。

构建数据库和初始状态

我们的首要目标是把 `story-elements` 向量转换成 core.logic 能用的数据库因子。我们可以用一个简单的关系 `ploto` 来把输入元素关联到输出元素。所以当做完这件事之后，我们应该能够有和下面相似的代码：

```
(db-rel ploto a b)

(def story-db
  (db
   [ploto :maybe-telegram-girl :telegram-girl]
   [ploto :wadsworth :dead-wadsworth]
   ;; ...))
```

我们可以用 Clojure 的 `reduce` 方法来执行这种转换。

```
minikanren/logical/src/logical/story.clj
  (db-rel ploto a b)

  (def story-db
❶  (reduce (fn [dbase elems]
             (apply db-fact dbase ploto (take 2 elems)))
❷          (db)
❸          story-elements))
```

❶ reduce 方法接受 2 个参数。第一个参数是一个能够包含方法初始、中间或者最终结果的蓄能器。第二个参数是当前执行的元素。在这里我们用 ploto 关系提取故事元素向量里元素的头两个元素，关系生成的因子被用来填充数据库。最后再把数据库作为第一个参数传进去。

❷ 我们的初始状态只是一个空白的数据库。

❸ 对 story-elements 执行命令会导致故事元素那个向量的向量成为 core.logic 的数据库因子。

在有了故事元素之后，我们还需要一个初始状态。这个状态包含所有可能会出现的人物，以及所有已经在房子里即将被杀害的人们。要注意的是，这里我们只需要列出故事元素里会被消费的资源。

```
minikanren/logical/src/logical/story.clj
(def start-state
  [:maybe-telegram-girl :maybe-motorist
   :wadsworth :mr-boddy :cook :yvette])
```

包含故事元素的数据库和初始状态定义了我们故事里所有需要的数据。正如你过会儿会见到的一样，这些数据的准备会比真正生成故事的代码还要长。

情节的演进

我们的下一个任务是创建一个能够选择合适的故事元素，并将其演进到下一状态的剧情关系。这也正是我们生成器的核心部分：

```
minikanren/logical/src/logical/story.clj
  (defn actiono [state new-state action]
    (fresh [in out temp]
❶     (membero in state)
❷     (ploto in out)
❸     (rembero in state temp)
❹     (conso out temp new-state)
       (== action [in out])))))
```

❶ 在 in 里的资源必须是在当前状态里的。在故事资源变为可用之前，我们并不能使用它。

❷ 一旦我们在 in 里有了一个资源，ploto 就需要去找到对应的资源，并且生成 out 变量。

❸ 这个资源在故事过程中被消费了，因此需要从当前状态里删掉它。

❹ 新生成的资源需要被添加到状态里，以形成新的状态集。

我们可以在 REPL 里引入 logical.story，并且调用 actiono 来进行测试：

```
user=> (require '[logical.story :as story])
user=> (with-db story/story-db
 #_=>   (run* [q]
 #_=>     (fresh [action state]
 #_=>       (== q [action state])
 #_=>       (story/actiono [:motorist] state action))))
([[:motorist :policeman] (:policeman)]
 [[:motorist :dead-motorist] (:dead-motorist)])
```

这个查询语句里包含了起始状态 [:motorist]，并且期望得到所有可能的剧情以及它们相对应的新状态。也就是警察能够去寻找滞留的司机，或者是司机能够被谋杀的这些状态。

我们需要把这个转换反向执行来生成我们的故事，也就是在开始的时候就有一些目标条件——那些我们期望在结束状态里存在的资源——然后我们期望找出一个能够从开始状态到这些目标的剧情流程。

```
minikanren/logical/src/logical/story.clj
  (declare story*)

  (defn storyo [end-elems actions]
❶   (storyo* (shuffle start-state) end-elems actions))

  (defn storyo* [start-state end-elems actions]
    (fresh [action new-state new-actions]
❷     (actiono start-state new-state action)
❸     (conso action new-actions actions)
      (conda
❹     [(everyg #(membero % new-state) end-elems)
        (== new-actions [])]
❺     [(storyo* new-state end-elems new-actions)]))))
```

❶ storyo 是 storyo*的简写，可以让用户不用每次都输入初始状态。对初始状态的打乱则会让每次生成的解的顺序都不同。

❷ 我们通过某些剧情来使得某些状态转变成新的状态。

❸ 我们将会在一个列表里准备我们得到的剧情。

❹ everyg 命令是指，只有当第二个参数里提供的集合里的所有元素，都能够让第一个参数里的目标函数返回成功时，才会返回成功。当在 end-elems 里的所有资

源都属于 new-state 的时候，我们的故事也就结束了。而因为之后不会有更多的剧情，因此将 new-actions 置为空向量。

❺ 如果我们的目标并没有完全成功，则递归调用 storyo*直到故事结束。

让我们在 REPL 里调用 storyo 来生成一些简单的故事：

```
user=> (with-db story/story-db
  #_=>   (run 5 [q]
  #_=>     (story/storyo [:dead-wadsworth] q)))
(([:wadsworth :dead-wadsworth])
 ([:maybe-motorist :motorist] [:wadsworth :dead-wadsworth])
 ([:maybe-telegram-girl :telegram-girl] [:wadsworth :dead-wadsworth])
 ([:maybe-motorist :motorist] [:motorist :policeman]
  [:wadsworth :dead-wadsworth])
 ([:maybe-motorist :motorist] [:motorist :dead-motorist]
  [:dead-motorist :guilty-mustard] [:wadsworth :dead-wadsworth]))
```

core.logic 用我们的故事数据库生成了 5 个结局是 Wadsworth 死掉的故事。每个解都是由一些列的剧情组成的，如果你还记得所有的故事元素，并且仔细研究这些解，那你应该能够知道到底发生了什么。比如在这个故事的最后，滞留的司机出现后被 Mustard 上校杀掉了，之后 Wadsworth 在走廊里被左轮手枪杀害。

所以我们还有些事情需要做。生成的故事不应该是这样单调的剧情，而应该是人类直接可读的故事。因此我们需要把故事内容提取出来，生成更加有趣的结果。

可读的故事

要生成可读的故事只需要把在 story-elements 里存放的解释提取出来并输出为结果即可。因此我们可以把 story-elements 从剧情转换成文字的散列图，然后就能够在结尾处输出人类可读的故事了。

```
minikanren/logical/src/logical/story.clj
   (def story-map
❶   (reduce (fn [m elems]
             (assoc m (vec (take 2 elems)) (nth elems 2)))
           {}
           story-elements))
   (defn print-story [actions]
     (println "PLOT SUMMARY:")
❷    (doseq [a actions]
       (println (story-map a))))
```

❶ 我们的命令会为每一个元素创造一个新的键值对，并将它放在一个散列图里。和之

前的剧情向量类似，我们的键还是包含了输入输出的 2 个资源的向量，值是故事元素里的解释。

❷ print-story 只是从之前生成的散列图里找到对应剧情的解释，并且输出成为结果。

让我们来试着生成一个故事：

```
user=> (def stories
  #_=>   (with-db story/story-db
❶ #_=>    (run* [q]
  #_=>    (story/storyo [:guilty-scarlet] q))))
#'user/stories
❷user=> (story/print-story (first (drop 10 stories)))
PLOT SUMMARY:
A stranded motorist comes asking for help.
The motorist is found dead in the lounge, killed by a wrench.
Colonel Mustard killed the motorist, his old driver during the war.
The cook is found stabbed in the kitchen.
Miss Scarlet killed the cook to silence her.
nil
```

❶ run*会生成所有的故事的流。不过因为它是延迟加载的，所以它会马上返回，并且等到我们真的需要结果的时候才输出解。Clojure 的一个有用的功能就是延迟流。

❷ 为了得到更长、更有趣的故事，我们可以忽略一些初始故事。在这里我们忽略了前 10 个故事，并从剩下的流中选取了第一个故事作为结果。

到现在为止，我们的进展还是不错的。生成的故事虽然有点短，不过读起来还是蛮有趣的。随后，我们会用上 Clojure 强大的流操作功能来对我们的故事流进行处理。

挖掘故事

Clojure 有对各种数据进行分解、筛选以及操作的大量工具。在前面的例子里，你已经可以了解到用这些工具对 core.logic 产生的延迟流进行操作是多么简单。

我们可以通过使用这些工具来从 run* 以及 storyo 生成的故事里找出更有趣的。通过同时使用流处理以及目标状态，我们可以直接得到最有趣的结果。

```
user=> (defn story-stream [& goals]
  #_=>   (with-db story/story-db
  #_=>    (run* [q]
  #_=>      (story/storyo (vec goals) q))))
#'user/story-stream
```

```
user=> (story/print-story
  #_=>    (first
  #_=>       (filter #(> (count %) 10)
  #_=>              (story-stream :guilty-peacock :dead-yvette))))
PLOT SUMMARY:
A stranded motorist comes asking for help.
Investigating an abandoned car, a policeman appears.
The policeman is killed in the library with a lead pipe.
Mrs. Peacock killed the policeman.
Mr. Boddy's body is found in the hall beaten to death with a candlestick.
Wadsworth is found shot dead in the hall.
Mr. Green, an undercover FBI agent, shot Wadsworth.
A singing telegram girl arrives.
The telegram girl is murdered in the hall with a revolver.
Miss Scarlet killed the telegram girl so she wouldn't talk.
Yvette, the maid, is found strangled with the rope in the billiard room.
nil
```

正因为我们要求故事里至少包含 10 个元素，Yvette 被杀，以及 Mrs. Peacock 是一名凶手，我们生成了一个形势非常严峻的故事。

你可以继续执行，来看看还能得到什么有趣的故事。在今天的练习里，我们会对这个系统进行扩展。

第三天我们学到了什么

今天我们从更实用的角度了解了 core.logic。逻辑编程并不只是能解谜题，也可以解决很多现实中的问题。

我们首先了解了在需要约束求解时非常有用的有限域。例如 Mac OS X 操作系统的界面引擎就是一个约束求解器。而对 core.logic 来说，它不光能够让这类的问题更容易表达，还能够很快地得到问题的解。

之后，我们用逻辑实现了一个不是解决城市连接路线，而是通过不同的情节点来生成故事的路径规划问题。通过使用简单的线性逻辑、递归函数以及 Clojure 提供的数据操作工具，我们成功地用几行代码就创建了一个故事生成器的原型。

轮到你了

如果你还没有玩过这章里的任何代码，现在到了你用今天学到的这些工具的时候了。

找到

- 其他人使用 core.logic 的有限域的例子。

- 由逻辑引擎为核心的商业产品。提示：可以搜搜 Prolog。

练习（简单）

- 写一些其他的数学等式，并让 core.logic 解它。

- 生成一个包含司机从来没出现并且有至少两个杀人犯的故事。

练习（中等）

- 如果在故事的结尾我们才能够知道谁是杀手，那么整个故事将会变得更加悬疑。用 Clojure 的数据操作工具来将这些故事事件放到结尾。

- 如果警察提前到来，那名司机就永远不会被杀。因为在我们的线性逻辑里，输入永远会被消费，所以这是一个缺陷。请尝试扩展故事生成器来使得故事元素能够有多个输出。然后用这个新的生成器来生成警察和司机都被杀害的故事。

练习（困难）

- 请尝试用有限域来实现一个数独求解器。提示：你可以用 lval 来为所有的空格创建匿名逻辑变量。需要为每一行、每一列以及每一个块都创建相应的规则。

- 用你最喜欢的书来创建一套全新的故事元素以及它的初始状态，并且用故事生成器来生成一个你觉得最有趣的版本。

MiniKanren 小结

逻辑编程与其他语言比较起来有点奇怪。因为它可以反向执行，甚至无须任何具体的解法的步骤就可以实现一个程序。虽然需要一个适应的过程，但是，对于某些问题来说，逻辑编程更为简单。而如果你打算用其他工具解决这类问题的时候，很难写出更好或者更短的程序。

将一个功能强大的系统内嵌到像 Clojure 这样的一个实际的编程语言里，可以让逻辑与你的普通代码无缝连接起来，也使得解决问题更为容易。

优势

miniKanren 最大的优势是，它能够用声明式语言来完成几乎我们所有期望的功能。另一个优势是它可以反向执行，以及对于目标顺序的不在乎。这也就使得它面对约束求解、调度或者寻找路径这类的问题非常易于表达。

core.logic 将这一切集成到了 Java 生态圈里的一个实际的日常编程语言——Clojure 里。因此，你可以使用现有的 SQL 数据库，以及数不清的现有类库。

试想一下，与 core.logic 相比，如果用 Java 或者 Ruby 来制作一个故事生成器。它还是能够那么容易被修改和扩展吗？

劣势

逻辑编程并不十分易懂，当出现问题的时候，很难说清在背后到底发生了什么而导致这一切。我在写这一章的时候，就曾花费了若干小时去调试其中的一个例子，而且到最后，我都没能让它正常工作。

虽然这是一门新语言，但是逻辑编程很难让你像其他新语言那样找到共同处来加快学习进程。

最后的思考

与其说 miniKanren 是一个类库，倒不如说它是一个有着新的编程范式的编程语言。它也是我遇到的最有趣的编程语言，因为每次反向执行程序生成的结果都会让我惊喜万分。

当问题能够满足它的作用域的时候，解法是如此简单，表达也是如此简明。因此，我为其他任何语言都没有内嵌一个像 miniKanren 这样的逻辑系统而感到惊讶。正因为集成了 Clojure 以及用上了很多 Clojure 的优势，core.logic 在逻辑编程上展现出了非常优秀的本领。我非常期待看到 core.logic 以及 miniKanren 的发展，以及将它们扩展到各个角落。

第 7 章

Idris

Ian Dees 和 Bruce Tate

没有人愿意像一个激情澎湃的程序员那样展开辩论。开发者们经常争论得不可开交，但有时候对于工具、技术以及编程方法却争论得颇具效率。纵观编程史，尤以类型模型常居风口浪尖。

当类型的狂热者们碰撞到一处，便会有绚烂的火花的绽放。如果期望安稳和安全，又疲于被诸如 SQL 注入之类的错误灼得遍体鳞伤？那你多半是一种静态类型的性格。你多半愿意写额外的代码或者花费安抚编译器的额外时间去做编译时检查。

如果正好相反，你处于动态类型的阵营，那你很可能乐于用一些没有安全特征的利器去工作，即便存在着被割伤的风险。看过太多形式化的静态类型系统（还记得 public static void main 吗），你更乐于多做点额外的测试以及容忍部分潜在的不稳定因素来保持代码的简洁。你希望能够像在开车中途换胎一样，在程序运行期间改变它的基础设计。

当这场真理之战吹起了行军的号角时，我们看到胜利的钟摆在静态和动态类型系统之间摇摆不定。随着编程语言的研究，大量的高级特性正在被促生。其中有一个挺有意思的对类型学说的发展就是依赖类型语言一族，它们正在扩张静态类型能力的极限。我们把依赖类型看作这样的类型，它们依赖一些值，比如一个列表总是处于正确的顺序——被编译器保证。下面走进 Idris。

除了有关依赖类型的信息更丰富，Idris 还可以做其他语言做不到的事情：

- 编译时找到更多的错误。

- 证明和证伪程序中某些特定元素是正确的，涵盖了输入参数校验。

- 提供强大的编辑功能，比你从传统的语言中获取到的补全功能更为精巧。

想想看夏洛克·福尔摩斯，他凭借超凡的观察力，把信息整合到一起，而大多数人都做不到。他向目击者或同事质问令人难以忍受的细节，但是当他破案子后这些额外要求的价值就体现出来了。

即便你来自动态类型阵营，Idris 也至少会向你展示这有什么可大惊小怪的。你恐怕不得不做更多关于类型的前期考量，并且较之前更为具体地描述出来。但是一旦你这么做了，这些相同的类型将以你未曾体验过的方式激发你的创造力。

对于这个故事的神秘之处，我们从一个简单的问题里寻求答案。是否描述这些富类型的全部努力都是值得的？没有时间挥霍了，我们直接进入这个案例吧。

第一天：基础

和 Elm 一样，Idris 也牢牢地根植于 Haskell。你已经知道在短短一周多了解一门语言是很有挑战性的，那么对于 Haskell 一族的语言而言，这样的工作难度更是增加了一倍。所以，我们不打算给出一个 Idris 的全面总结，取而代之，我们将关注依赖类型到底带来了什么。

这里是我们准备要讲的东西。第一天，我们介绍这门语言的基本构建块并为依赖类型构建基础。第二天，我们会实际地写一些依赖类型来观察 Idris 令人目眩的程序解析。第三天，我们会使用依赖类型完成伟大的壮举：补全高级编辑器，证明和改善现实世界里的程序。

拿起你的猎鹿帽和放大镜，游戏开始了。

安装 Idris

Idris 已经牢牢地根植于 Haskell 的生态系统里。你可以按照 Idris 官网[1]上的安装指令去安装，完成之后，你应该能进入如下 shell：

```
idris
       __     _
  / _/___/ /___(_)___
 / // _ / __/ / __/          Version 0.9.12
_/ // /_/ / / / (_ )         http://www.idris-lang.org/
/__/\_,_/_/ /_/___/          Type :? for help

Idris>
```

---

[1] http://www.idris-lang.org/download/

通过输入:q 退出 REPL 环境。现在动手做做看。

为确保一切正常，我们来构建一段快速程序。把下面的代码加到名为 hello.idr 的文本文件里：

```
module Main
main : IO ()
main = putStrLn "Elementary, dear Idris."
```

之后，你可以像这样编译和运行这段程序：

```
> idris hello.idr -o hello
> ./hello
Elementary, dear Idris.
```

如果一切顺利，你就准备好编码吧！

理解基础

如果你有一些 Haskell 的经验，第一天的第一部分内容对你而言一定特别熟悉。尽管我们不能很轻松地在控制台里声明函数，我们依旧可以做很多工作。让我们开始进入节奏吧。

原生类型和表达式

我们从一些原生数据类型入手：

```
Idris> True
True : Bool
Idris> 4
4 : Integer
Idris> 4.567
4.567 : Float
Idris> 'c'
'c' : Char
Idris> "Watson"
"Watson" : String
```

做得好，Boolean、Integer、Float、String 和 Char 这些原生类型表现得如你所望。

你也可以输入 it 去获取最后一个表达式的值：

```
Idris> it
```

```
"Watson" : String
```

下一步我们尝试一些简单的表达式：

```
Idris> 4 + 5
9 : Integer
Idris> True || False
True : Bool
Idris> True && False
False : Bool
Idris> not True
False : Bool
Idris> "a" ++ " clue"
"a clue" : String
Idris> it ++ ", " ++ it
"a clue, a clue" : String
```

这没什么新奇的。我们再试试组合类型：

```
Idris> 5 + 6 / 2
8.0 : Float
Idris> 4.567 > 4
True : Bool
Idris> 8 == 8.0
True : Bool
```

这依然没什么新鲜的。如果类型之间是兼容的，Idris 就会强制转换它们。我们再试试稍微难一点的，来打破类型安全：

```
Idris> 1 + "one"
Can't resolve type class Num String
Idris> 'a' + "bc"
Can't resolve type class Num Char
```

Integer 和 String 对于这一运算是不兼容的，Char 和 String 也一样。第二条有点出乎预料，因为 Char 似乎继承自 Num。在我们移步函数之前，把它记入你的侦查日记里以供日后参考。

函数

在 REPL 里定义函数的语法很笨重。取而代之，我们把一些简单的例子塞进一个文件，然后在控制台里剖析它们。我们会从返回原生类型的函数入手。把下面的程序写入名为 functions.idr 的文件：

```
idris/day1/functions.idr
module Functions

intFunction : Int
intFunction = 1887

stringFunction : String
stringFunction = "A Study in Scarlet"
```

```
> :l functions
```

现在，试着调用你写的函数：

```
*functions> stringFunction
"A Study in Scarlet" : String
*functions> intFunction
1887 : Int
```

看上去运行得很好。现在，我们问一下 Idris 每个函数的类型，可以通过 :t 命令：

```
*function> :t stringFunction
Functions.stringFunction : String
*function> :t intFunction
Functions.intFunction : Int
```

REPL 回显了类型的定义，它们被模块名所限定。

我们也可以构建匿名函数，并把它们传递到其他的函数。以 map 函数为例，你可能在其他语言里看过，它应用函数到集合里的每一项，之后返回一个包含结果的集合。

在伪代码里，map 接收如下类型：

```
map: function_from_a_to_b -> list_of_a -> list_of_b
```

Idris 自带了一个 map 的实现，我们看看它的构成。

```
*functions> :t map
Prelude.Functor.map : Functor f => (a -> b) -> (f a) -> f b
```

不出所料，map 接收一个从类型 a 到类型 b 的函数。Prelude 是 Idris 以及很多版本的 Haskell 默认包含的库。Functor 就是你可以在其上进行映射操作的东西，我们之所以哪儿也看不到 List a 或者 Vector a 的字样，就是因为这个概念比任何特定的集合类型都要泛化。

现在，我们看看匿名函数的类型。这里有一个把入参 x 乘以 0.5 的例子：

```
*functions> :t (\x => x * 0.5)
\ x => x * 0.5 : Float -> Float
```

Idris 推导出 x 的类型是接收一个浮点数并返回另一个浮点数的函数。

现在，我们尝试在一系列数字[3.14, 2.72]上映射匿名函数：

```
*functions> map (\x => x * 0.5) [3.14, 2.72]
Can't disambiguate name: Prelude.List.::, Prelude.Stream.::, Prelude.Vect.::
```

Prelude 包含了一些在不同命名空间下名为 map 的相似函数：一个是 lists，一个是 vectors 等。在完整的程序里，我们最好精确地指定类型，免得产生歧义。

不过，REPL 没有足够的信息去推导[3.14,2.78]的类型。它可以是一个 list、一个 stream 或者一个 vector。我们不妨给 Idris 更精确的信息：

```
*functions> map (\x => x * 0.5) (the (List Float) [3.14, 2.78])
[1.57,1.3900000000000001] : List Float
```

这就好多了。某些场合下 Idris 不能推导出类型，我们就可以自己提供。

在其他的语言里，你需要特定的标记来添加类型信息。在 Idris 里，你可以使用一个普通的函数，因为函数可以接收类型作为参数。针对这个目的，标准库提供了 Google 不到的 the 函数[1]。

我们看看这个函数的类型：

```
*functions> :t the
Prelude.Basics.the : (a : Type) -> a -> a
```

the 函数接收两个参数：（1）A 类型；在我们的例子中是（List Float）。（2）A 的值，在我们的例子里是列表[3.14, 2.72]。

map 函数现在就能愉快地应用我们的匿名函数到列表里的每一个元素了。如果没有接触过类型系统，我们可能会迷失在 Idris 基础的语言特性里。假如你了解一点 Haskell，你会发现 Idris 与其非常类似。如果不了解，就去找一个像原版的《七周七语言》这样的资源学习。当你准备好了，我们就开始学习定义一些数据类型。

定义数据类型

我们创建一些数据类型，来试着掌握基本的 Idris 类型系统是如何工作的。

重新认识数字

我们从一个淘气的数字系统开始。把下面的程序写入名为 data_types.idr 的文件：

---

[1] https://github.com/idris-lang/Idris-dev/blob/master/libs/prelude/Prelude/Basics.idr#L13

```
idris/day1/data_types.idr
data DumbNumber = Naught | One | Two | Three
```

现在，启动你的控制台，加载文件，试试看：

```
*data_types> :l data_types.idr
Type checking ./data_types.idr
*data_types> Naught
Naught : DumbNumber
*data_types> Two
Two : DumbNumber
```

我们可以使用自己新创建的数字类型，但却做不了多少事情。这些数字和其余的数字之间没有联系。我们试着看看稍微高级的数字系统：自然数。

自然数

早在小学算术里，我们就知道自然数字是从零递增的整数。任何自然数要么是零，要么是其他自然数的后继。这种递归定义很容易在 Idris 里得到表达。附加这一类型到 data_types.idr 文件的末尾：

```
idris/day1/data_types.idr
data Natural = Zero | After Natural
```

现在，加载代码到控制台看看：

```
*data_types> :l data_types.idr
Type checking ./data_types.idr
*data_types> Zero
Zero : Natural
*data_types> After Zero
After Zero : Natural
*data_types> After (After Zero)
After (After Zero) : Natural
```

事实上，Idris 有自己类似定义的自然数，不过是用 Nat、Z 和 S 分别代表了自然数、零和后继。我们来看看：

```
*data_types> :t Z
Prelude.Nat.Z : Nat
*data_types> S Z
1 : Nat
*data_types> :t S Z
1 : Nat
*data_types> S (S Z)
2 : Nat
```

Idris 为展现简化了整数，比如用数字 2 代替了 S(S Z)。

这种类型定义维护了数字和下一个数字之间的关系。它是很重要的，因为之后我们会用这些自然数去定义其他类型。

现在，我们看看一个稍微高级的类型。

参数化类型

```
idris/day1/data_types.idr
data MyList a = Blank | (::) a (MyList a)
```

这一类型是一系列，好吧，东西的定义。a 是一个参数化类型，意味着你可以用任意类型取代 a。系统允许很多相似的类型被同等地对待——也就是说，类型是多态的。

命名为 MyList 的列表可以持有任何的类型 a 的数据。分解一下，我们的类型有两种场景：一个叫作 Blank 的空列表和一个超过一个元素的列表。(::)操作符把一个元素添加到列表里，而 a 即代表 a 类型。所以 (::) a (MyList a)代表将某些类型 a 的东西添加到 MyList a——也就是类型为 a 的元素列表当中。

顺便提一句，(::)里的括号意味着::去掉括号后可以被用于中缀操作符。下面的两个函数是等价的：

```
*data_types> (::) "Watson" Blank
"Watson" :: Blank : MyList String
*data_types> "Watson" :: Blank
"Watson" :: Blank : MyList String
```

在结束第一天学习之前，我们再看一个参数化类型。

价值数十亿美元的错误

如果你已经花费大部分时间在动态类型语言或者是像Java和C一样只有极为有限的类型系统的语言上，你可能注意到了 nil 或者 null 的值占据了 bug 的绝大比例。这些 bug 如此普遍，以至于 Tony Hoare 指出空引用是一个价值数十亿美元的错误[1]。

和 Haskell 一样，在 Idris 里你能通过定义一种值或有或无的类型来替自己节约十亿美元。Idris[2]附带定义如下：

```
data Maybe a = Nothing | Just a
```

---

[1] http://www.infoq.com/presentations/Null-References-The-Billion-Dollar-Mistake-Tony-Hoare
[2] https://github.com/idris-lang/Idris-dev/blob/master/libs/prelude/Prelude/Maybe.idr

类型 Maybe a 的值可以整洁地表示要么是 Nothing，要么是类型 a 的值。举个例子，假设你正在实现一个函数，它返回列表中第一个元素，你的函数可能有这样的类型：

```
idris/day1/data_types.idr
first : MyList a -> Maybe a
first Blank = Nothing
first (x :: xs) = Just x
```

在这个定义里，first 接收类型 a 的列表，返回一个类型为 a 的 Maybe。如果这个列表是空的，first 会返回 Nothing，否则，会返回 Just x，即 x 的值。

现在动手，把 first 拉出来兜兜风：

```
*data_types> first ("Elementary" :: Blank)
Just "Elementary" : Maybe String
*data_types> first (the (MyList String) Blank)
Nothing : Maybe String
```

如你所见，null 值不可能从该函数中溜出来。Idris 强制调用者处理列表是空的情况。

稍微深入

到目前为止，这个类型系统还是鲜活而强大的。这些类型还有一些特性，我们不会继续深入探讨，不过你最好还是了解一点。

类型类允许越来越特殊化的类型表示。想想我们称为 Num 的数字系统。看过的 Nat，Integer 和 Float，都是 Num 的实例。通过这种方式组织类型，我们允许函数使用全部的兼容类型。这一特性被叫作类型多态。也是为什么你会看到 Idris 使用泛型如 a，而不是更为具体的类型。

什么是惰性求值？

如果你有 Haskell 的背景，你就知道值只在需要的时候才被计算。你可能会想：Idris 是怎么看待惰性求值的？

尽管 Idris 不像 Haskell 那样默认支持惰性求值，它还是支持原生惰性类型定义的[1]。举个例子，if/then 语句使用惰性类型，只有当它是被需要的时候，才去执行条件逻辑。由于有时候很难推断惰性程序的性能，再加上 Idris 是为了理解程序更简单而存在的，我们将会远离惰性语义。

---

[1] http://www.idris-lang.org/documentation/faq

　　Idris 包含了很多其他可应用到代码里的侦测技术。可惜的是，我们只有很少的时间，不能覆盖全部内容。我们希望让你浅尝一下依赖类型以及它们能如何帮到你。所以第二天我们仅仅关注依赖类型。

第一天我们学到了什么

　　第一天，我们把 Idris 当作 Haskell 的堂兄对待，学习了它是一门基于 Haskell 的纯函数式语言。我们陪你过了一遍原生的数值和操作符，关注原生类型并写了一些基础函数，所有这些都主要发生在 Idris 自带的 Prelude 库里。

　　我们也开始去探索类型系统，主要关注你能定义在像 Haskell 等其他语言里的类型。我们创建了简单的自然数，看了列表的定义，也目睹了静态类型系统或许会帮我们远离诸如 null 值的错误。以下是关键点：

- 该语言是强类型的。

- 类型类允许参数化多态。

- 我们打下了在第二天探索依赖类型的基础。

　　下一步，你会使用到这些特性里头的大部分。

轮到你了

　　这些练习将关注于把 Idris 当作通用编程语言使用。如果你在这里找不到喜欢的，就去搜一些看着有趣的 Haskell 问题。在你习惯用 Idris 写通用程序的的过程中会遇到一些问题，而在关注构建基础类型的时候还会遇到更多问题。

找到

　　Idris 语言是一门新语言，尽管名字是唯一的，但是通过 Google 搜索这个名字会比用 lambdas 这个名字搜索到更多的人。为了更好地探索，得往搜索关键词中混入 "lang" 或者 "language"。

- Idris 语言的官方主页。

- 你所选编辑器的插件和语法高亮。

- Idris 的创建者 Edwin Brady 的谈话。

- Idris 邮件列表，你可以在里面问问题。

- Idris 附带的 List 的定义。

练习（简单）

- 在列表中查找出全部比所给数字大的数字。

- 从第一个成员开始，在列表中查找任意其他成员。

- 建立一种数据类型代表一张来自一副标准扑克牌中的扑克牌。

- 建立一种数据类型代表一副扑克牌。

练习（中等）

- 创建数据类型代表偶数和奇数。

- 偶数的后继是奇数。

- 奇数的后继是偶数。

- 建立一个参数化数据类型代表一个二叉树。

练习（困难）

- 反转列表中的元素。（提示：你可能需要一些辅助函数。）

第二天：开始使用依赖类型

第一天涉及的基本知识为今天打下了基础。现在，我们将揭开一个程序是否工作的秘密，从使用类型模型开始。

理解依赖类型

在绝大多数语言里，类型和值都是独立的。List、String 和 Integer 都是类型，依次描述了值[]、"Hello"和 6。换句话说，类型描述了值。

在诸如 Idris 这类依赖类型的语言当中，类型依旧描述了值，但是类型也可能依赖着值。这就允许我们使用该语言的更多特性定义我们的类型。

举个例子，Idris 有一个接收不同类型的矢量：Vect n a 代表了长度为 n 且类型为 a

的列表。在大多数传统类型系统中，你能定义接收一个列表的函数，但是你却不能精确地说出它接收了什么，如以下具体 5 个元素的列表。

不过，在 Idris 中你可以表达这类的约束。想象你的 API 可能的样子：

- chessRow 能返回长度为 8 的列表。

- sort 能接收一个列表并返回同等长度的列表。

- zip x、y、z 能接收 *n* 个长度相同的列表并返回同等长度的列表。

- transpose x 会强行制约矩阵 x 和其结果之间的关系。

今天，我们会真正学习实现这类类型。不过需要铭记在心的是所有这些高表意性都伴随着开销：类型声明可能异常地复杂且难以理解。当然它的好处也是显而易见的。一旦你给予编译器更多的信息，缺陷必会逃之夭夭。所有的编译器都会做基本的语法检查。Haskell 就有丰富的类型兼容性信息。Idris 也开始引领程序的语义到达无缺陷之地。

尽管依赖类型是为了更加安全，但是专门为这门语言设计的编辑器可以完成更为智能的代码补全。我们甚至可以使用内置的证明引擎基于类型模型去证明或证伪断言。

兴奋吗？那好，开始创建依赖类型吧。

配偶之间惯常的一周年礼物是纸，而程序员惯常的首个程序是"Hello, world"。如果你想跻身依赖类型的咖啡屋极客当中，首个依赖类型务必是矢量。别问为什么，跟着走就行。

我们的类型声明需要一个自然数和一个类型。这可能是你在 Predude 库里看过的 Vect 的定义：

```
data Vect : Nat -> Type -> Type where
  Nil : Vect Z a
  (::) : a -> Vect k a -> Vect (S k) a
```

这段数据类型定义只有三行，但是非常紧凑。我们从最上面开始，创建一个称作 Vect 的类型家族，它接收一个 Nat 和 a 类型并返回一个 a 类型。

用更精确的术语来说，Vect 被 Nat 索引化同时被 Type 参数化。索引化意味着数字参数在数据结构中改变了。参数化意味着元素类型在整个数据结构中保持不变。

where 从句更进一步限定了定义。对于该类型的元素，从句中的两种定义必有一个成立。我们会定义某个 Vect 元素的类型和操作符。

空格意义是很重要，　　here 子句的每一行相对于 where 所在行必须缩进。子句的里，a 是一种类型，而 k 则　　一个自然数。

为了表达矢量的全部，思　　下我们需要做些什么？我们需要：

- 定义长度为零的矢量。

- 定义所有其他矢量的类型都比　　个矢量多出一个元素。

我们现在看看 where 子句的这些行。

第二行把 Nil 定义成一个长度为零（或　　）的矢量。最后一行定义添加元素的(::)操作符。第一个参数是类型为 a 的元素，后一　　是类型为 Vect k a 的元素。其结果是比k 大一个的矢量，或者说是 S k。所以最终类型　　Vect (S k) a。

所以，我们说 Vect k a 是在如下表述中必　　成立其一的类型：

- 要么 k 是 Z（我们称作 Nil 的元素）。

- 要么长度为 k+1 的矢量是一个类型 a 的元素　　一个长度为 k 的矢量的拼接。

如果你还不习惯用这种方式推导类型，那么这段1　马可能有些许冲击感。这样紧凑的代码可见一斑，我们不应该过快地忽略掉我们已经学过的东西。所以再一次强调：在我们的定义里，a 是一种类型而 k 是一个值。

在第一天里，我们在简单的表达式里运用了算数运算符——举个例子，4+5。在下一节里，我们将在函数声明中使用它们。

派生依赖类型

让我们思考一下可能作用于矢量之上的函数。拼接两个长度已知的矢量并非难事。我们可以定义如下函数：

```
(++) : Vect 3 Integer -> Vect 2 Integer -> Vect 5 Integer
```

有点萌，但是它没什么作用。如果我们有两个长度不定的矢量，奇迹就发生了。在函数的定义当中，我们可以使用一样的函数和操作符去操作自然数。下面是 Prelude 里对拼接操作符的定义：

```
(++) : Vect n a -> Vect m a -> Vect (n + m) a
(++) Nil ys = ys
(++) (x :: xs) ys = x :: xs ++ ys
```

第一行的+符号是很重要的，它代表了依赖类型的承诺。不同于别的语言里有限的类型定义和程序，在我们的类型定义中可以使用 Idris 的高表意性。该类型定义其实维护了两个固定长度的矢量之间的关系。

这段递归代码直截了当。把一个矢量加到一个 Nil 的矢量会返回原来的矢量。与此同时，把一个矢量加到名为 ys 的矢量上会导致拼接原矢量的首部到原矢量的尾部与 ys 的拼接后的结果之上。

当然，这种类型把事情弄复杂了，但是你也相应得到了回报。试着找出如下程序的错误，是逻辑上的错误，而非语法上的。

```
idris/day2/bad_vector.idr
add : Vect n a -> Vect m a -> Vect (n + m) a
add Nil ys = ys
add (x :: xs) ys = x :: add xs xs
```

锁定它了吗？我们把 xs 加到 xs 上了，而不是加到 ys 上，Idris 能捕获这一错误。编译文件会导致如下错误：

```
bad_vector.idr:3:5:When elaborating right hand side of add:
Can't unify
        Vect n a
with
        Vect m a

Specifically:
        Can't unify
                n
        with
                m
```

现在，你可以开始想象这样的可能性。Idris 之所以能锁定问题而动态类型语言无法做到，就是因为 Idris 的类型系统有足够的信息来报告错误。修复好问题，这段代码就会编译并运行得很好。

从矢量到矩阵

我们使用相似的函数类型声明考察一下其他的函数。我们严格地关注类型定义，而不是实现。

假设有维度 x 和 y 且类型为 a 的矩阵。我们可以用 Matrix 4 5 Integer 来描述一个 4×5 的整形矩阵。描述任意维度矩阵之间的运算是很容易的，就像这样：

```
(+) : Matrix x y a -> Matrix x y a -> Matrix x y a
...
```

我们不被具有特定的数据类型的运算符所限制。假设要实现 transpose。举个例子，我们可能期望把该矩阵反转成一个 5×4 的整形矩阵。这一类型定义超级简单：

```
transpose : Matrix x y a -> Matrix y x a
```

由于我们正在使用参数化的自然数并用名字指代之，在类型定义的其余地方照样可以使用那些定义。

闰年里的日期限定

来个稍难点的例子。我们可以创建不变量来保证动态检查已然发生。换句话说，我们可以借助编译器来防止程序员忘记处理错误数据。

看看来自于 Prelude 的数据类型：

```
data so : Bool -> Type where
   oh : so True
```

看上去没什么，果真如此吗？温习一遍我们对该类型到底了解多少。

- so 是接收一个 Bool 值（我们说它索引于 Bool）的依赖类型。

- 还有一个 oh 居民，致使该 Bool 值必须是 True。

如果我们把该类型和一个数据结构绑定，那么调用者只能得到 True 了。当我们正在尝试把日期限定到有效范围内时，这个性质的确合乎心意。

使用我们的依赖类型

日期计算特别麻烦，因为它有太多异常情形。闰年则因其计算规则而尤为枯燥。闰年每 4 年出现一次，不过除非该年份能被 100 整除却不能被 400 整除。我们来创建几个函数看看闰年的构成是否正确。

这些函数能帮助我们确定某年是否为闰年以及年、月、日的值是否都有效。

```
idris/day2/leap_year.idr
isLeap : Integer -> Bool
isLeap year = (mod year 400 == 0) ||
              ((mod year 4 == 0) && not (mod year 100 == 0))


numberOfDays : Integer -> Integer -> Integer
numberOfDays year 2 = if isLeap year then 29 else 28
numberOfDays _    9 = 30
numberOfDays _    4 = 30
```

```
numberOfDays _      6 = 30
numberOfDays _     11 = 30
numberOfDays _      _ = 31

validDate : Integer -> Integer -> Integer -> Bool
validDate year month day = (day >= 1) &&
                           (day <= numberOfDays year month) &&
                           (month >= 1) &&
                           (month <= 12)
```

这个帮助函数非常直截了当。isLeap 确定所给年份是否为闰年，numberOfDays 告诉我们所给年份的某月有多少天，validDate 则告诉我们该年、月、日的组合是否有效。

我们该如何在没有依赖类型的语言里实现日期类型呢？或许杂糅一个内部包含三个随机整数——年、月、日的数据结构。又或者我们会酷炫地想要为它们中的每一个创建单独的类型。

在 Idris 里，我们能更进一步说，不是所有的整数都可以构成日期。年、月、日必须满足一个不变量，它是该数据类型的一部分。

```
idris/day2/leap_year.idr
data Date : Integer -> Integer -> Integer -> Type where
    makeDate : (y:Integer) -> (m:Integer) -> (d:Integer) -> so (validDate y m d)
        -> Date y m d
```

如我们所愿，一个日期由表示天数、月份和年份的整数组成。神奇之处在于构建的类型构造器。makeDate 强制一个不变量使用 so。这意味着当我们创建了一个日期后，我们会获得如下结果：

```
*leap_year> makeDate 1964 2 29
makeDate 1964 2 29 : (so True) -> Date 1964 2 29
*leap_year> makeDate 1965 2 29
makeDate 1965 2 29 : (so False) -> Date 1965 2 29
```

无效和有效日期的类型完完全全不同！那也就意味着在写程序的时候，我们的小伙伴（或者我们自己）绝无可能忘了检查日期。编译器也决不允许他们忘记。

这种检查会是什么样子的呢？一种方式最好是使用 choose 函数：

```
Idris> :t choose
Prelude.Either.choose : (b : Bool) -> Either (so b) (so (not b))
```

Either 代表 Left 和 Right 这两种结果中的一种。所以，choose (validDate y m d)要么返回 Left (so True)，要么返回 Right (so True)；这取决于输入的数字。

所以，某些人针对潜在的不安全代码可能会像下面这样使用 makeDate 函数：

```
idris/day2/leap_year.idr
dateFromUnsafeInput : (y:Integer) -> (m:Integer) -> (d:Integer)
                   -> Maybe (Date y m d)
dateFromUnsafeInput y m d = case choose (validDate y m d) of
                              Left valid => Just (makeDate y m d valid)
                              Right _    => Nothing
```

case 语句针对 choose 的结果构造了要么是 Left (vaid date)、要么是 Right (invalid date) 路径的模式匹配。只有输入有效时，我们才能从 makeDate 获得日期。

结束今天学习之前，我们来聆听 Idris 的创造者 Edwin Brady 的话。

我们：你为什么要开发 Idris 呢？

Brady：Idris 第一版实现要追溯到 2000 年左右，来源于我一直在做实验的一些 Haskell 类库。一个是名为 Ivor 的定理证明库，另一个是以编译器为目标的简单函数式语言，称为 Epic，在加上一点点胶合代码和语法糖之后就成了 Idris。所以，在某种程度上，它是一个意外之作。我学习类型理论和依赖类型是在杜伦大学的研究生期间，学校位于英格兰的北部，詹姆斯·麦克金纳和康纳·迈克布莱德以南。我当时觉得最好能有一个自己的系统，可以在其上做关于语法、运行时系统、优化和高阶语言特性之类的实验，且不想被现有系统的任何设计所限制。举个例子，Idris 比 Coq 或者 Agda 在终端检查方面更为自由。2011 年中，Idris 已经成为支持我研究很有用的工具，它除了对一些勇敢的早期采用者有用之外，对其他人都不实用。所以我决定推翻重来，毕竟对自己想要的语言有了更好的理解。此外，我有了如何以模块化的方式实现它的主意，那样更容易实验新特性。

我们：你最钟爱的语言特性是什么？

Brady：一般来说，任何语言里我所钟爱的都是那些允许通过尽可能少地输入就把我的想法翻译成运行程序的特性。所以我钟爱 Idris 的特性与其说是关于语言特性本身的，倒不说是为交互编辑提供的 REPL 支持。这就允许我们很快地为 Emacs 和 Vim 创建交互式的编辑器模式，支持实例分裂、证明搜索和代码生成等其他实用特性。

我们：如果能推翻重来，你最想改变哪个特性？

Brady：严格来讲，我做过了。现在改变肯定会更难，但是 Idris 构建于小型核心和很少的特性之上，以致于我们发现，可以在不破坏现有代码的前提下对浅层语言做出相当大的改变或扩展。最近关于这样改变的例子就是强类型懒惰化，无须修改内核，仅仅需要对代码生成做很小的修改。既然说到这里，就提一下，我们可能会对语言核心做其他的一些修改。我现在觉得构建在 OTT（观察类型理论）是个不错的想法。OTT 本质上是一种对程序员友好的类型系统，但是仍对数学推导提供了较好的支持。我依然认为我们能在不改变高阶语言的情况下实现它，但那是后话了。

我们：你看过用 Idris 解决的最有意思的问题是什么？

Brady：波茨坦气候影响研究所的研究人员已经利用 Idris 建模并检验了动态规划问题的结果。这是一个特别有趣的项目。而且对 Idris 整体而言尤其有用，因为作为最大的 Idris 代码使用的片段之一，它确实帮助发现了不少语言实现的怪异缺陷。这些代码还没能公布，但是部分工作记录在发布于 PLMMS 2013 的论文里，可以从 http://eb.host.cs.st-andrews.ac.uk/writings/plmms13.pdf.获取。

事实上，对我而言最有意思的问题是那些我们还没解决的问题，尤其是我们花费了很多功夫来实现和验证安全通信系统的各个方面，如协议和加密原语。effects 类库占据其中很大部分，特别是因为它用这一类型追踪了资源的状态（举个例子，是否文件打开了或者协议的下一步动作必须是什么）。由于动作必须以正确的顺序执行（举个例子，打开文件，读取，关闭）且协议必须运行完毕，诸如"goto fail"之类臭名昭著的错误能被类型检查捕获。距离实现还有一段路要走，不过我认为这是一个激动人心的愿景，也是一个重要的课题。

第二天我们学到了什么

第二天里，我们走过了 Haskell 的基础并且缓慢过渡到依赖类型，并构建了一些简单的矢量和矩阵类型，然后跳入闰年的计算中。以下便是关键点：

- 类型可以依赖值，如一个列表有个固定的整型大小。

- 编译期间，基于类型可以做算术运算（或者其他运算）。

- 把精巧的不变量嵌入类型系统当中。

现在，轮到你试用依赖类型了。

轮到你了

这些问题将会侧重于依赖类型。在你的解决方案里，试着去使用你能想到的最为严苛的类型，例如用 Vect 代替 List。

找到

- 使用依赖类型的其他语言。

练习（简单）

- 实现一个 m×n 的矩阵类型。

- 实现一个函数反映水平矩阵。

练习（中等）

- 实现一个数据类型来控制显示的像素，考虑颜色和大小。

- 实现一个函数反转矩阵以使得入参是元素 m、n，而结果是元素 n、m。

练习（困难）

- 实现一个使用 so 的函数，它不允许颜色或维度越界。

第三天：依赖类型实践

第二天里，你创建了一些依赖数据类型，包含矢量和闰年。可能你已经注意到这些类型比之前耗费了更多的前期工作。那什么样的特性会让这些额外的努力物有所值呢？准备好，我们要开讲了。

首先，我们会关注于该类型系统能够帮你写程序的惊人的方式上。信息越多，Idris 就能完成你或许闻所未闻的代码补全。然后，我们会关注于使用该类型系统通过构建一个证明以推导程序的行为方式。最后，我们会看看 Idris 里的推导是如何帮助我们提高用其他语言实现程序的。这注定是繁忙的一天，所以我们开始吧。

智能补全

这一节里，我们将使用 Vim 编辑器及一个 idris-vim 的插件以获得一个拥有自动补全功能的高效开发环境。这个工具不在 Idris 的主包里，但是你可以很容易使用主页上的指令安装它[1]。

该插件通过交互一个运行的 Idris shell 工作。首先载入一个名为 proof.idr 但尚不存在的文件，然后在 Idris 里通过输入:e 于 Vim 中编辑：

```
> idris proof.idr
*proof> :e
```

---

[1] https://github.com/idris-hackers/idris-vim

现在，在 Vim 里将如下代码添加到文件中：

```
idris/day3/proof.idr
module Proof

data Natural = Zero | Suc Natural

plus : Natural -> Natural -> Natural
```

这个时候，你已经完成最难的部分：定义了数据类型来表示自然数。现在，你要实现两个自然数相加的函数——不过要借助于 Idris。

由于 Idris 知道你的类型长什么样，它对程序的结构有所帮助。把光标移到最后一行的末尾，输入\d，这是向 idris-vim 请求模板定义的默认触发键。你的函数轮廓就会出现：

```
plus : Natural -> Natural -> Natural
plus x x1 = ?plus_rhs
```

Idris 从我们的方法签名中生成了函数，并且留了一个空缺?plus_rh 让我们填充（后面会再看到）。任意 IDE 都能做到这些，但是现在我们要更进一步。

再次瞥一眼类型定义。我们需要覆盖两种情形：Zero 和 Suc。Idris 能使用该信息来提供更好的函数定义。把光标移到 x 上，同时敲入\c。函数体将展成两种情形：

```
plus : Natural -> Natural -> Natural
plus Zero x1 = ?plus_rhs_1
plus (Suc x) x1 = ?plus_rhs_2
```

看这里，Idris 读取你的类型定义并在第二个参数上正确地生成了模式匹配。再看看这个工具到底能带我们走多远。把你的光标放到第一个空缺上，即?plus_rhs_1，然后输入\o（代表显然的）：

```
plus Zero x1 = x1
plus (Suc x) x1 = ?plus_rhs_2
```

这确确实实是把 Zero 加到任意 x 值上的正确行为。而且我们甚至不需要写代码！我们自己仅仅只需要提供第二个空缺处的函数体：

```
plus : Natural -> Natural -> Natural
plus Zero x1 = x1
plus (Suc x) x1 = Suc (plus x x1)
```

你可以切换到控制台去运行程序，不过有一个更快的方式运行快速测试。在 idris-vim

里，你可以在一个欲求值的表达式后面输入\e：

Expression: plus (Suc Zero) (Suc Zero)

Idris 将运行代码并显示结果：

= Suc (Suc Zero) : **Natural**

Press ENTER or **type** command to continue

---

1 + 1 从来都没什么意思。

如果你的类型定义得越精巧，这个工具就越能替你生成更多的程序代码。在练习中，你会有机会来磨练这一技巧。不过，如果你非要现在尝试，在继续之前，去看看 261 页 "轮到你了" 中第一道中等难度的作业吧。

证明完毕，亲爱的华生

Idris 除了胜任检查类型及实现部分程序之外，还能证明定理[1]。类型检查和定理证明之间存在深而美的关系。在今天有限的时间里，我们只是小开这个世界的门扉。

Idris 拥有一座多种证明策略的军火库。今天，我们打算组合一些较简单的策略来实现一种归纳证明法，它是数学和计算机科学的重点[2]。

我们打算证明什么呢？就展示我们刚刚写就的 plus 函数是满足交换律的吧——也就是说，对于所有的自然数 x 和 y，plus x y 都等于 plus y x。

归纳证明包含两个部分：

- 奠基，这里我们展示性质（交换律）对于零成立。

- 归纳，这里我们展示如果性质对于 y 成立，那么它对 y+1 也成立。

对于 plus 函数而言，我们需要证明以下两句陈述：

- plus Zero y = plus y Zero。

- 如果 plus x y = plus y x，那么 plus (Suc x) y = plus y (Suc x)。

在哪里去输入这些证明？要是用 Idris，你可以在源代码文件里嵌入这些，或者在 REPL

---

[1] https://en.wikipedia.org/wiki/Curry-Howard
[2] https://en.wikipedia.org/wiki/Mathematical_induction

里交互式地创建它们。我们今天会在这些技术之间频繁切换。

一道证明的剖析

我们开始往源代码里写些证明大纲,然后在控制台里补充空缺处,把下面这行代码加到 proof.idr 文件的末尾:

```
idris/day3/proof.idr
plusCommutes : (x : Natural) -> (y : Natural) -> plus x y = plus y x
```

我们的证明就像其他函数一样,有一个签名。现在,它需要一个函数体。让我们先写奠基部分,留一个空缺后面再补:

```
idris/day3/proof.idr
plusCommutes Zero y = ?plusCommutes_0_y
```

大纲最后部分就是归纳步骤。

```
idris/day3/proof.idr
plusCommutes (Suc x) y = let hypothesis = plusCommutes x y in
                            ?plusCommutes_Sx_y
```

在等式右边,你会看到我们是如何假设 plusCommutes x y。这有赖于我们每次使用小步推动证明前进一个表达式的方式来达到证明 plusCommutes (Suc x) y 的目的。

是时候填充证明大纲了。不过我们还需要一些类似于帮助函数的公理,它们是我们打算在证明里头所用条件的一部分。那么把下面两条公理加到你证明的前面:

```
idris/day3/proof.idr
plusZero : (x : Natural) -> plus x Zero = x
plusSuc  : (x : Natural) -> (y : Natural) -> Suc (plus x y) = plus x (Suc y)
```

plusZero 表明任何数字加上零都等于其自身。plusSuc 则处理两数相加,再取后继的情况。这些规则将在我们的证明里派上用场。

直接假设这两个性质是成立的难道不是作弊吗?在被允许在其他证明里使用它们之前,不应该先证明它们本身吗?别担心,你在练习里会有机会真这么做的。

交互式证明

尽管如此,现在我们还要继续奋勇前行。启动 REPL 并载入 proof.idr 文件:

```
Idris> :l proof.idr
Type checking ./proof.idr
```

现在，使用:m命令询问 Idris 证明的哪些部分缺失了。

```
*proof> :m
Global metavariables:
        [Proof.plusCommutes_Sx_y,Proof.plusCommutes_0_y]
```

可以看到我们在大纲里预留的两处空缺。我们先证明奠基部分。:p命令开始一个证明：

```
*proof> :p plusCommutes_0_y
----------                 Goal:                 ----------
{hole 0} :
 (y : Natural) -> y = Proof plus y Zero
```

Idris 正在告知我们必须做些什么来满足证明的条件。我们不得不证明，如果给出一个自然数 y，那么必有 y = plus y Zero。

我们能做的第一个简化就是假设 y 的确是一个自然数。我们可以通过 intros 策略这么做，本质上即："是的，假设我们的函数有这些参数。"

```
-Proof.plusCommutes_0_y> intros
----------                 Other goals:          ----------
{hole0}
----------                 Assumptions:          ----------
 y : Natural
----------                 Goal:                 ----------
{hole1} :
 y = Proof.plus y Zero
```

Idris 已经填充了我们的假设（即 y 是一个自然数），同时给出了新的更简单的目标。这里还有一大堆未完成的账目：我们还没填充的空缺以及目前为止已经做过的假设。不过，从现在开始，我们会忽略输出里的这些东西。

看底行：y = Proof. plus y Zero，那是我们的新目标。我们需要转换等号左边直到它和右边匹配。

我们有把 y 转换成 plus y Zero 的公理吗？是的，我们有。plusZero 公理清楚地阐述了这一性质。我们会使用 Idris 的 rewrite 证明策略用 plusZero 重写 y 的值。

```
-Proof.plusCommutes_0_y> rewrite (plusZero y)
...
----------                 Goal:                 ----------
```

```
{hole2} :
Proof plus y Zero = Proof plus y Zero
```

现在，仅剩需要证明的就是 plus y Zero 匹配 plus y Zero。不过它们已经匹配了！trivial 证明策略便为此而生。

```
-Proof.plusCommutes_0_y> trivial
plusCommutes_0_y: No more goals.
```

没有更多的目标也就是说我们做完了归纳奠基部分。使用 qed 命令结束证明：

```
-Proof.plusCommutes_0_y> qed
Proof completed!
Proof.plusCommutes_0_y = proof
  intros
  rewrite (plusZero y)
  trivial
```

Idris 替我们总结了证明的步骤。现在你可以像这样把那三行粘贴进 proof.idr：

```
idris/day3/proof.idr
plusCommutes_0_y = proof {
    intros
    rewrite (plusZero y)
    trivial
}
```

归纳奠基就是这样了。

下一步

回到 REPL 中，我们可以问问 Idris 还有那些空缺需要填充：

```
*proof> :m
Global metavariables:
        [Proof.plusCommutes_Sx_y]
```

啊，是的，归纳步骤。开始证明：

```
* Proof>:P plus Commates_Sx-y
----------                Goal:                ----------
{hole0} :
 (x : Natural) ->
 (y : Natural) ->
 (Proof plus x y = Proof plus y x) -> Suc (Proof plus x y) = Proof plus y (Suc x)
```

一如之前，我们使用 `intros` 策略假设参数是自然数：

```
-Proof.plusCommutes_Sx_y> intros
...
----------              Goal:                ----------
{hole3} :
 Suc (Proof plus x y) = Proof plus y (Suc x)
```

现在，需要转换等号左边以匹配右边。我们需要把 Suc (plus x y) 改变为 plus y (Suc x)。而 plusSuc 公理恰好能做如此转换。再次使用 rewrite 策略应用之：

```
-Proof.plusCommutes_Sx_y> rewrite (plusSuc y x)
----------              Goal:                ----------
{hole4} :
 Suc (Proof plus x y) = Proof Suc (plus y x)
```

如此接近了。仅需的改变就是把 plus x y 转换为 plus y x。工具箱里还有什么东西能应付这一情形吗？是的，我们有。

回想我们证明中归纳的步骤，表明如果交换律适用于 x，那么它也适用于 x+1。换句话说，我们可以先假设 plus x y = plus y x。在证明体系当中，我们把这个定义成了 hypothesis 变量。

```
idris/day3/proof.idr
plusCommutes (Suc x) y = let hypothesis = plusCommutes x y in
                         ?plusCommutes_Sx_y
```

我们再一次使用 rewrite 策略修改左边的表达式：

```
-Proof.plusCommutes_Sx_y> rewrite hypothesis
----------              Goal:                ----------
{ hole 5 }:
 Suc (Proof.plus x y) = Suc (Proof.plus x y)
```

我们只剩一个左右匹配的表达式可供平凡地分派：

```
-Proof.plusCommutes_Sx_y> trivial
plusCommutes_Sx_y: No more goals.
 -Proof.plusCommutes_Sx_y> qed
Proof completed!
Proof.plusCommutes_Sx_y = proof
  intros
  rewrite (plusSuc y x)
  rewrite hypothesis
  trivial
```

继续把证明步骤粘贴到源文件当中：

```
plusCommutes_Sx_y = proof {
    intros
    rewrite (plusSuc y x)
    rewrite hypothesis
    trivial
}
```

呀！我们回头看看都完成了些什么。

证明为我们做了什么

想象一下你该如何保证 plus 在其他的编程语言里是满足交换律的。你有可能写一些测试用例：零，相等的数字，超大的数字，诸如此类。每次修改函数，你都得回去改测试。

用了 Idris，你不必纠结想出足够多的测试用例来增强信心。证明即表明 plus 对于所有的自然数都是可交换的，而不仅仅是某些特定的测试值。而且，你每次编译代码，它都会运行。

现在，让我们看看略微不同的 plus 定义。你能锁定这个错误吗？

```
idris/day3/badProof.idr
plus : Natural -> Natural -> Natural
plus Zero x1 = x1
  plus (Suc x) x1 = Suc (Suc (plus x x1))
```

当尝试用 Idris 加载该程序，我们会得到如下结果：

```
Idris> :l proof.idr
Type checking ./proof.idr
proof.idr:72:19: When elaborating right hand side of Proof.plusCommutes_Sx_y:
Can't unify
        Suc (Proof plus x y) = Suc (Proof plus x y)
with
        Suc (Suc (Proof plus x y)) = Suc (Proof plus x y)

Specifically:
        Can't unify
                Proof plus x y
        with
                Suc (Proof plus x y)
```

确实，x + y 不会等于 x + y + 1。

交换律是很简单的性质。不过 Idris 针对你的函数及其类型允许构造更长且更有用的证明。在典型的一天里，你可能需要以交互式的方式尝试不同的证明策略，同时将它们组合成可编程的证明。

当然，你不可能证明程序的每一行都是对的。但是你可以检查到很多未曾考虑的情况。你可以证明一个函数的行为对于所有输入都是定义好的，也可以证明你正确地加密了关键数据。一旦沿着这条路走下去，你或许会震惊于当前我们对重要程序所做的保护是如此得少。

是否所有这些关于定理和证明的讨论听上去都有点高大上呢？是否依赖类型感觉上是难以应用到现实世界的学术思想呢？如果是这样，就继续读下去。下一节，我们将关注如何使用 Idris 去理解和提高其他主流语言写就的程序。

现实世界

想法总是比代码实现变化快得多。大部分人会发现自己有时或大部分时间都工作在一个老旧的编程语言之上。老旧的语言通常会淡出人们的视线，因为它们不能像新语言那样清晰和高效地表达想法。

毋庸置疑，当回到日复一日的编程任务上，我们不得不割舍 Idris 的美妙。是真的不得不吗？

老语言和新语言无疑都会改变你思考的方式。马上就能看到，Idris 所授课程在现实世界里得到了完美应用。这一节当中，我们打算使用 Idris 中简洁的数学符号去为 C++程序设计类型。

以这种方式定义类型的部分乐趣就是实现是显而易见的。据此，我们今天只会关注类型。如果你想要实现并编译它们，可以使用我们在 33 页"为历险做准备"所用的工具。

一段乱糟糟的 C++代码

假设我们要构建一个自行车车载电脑的 GPS 应用，用来追踪自行车运动轨迹。如果你已经读过或写过足够多的 C++代码，你很有可能看过这样的一些类：

```
idris/day3/gps.h
#include <string>
#include <vector>

class Trip
{
public:
```

```
class Point
{
public:
    Point(double lat, double lon, double time);

    double lat() const;
    double lon() const;
    double time() const;

    // ...
    };

void addPoint(double lat, double lon, double time);

void setName(const std::string& name);
std::string name() const;

size_t count() const;
const Point& getPoint(size_t index) const;

    // ...
};
```

一条路线就是一系列点的列表，每个点都由维度、经度以及时间组成。每次从 GPS 单元获取更新后的地点，我们都会往列表里添加一个新项。

我们的 API 也允许找出已经收集过多少个点，以及获取任意特定地点的属性。

这一设计可能还没有达到日常糟糕的局面，但是它确确实实有点乱。这个 API 不是真的关注于我们正在做什么，而且它也很难回答关键性问题：

- 车辆在给定的时间点上位于何处？

- 车辆什么时候最靠近给定的地点？

我们可以通过抓出独立的点，然后做一组数学运算间接地从该 API 里获取这样的信息。一旦编写愈来愈多的代码，我们就会看到愈来愈多的重复工作，也不得不加倍拼命地工作以表达设计背后的意图。我们需要后退一步。

指称设计

为探索我们程序的形状，我们将把 Idris 当作一个虚拟白板。这一技术被称为指称设计。尽管这个名字很吓人，但是概念却十分简单。Conal Elliott 在他 2009 年发表的《Denotational design with type class morphisms》[1]中有精彩描述。

Elliott 说程序员应该遵循两个步骤来设计他们的类型：

1. 用数学符号描述每种类型应该做什么，无须担心实现细节。

2. 使用任何你需要的语言、性能技巧和代价去实现类型。

回顾

我们浓缩一下 GPS 这个例子。什么是自行车之旅？更一般地讲，什么是旅程？

切换到 Idris 一会儿，我们会说旅程就是随着时间推移而形成的一系列的地点。听说你已经先人一步进入了实现：内部数组的数据点，采样频率等。记住这些想法，并且思考从该类型里我们需要些什么。

什么是地点？这是无关紧要的。或许它是一对坐标，或许它是一个三维的点，又或许它是一个具名的路标。这些概念里任何一个都可行，不过确定实现细节还为时过早。

在最基本的层面上，旅程只是给出某个时间点上的位置。使用 Idris，我们暂不需要实际地说明地点的类型是什么。这得益于参数化类型，它实现一个有效的函数而不管细节是什么。

下面是我们如何在 Idris 里表达这一想法的：

```
idris/day3/gps.idr
Trip : (Location : Type ** (Float -> Location))
```

也就是说，一个旅程是一对 Location 类型（不管它最终是什么）和在特定时间（Float 表示）返回地点的函数。

依赖对

你或许已经注意到这里有处定义 pairs 的新语法：(first ** second)代替(first, second)。这个 ** 符号意味着第二个类型可能依赖于第一个类型。举个例子，有个包含一个长度和等长的矢量。

```
idris/day3/evens.idr
firstThreeEvens : (n ** Vect n Int)
firstThreeEvens = (3 ** [2, 4, 6])
```

这个数字和该矢量的长度必须匹配；否则，会有错误发生。

---

[1] http://conal.net/papers/type-class-morphisms/

改善

现在我们已经在虚拟白板上泼了些来之不易的墨。回到 C++ 上，我们如何表达其中一个元素是数据类型而另一个是函数的对呢？

在 C++ 里面，我们无法把类型传入普通的函数。不过，我们可以把它们传入 C++ 里最近似依赖类型的模板里：

```
idris/day3/gps.h
template <typename Location>
class Trip
{
public:
    Location operator()(double);

    // ...
};
```

这个模板接收一个 Location 类型作为输入并且生成——肯定不是我们在 Idris 用的——函数。相反地，我们生成另一个最好的东西：一个调用起来像函数的类，那也是 operator() 方法所做的事情。

一如我们在 Idris 里所做的，使用浮点数代表时间。

那么，什么是一个地点？这有赖于应用程序本身。对于这个 GPS 设备，它可能就是简单的纬度/经度对。

```
idris/day3/gps.h
typedef std::pair<double, double> BikeLocation;
typedef Trip<BikeLocation> BikeTrip;
```

对于我们明天要写的航空航天模拟器而言，它就是三维的笛卡尔坐标。

由于我们开始绘制于 Idris，对 GPS 工具就有足够好的概念作为铺垫。我们已经获取到了该类型的核心理念：在任意给定的时间提供地点信息。

在第一个版本的 C++ 代码里面，我们简单地包装了标准库里的集合类型。调用者不得不操心独立的数据点、索引和计数。但是现在，我们仅仅暴露出用户所需，同时在回答用户关心的问题上也做得很好。

尽管这只是个练手的例子，你也能看到在强类型语言当中构建概念类型并应用到 C++

里的好处。一旦你的问题域变得更加复杂，这种好处就愈加明显。

使用一门强大且丰富如 Idris 的语言，用书中短短的一章只能揭开其一层浅浅的面纱。

是时候去温习一遍，以助你开始自己的发现。

轮到你了

找到

- 完全函数和部分函数的数学定义。

- David Sankel 的《C++ Now 2013 年》讲话的视频和幻灯片，"The Intellectual Ascent to Agda"。

- Prelude 库的 Nat 模块的源代码，其中包含几个例子证明。

- Idris 中可用的证明策略。

练习（简单）

- 实现以 typeNamed 为签名的函数，它将会接收类型的名称并返回对应类型。举个例子，typeNamed "Int"会返回 Int 类型。

- 针对不同类型实现你的 typeNamed 函数。

练习（中等）

- 使用第 249 页"智能补全"中的技术去实现一个矢量数据类型和把两个矢量加起来的 vectorAdd 函数。

- 将关键字 total 加到 typeNamed 函数签名之前——即 total typeNamed:... 重载文件，然后看你的函数是否完备（对所有输入都有定义）。通过针对错误输入如 "ThisIsNotAType"附加行为来促使函数完备。

练习（困难）

- 证明第 252 页"一道证明的剖析"里 plusZero 和 plusSuc 公理。

- 现在，这个自行车 GPS 例子使用简单的浮点数表示时间。改变这一类型定义，允许传入自定义类型。

Idris 小结

如果你习惯于动态类型的语言，Idris 会是一个极度困难的技术挑战。如果相反，你已经对依赖类型和范畴论颇感自在，你可能会赞赏 Edwin Brady 为推动该语言向主流靠拢而推出的诸多优点。我们来逐个分析其优点和劣势。

优势

在 Idris 里，类型知道很多，所以它们也会做很多。在这一章里，我们关注于依赖类型带来的 4 处实践性改善：

1. 类型信息越多，编译器就能在编译期间捕获更为复杂的错误，包含逻辑错误。

2. 当类型能够表达结构，自动代码补全就能远超基本语法——上升到一种潜移默化变革的程度。

3. 关于类型的相同信息允许更好的证明。在某些领域，如协议和加密，一旦逃过检查，这类错误就很难定位而且代价巨大。在 Idris 里，你可以证明代码里的某些性质（而不是用单元测试抽样检查）。

4. Idris 可以使用虚拟白板去推导程序的结构和类型。这种能力对学生和程序员之类的人很有用。

类型中构建愈多的信息引导了更加智能的工具和编译器。它也能引导更好的程序，即便是已知正确的。

劣势

依赖类型里额外的信息有个劣势：你不得不花时间去表达它们。这一学习曲线是十分陡峭的，较之 Haskell 更是如此，不过这样的代码是非常紧凑的。Idris 并不适用于所有人。

Idris 的另一个缺点，也是我们希望通过在这里介绍来部分弥补的问题，就是没有太多使用的例子程序。教程只会带你进入 "Hello, world!"，之后在类型的大厦前戛然而止。

最后的思考

只有很少的语言会从根本上改变你编程的方式，Idris 做到了。它改善了我们的习惯，并给予我们清晰的方式去思考类型——却不曾施加太多重负和形式。这种思想的变革会贯穿于我们所有的工程，而不管类型系统长成什么样。

工具，尤其是定理证明和代码补全的工具，比在其他语言中所见的都更为强大和高效——我们甚至无需一个昂贵的 IDE 来获得如此好处。

Idris 可能不是一个商业流行语言，但是这也不能减弱它的贡献。Idris 将越来越多地在那些行为复杂、错误代价巨大的地方留下自己的印记。它或许是最终将编程的严谨性带给大众的语言。

第 8 章

总结

Buce Tate

希望你又一次成功地在七周内学习了七种新的语言。作为旅程的起点，JoséValim 在序言中简要对比介绍了这七种语言。这一特殊的旅程已经带你领略了各式各样的编程模型，包括 Factor 的串联风格，Elm 的响应式编程，Lua 的原型，miniKanren 的逻辑与函数式技巧的结合，以及函数式编程多种风格的尝试。

有人会试图忠告你这样的旅程是毫无意义的，因为你无法真正在七天内学会一门语言，就好比你无法一周去橄榄花园（译者注：一家意大利餐厅）吃一次饭就能学会意大利语一样。但是，如果你做了所有练习，你就知道这么类比是不对的。为了旅行而旅行并非毫无意义，的确，在一个简单的旅程中你无法像本地居民一样流畅地掌握语言，但是你"去过那里了"。本系列的书旨在带你快速地进入并沉浸到全新的社区中，这一体验给你留下的将不仅仅是转瞬即逝的印象。你完成了很多事情，用代码构建一个游戏，用代码讲一个故事。正如 José 所说，每个读者学到的东西都会不同。

作为一名程序员，你的能力无法超越你的过往经验总和。任何旅程都会给你留下点滴、延绵的记忆，让我们花些时间来强化一下这些印象，使它们固化成你心智中永恒的部分。现在，我把这段旅程想象成时间穿越。

起源

是的，本书介绍的语言没有一门能够被追溯到计算机起源的时代。不过我们仍然可以看看能追溯到什么地方，而这些语言能帮助我们塑造一个更好的思维模型，以抵达起源的位置。

本书所有的语言中，Lua 和 Factor 有着最古老的基础，其他五门语言则要新得多。Lua 已经以某些形式存在 20 年之久了，然后在 15 年前正式发布。Factor 创造于 2003 年。在学习过这些章节后，你应该能够领会到为什么它们会被安排进本书了。

原型的力量

虽然 JavaScript 编程已然爆发，但实际很少人真正理解原型编程是什么。JavaScript 通过某些方式搅乱了编程模型的界限。如果你不是 JavaScript 专家，后退一步重新审视另一门原型语言，而且是一门更纯粹的原型语言，会给你带来很大帮助。

作为一门嵌入式系统语言和脚本语言，Lua 简洁、干净、纯粹以及适应性强，已然对日常编程语言产生了重要的影响。原型模型本质上就是一种非凡的可塑性极强的组织范式。

我再多说几句。作为浏览器中嵌入式编程的基石，原型编程模式出色地完成了任务。你甚至可以使用 Lua 来构建一个对象模型。理解了这样的技巧之后，你就能明白为什么有这么多人充满热情地拥抱 JavaScript，也有人为了多样的浏览器技术选择把 JavaScript 作为编译目标，如 Elm，这也是我们 Elm 被选入本书的原因之一。并不只有 Lua 是有趣的。

增强函数式组合

随着我们的行业慢慢地越来越多地拥抱函数式语言，所有开发者都将需要学习尽可能多的使用函数组合程序的技巧。在学习过 Factor 和 Elixir 之后，你已经能够体会到使用管道和栈组合函数的相似之处了。

作为一名面向对象程序员，使用 Factor 对我来说最大的好处之一就是，我可以开始重新审视自己一直以来给世界建模的方式，而不用放弃丰富的类库。我同时也认为开发环境能很好地反映一门语言的力量。

最初的石阶

我们在本书以及之前的《七周七语言》中选取了数量众多的函数式编程语言，因为我们相信这是业界的方向。像 Lua 和 Factor 这样的语言很显然是通往这个方向的石阶。它们帮助我们实验组织代码，实验整合项目代码和类库，并帮助我们增长代码相关的词汇量，我们有一个词汇表供参考。

和任何远征一样，我们必须首先走过这些最初的石阶。接着我们再来聊一下后续三门语言 —— 在通向我们旅途终点的过程中，那些构成显著路径的实用语言。

中央高速公路

以下一些语言和今天困扰我们业界的核心问题紧密相关。Julia 处理的是 R 语言的性能和组织结构问题；Ruby 面临 R 语言类似的问题；José 试图用 Elixir 给出这些问题的答案；Elm 是一门异常实用的语言，它使用一种更好的类型模型拓宽了函数式语言中响应式编程的限制。

在这些章节中，你看到了今天语言开发社区的一些强烈信号，让我们一一回顾。

函数式编程遇见实用和响应式

曾经，函数式编程一词会让你想到如下画面：一个大胡子先知站在学院湿冷的大厅中，给听众传授 monads……好吧，至少是那些想要编写无任何副作用程序的听众。Elm 的目标是把其中一些纯粹性和力量带给浏览器。整个 Elm 散发着实用的气质，和许多我见过的新语言一样，最终的结果既令人欣喜又令人惊异。

我个人强烈地相信，随着客户端越来越强大，有更多的代码会在那里运行。鉴于嵌在浏览器中的语言不大可能发生变化，那么编程语言的任何变化都需要编译成目标 JavaScript 代码。Elm 就是这么做的，它允许用户在面对很多棘手问题的时候，无须将其重定义成回调形式就将其解决了。当你不需要扭转自己的思维模型来表述程序的时候，神奇的事情就能发生，正如你所看到的，可以用不到 200 行代码编写一个游戏。聊完了浏览器，我们转回服务端。

宏，漂亮的语法，以及并发

随着我们加速向前，现在来到了 Elixir 的地界。这门语言的社区活跃和兴奋程度，是本书其他语言都没法比拟的。我不知道 Elixir 的血液里是否存在着什么魔法药水，但不管怎样，一定有什么与众不同的东西。在我写书的时候，语言核心的变化速度几乎比我写书的速度还快，我相信是宏使这种速度成为可能，尤其是当开发者需要用全新语法创建新的构造块的时候。

这门语言本身也优雅得让人觉得不可思议。基于 Ruby 的模型，Elixir 语法十分友好，并且混入了如模式匹配这样强大的概念。在使用 Elixir 处理函数方方面面的时候，你有丰富的选择。Elixir 的生态系统，虽然还很年轻，但已经非常丰富且健壮；它有优秀的构建系统，包管理器，以及平滑的分布式调试工具。

对于 Elixir 来说，不仅仅是核心语言如此激动人心。José 并不是在真空中创建一门语言，他是在一个也许是世界上最健壮的分布式框架上创建了这门语言：这个框架就是 Erlang OTP。这一系统至关重要的元素就是它能让你使用语言本身来处理失败。当进程死亡，系统整体能够以实际的方式处理这些问题。

科学计算的全新面貌

下一站是 Julia。实话说，Julia 是我们最后加入到这一系列中的语言。我们当初并没打算着重介绍一门科学计算语言，如果要这么干，那显然更应该选择 MATLAB 或者 R。不过每当我们遇到语言设计者的时候，我们通常会和他们聊聊，以理解他们想干什么。Jack 在圣路易斯的 "Stange Loop" 大会上见到了这些 Julia 的设计者，聊完后他就彻底相信应该在本书中加入这门语言。

在这门语言上花了点时间之后，我们就能理解大家说的那些词是什么意思了。对比于其他科学计算语言提供 C 接口以及一些优化，Julia 致力于通过编译器功能和卓越的语言设计来直接获得优秀的性能。这门语言很好地为未来做了打算，它很好地支持并行计算，有着很多函数式特性，而这些，都是一个全新的开发者社区所强烈需要的。

接下来，要关心的就是类库了。当你抱着想尝试的心态观察一门新语言的时候，有一点务必要理解：除了社区的增长外，语言核心以及类库的增长繁荣也非常重要。对于 Julia 来说，所有这些指标的表现都不错。我坚信，Julia 或者其他类似的语言，将来必定会在科学计算的舞台中占有一席之地。

当前热点

本节内容涉及的每一种语言，虽然都是通用编程语言，不过都非常明确自己针对了哪一个特定的问题域。创建这些语言的目的并非是为了学习，作者们创建它们是有实用目的的。你能够看到语言设计者们做出的设计决策，以及这些决策的影响。

这些语言代表了我们当前所处的位置。虽然它们之中还没有谁已经积累了完整的社区，但它们各自已经开始吸引了一批开发者的注意。你将会亲眼见到这些语言能否抓住足够多的程序员的想象力，进而积累到早期大众，这将是异常困难的一步。

不过，眼下我们还是继续，走向旅途的边缘。

前沿

随着学习到本书最后介绍的两种语言，我们已经来到了编程理论的前沿地带。我们在一门通用编程语言——miniKanren 中观察了一种涵盖宏、逻辑和函数式编程的全新编程模型。我们又在 Idris 中观察了与强大的类型理论相关的概念。

逻辑，面对世界

我与 Prolog 有一段爱恨交织的关系。我喜欢的工作方式是：专注在自己的问题上，把具体解决的事务交给计算机。Prolog 最让我不爽的地方在于，我总是需要把我解决问题的想法细化得更实际些。就是那些对结果进行过滤、展现、去白或者其他流式操作，这样边边角角的地方成了 Prolog 的短板。此外，当我转到新的问题域需要扩展 Prolog 的时候，也遇到了问题。

进入 miniKanren 后，它把一个逻辑引擎丢入一门强大的通用编程语言的中央，这改变了一切。结果是焕然一新的，当你把宏、函数、规则和逻辑结合在一起后，你所获得的是和以往任何一切都不同的东西。这种新的编程模型的表现形式和现有的模型都不一样。我能想象到 miniKanren 也许会昙花一现，它的模型太难理解，或者说对一般的程序员来说太诡异了；不过，我也把它想象成一个颠覆者，进而成为通用编程语言的一个核心组件。到目前为止，我们所积累的经验还不够，你可以权衡决定它能给你带来多大帮助。

你是我的类型吗？

我常常觉得用来表述类型的语言可以更加统一。矢量很有趣 —— 一个大小是 n 的矢量，不过当我面对很多相互依赖的类型的时候，就会不知所措。我承认，有时候这只是感觉太多而已，而且我也认为有关类型的想法是有前途的，像 Idris 和 Agda 这样的语言会有助于探索这些重要的想法。

Idris 真正让我大开眼界的地方不在于我的代码是如何改变的，而在于在编码过程中我的注意力发生了怎样的转换。在编写本书的过程中我与这些语言作者们通过很多电话，在其中一个电话中，Ian 和我表达了同样的想法。随着我们用 Idris 写代码，我们花更多的时间在"类型"上而不是在"行为"上。随着代码自动补齐更完备，工具更完善，这样的变化愈发显著。

Idris 坚定了我的一项核心价值观：让计算机干活。有了 Idris 后，编辑器可以做更完备的代码补齐，也可以做更完备的检查，例如保证你只能写已打开的文件。证明器可以做更多今天我们必须手写测试验证的工作。未来某一时刻，思考及表述类型的所需要的工作又可以由其他的前沿语言来弥补。我想你可以认为我已经被 Idris 所描绘的美好未来彻底迷惑住了。

脏地图

我和家人度过了很多假期，每当我们到一个特别的地方，我们都会让孩子们坐下，打开带有咖啡斑渍和脆弱折边的地图。这么做是为了让大家聊一聊，每个人都能总结一下在旅途中学到了什么。最后，我们希望孩子们都回答一个问题："这次旅行告诉了你哪些关于这个世界你以前不知道的事情？"在本书的旅程中，你学的也许和我学到的不一样，不过我留意到了以下一些趋势。

类型再次振翅

当我开始使用 Ruby 的时候，很多开发者在反抗 Java 的类型系统。我那时是动态类型的坚定支持者，不过随着时间的推移，我的立场不再那么坚定了，而且我并不是唯一有这种改变的人。你能看到 Idris 和 Elm 在类型方面都做得非常出色。在审阅了我写的那一章内容后，Evan Czaplicki 让我审阅他写的一篇论文。他想在 Elm 中引入 Monads，不过是使用一种实际得多的术语，且只暴露那些对实际工作有用的细节。

Edwin Bray 带着他的 Idris 在类型理论充满未知的前沿工作，然后我们已经开始意识到，如果编译器拥有更多的信息、工具及证明引擎将有可能完成一系列魔法般的任务。对于更广泛范围的语言设计来说，道理也是差不多的。虽然可能为时尚早，但我猜想我们将会看到一系列新的强类型语言的出现，更多的语言会深受 Haskell 的影响。

不遗余力地并发

千年虫问题在 21 世纪初以威胁者的面目登场，来的时候把可怕的预言散布到了这个星球的每个角落，离开的时候却几乎没发出半点声响。另一个隐形杀手正在到来，它将带来更多的业务影响。硬件正在快速地转向多核架构，但是软件的支持却没有跟上。当下流行的大多数语言将变得太慢、太不稳定、太复杂。加几个额外的锁和线程并不会解决问题，需要有一个更基本、更彻底的修缮。本书介绍的大多数语言在并发方面都表现出色，对于 Julia 和 Elixir 来说，简单的并行编程就是在语言设计之初解决的问题。程序员和公司都必须开始转向那些支持当今硬件的语言，以在将来的数年中拥有更多的竞争优势。

浏览器需要帮助

我无意中听说有一个语言专家和他的同事尝试说出他们所知道的所有将 JavaScript 作为编译目标的语言，他们列出了 20 多门这样的语言。不过当他们进一步上网进行更完整的统计时，这个数字成了 128！变革并不会仅仅因为技术很酷就发生，变革的发生必然是有市场需要的。在该例中，市场迫切渴望更可控、更简洁、更可靠的程序，这样的程序只能来自更优秀的语言，一种能够更清晰地处理类型的语言。由于 JavaScript 短期内不可能消失，那么新的语言就必须编译成 JavaScript 以支持其运行环境。

函数式语言的发展

在 2010 年，《七周七语言》描述了一波新的函数式语言，这些语言主要关注基本的函数式概念。而下一代的语言如 Elixir、Julia 和 Elm，则更加实用且容易理解，这些语言也通常有着更整洁的基础。它们各自在某些方面非常擅长，进而把这些方面语言设计的整体标准给提高了。较之于 Erlang，Elixir 的宏能让它发展得更快；Elm 的信号能让代码的实现更优美，尤其是那些原来涉及回调的地方；Julia 的编译器技术允许程序员编写更直观、更易懂的结构体，它的性能优化也是通过更好的类库和即时编译实现，而不是迫使程序员使用晦涩的类库或者写一大堆 C 代码。总的来说，我们看到很多语言特性如宏得到了良好的支持，大家也都在快速开发优秀的类库。

世界在缩小

要让语言得到快速的推广，活跃且颇具规模的社区是必不可少的，这一点对于语言来说也许比其他技术更为重要。在 20 世纪 80 年代末期，当 Erlang 被开发出来的时候，几乎整个团队都来自瑞典的斯德哥尔摩。把时间快进到 2014 年，JoséValim，Elixir 的创建者，他来自巴西，定居在波兰；Eric Meadows Johnson，另一位团队核心成员，居住在瑞典；Joe Armstrong 也是，他是 Erlang 最早的创建者之一，同时也是 Elixir 的核心顾问；Dave Thomas，写了一本 Elixir 的书，来自达拉斯；所有 Elixir 的提交者散布在五大洲。

全球化的平等并不仅仅发生在语言团队身上，如今，Elixir 的研讨会已经在超过十个国家举办。今年，有数百人参加了在德克萨斯州奥斯丁举办的首届专门的 Elixir 大会。

今日的世界比以前的世界小很多了。我们一次又一次看到有小团队选择某种编程语言作为自己的竞争优势，也不断地看到有团队宁可面对语言选择的匮乏，也不愿冒失败的风险。不管怎样，基于小一点的生态系统来实现业务会简单很多，只要这个系统的社区足够活跃和高效。

最后的挑战

我们从内心感谢你陪我们一起走完这段旅程。我决定不再花几分钟给你布道，而是把时间交给 José 的序言。拿起你在本书所学的，用起来。也许你可以像 José 一样，使用本书所学的一门语言去实现自己的语言；也许你会选择本书中还在草创阶段的五种语言中的一种，然后深入进去。你不用看太远就会发现自己的道路是何其宽广，开足马力，勇往直前吧！

欢迎来到异步社区！

异步社区的来历

异步社区（www.epubit.com.cn）是人民邮电出版社旗下 IT 专业图书旗舰社区，于2015 年 8 月上线运营。

异步社区依托于人民邮电出版社 20 余年的 IT 专业优质出版资源和编辑策划团队，打造传统出版与电子出版和自出版结合、纸质书与电子书结合、传统印刷与 POD 按需印刷结合的出版平台，提供最新技术资讯，为作者和读者打造交流互动的平台。

社区里都有什么？

购买图书

我们出版的图书涵盖主流 IT 技术，在编程语言、Web 技术、数据科学等领域有众多经典畅销图书。社区现已上线图书 1000 余种，电子书 400 多种，部分新书实现纸书、电子书同步出版。我们还会定期发布新书书讯。

下载资源

社区内提供随书附赠的资源，如书中的案例或程序源代码。

另外，社区还提供了大量的免费电子书，只要注册成为社区用户就可以免费下载。

与作译者互动

很多图书的作译者已经入驻社区，您可以关注他们，咨询技术问题；可以阅读不断更新的技术文章，听作译者和编辑畅聊好书背后有趣的故事；还可以参与社区的作者访谈栏目，向您关注的作者提出采访题目。

灵活优惠的购书

您可以方便地下单购买纸质图书或电子图书，纸质图书直接从人民邮电出版社书库发货，电子书提供多种阅读格式。

对于重磅新书，社区提供预售和新书首发服务，用户可以第一时间买到心仪的新书。

用户帐户中的积分可以用于购书优惠。100 积分 =1元，购买图书时，在 ○ ⌄ 使用积分 里填入可使用的积分数值，即可扣减相应金额。

纸电图书组合购买

社区独家提供纸质图书和电子书组合购买方式，价格优惠，一次购买，多种阅读选择。

社区里还可以做什么？

提交勘误

您可以在图书页面下方提交勘误，每条勘误被确认后可以获得 100 积分。热心勘误的读者还有机会参与书稿的审校和翻译工作。

写作

社区提供基于 Markdown 的写作环境，喜欢写作的您可以在此一试身手，在社区里分享您的技术心得和读书体会，更可以体验自出版的乐趣，轻松实现出版的梦想。

如果成为社区认证作译者，还可以享受异步社区提供的作者专享特色服务。

会议活动早知道

您可以掌握 IT 圈的技术会议资讯，更有机会免费获赠大会门票。

加入异步

扫描任意二维码都能找到我们：

| 异步社区 | 微信服务号 | 微信订阅号 | 官方微博 | QQ 群：368449889 |

社区网址：www.epubit.com.cn

投稿 & 咨询：contact@epubit.com.cn